惯性导航系统分析

Inertial Navigation Systems Analysis

[美] 肯尼斯·R·布里汀(Kenneth R. Britting) 著
王国臣 李倩 高伟 译

国防工業出版社
·北京·

著作权合同登记 图字:军 -2013 -119 号

图书在版编目(CIP)数据

惯性导航系统分析/(美)肯尼斯·R. 布里汀(Kenneth R. Britting)著;王国臣,李倩,高伟译.—北京:国防工业出版社,2017.4

书名原文:Inertial Navigation Systems Analysis

ISBN 978-7-118-10582-7

Ⅰ.①惯… Ⅱ.①肯… ②王… ③李… ④高… Ⅲ.①惯性导航系统-系统分析 Ⅳ.①TN966

中国版本图书馆 CIP 数据核字(2016)第 200849 号

惯性导航系统分析

Inertial Navigation Systems Analysis

※

国防工业出版社出版发行

(北京市海淀区紫竹院南路 23 号 邮政编码 100048)

北京嘉恒彩色印刷有限责任公司印刷

新华书店经售

*

开本 710×1000 1/16 印张 13¾ 字数 250 千字

2017 年 4 月第 1 版第 1 次印刷 印数 1—2500 册 定价 89.00 元

(本书如有印装错误,我社负责调换)

国防书店:(010)88540777 发行邮购:(010)88540776

发行传真:(010)88540755 发行业务:(010)88540717

编者记

我们很高兴《惯性导航系统分析》一书被收录到 Artech House 出版社的 GNSS 技术和应用系列中。虽然该书早在 1971 年就出版了,但是现在仍在使用,并且经常被从事导航工作的工程师作为参考文献。书中提及的惯性导航系统解算的基本原理皆已得到检验。本书包括对惯性传感器(加速度计和陀螺仪)、机械编排(平台对比捷联)、参考坐标系以及地球重力场四部分的讨论,并且详细推导了线性误差方程,它可以让我们对导航系统特性有更深入的了解。该书也是最先提出将这些问题统一处理的相关文献。随后,许多关于现代惯性传感器及其应用实现的优秀文献都陆续出版。正是由于 Britting 博士对惯性系统基本原理和基本运算的简明总结,使本书成为一本经典著作。

衷心感谢 Britting 博士的家人允许我们重新印刷这一经典著作。

Elliott Kapla
Christopher Hegarty
2009 年 12 月

序

尽管惯性制导技术60多年以前就伴随着陀螺罗经出现了，但是直到第二次世界大战以后，随着相关技术的发展，完整导航系统才得以实现。在此期间，基本惯性器件——陀螺仪和加速度计——在起着重要作用的同时，其性质也得到了持续提高。大量的研究使我们对惯性系统理论有了更加完善的理解。随着惯性元件和相关信号处理设备的发展，使得系统的体积从大于一立方米减小到小于一立方英尺。惯性系统的精确性和可靠性使其不仅满足了空中和水下的军事需求，而且成功完成了“阿波罗”太空任务，又在商用飞机中获得了广泛应用。

这段时间内，尽管采用相同的基础元件，但是不同的元件配置衍生了不同性能的系统。然而，由于缺少系统性能有效比较的共同基础，人们更多地参与到对某种配置持支持和反对意见的讨论中。本书很大篇幅源自于作者攻读博士学位期间的研究，首次尝试并成功地为不同配置的惯性系统——几何式、半解析式或解析式——之间的性能比较提供基础。这不是一种简单的经验性技术，而是一套简化而直接的，能够为技术人员合理、快速、有效、准确地建立对比体系的解决方案。

在本书编写的过程中，Britting博士提出了应用于惯性导航领域的“罗塞塔石碑”的概念，作为他博士期间的导师之一，我非常高兴也很荣幸可以介绍自己学生所取得的显著成就。

WALTER VVRIGLEY, Sc. D.
仪器仪表及航天专业教授
查尔斯·斯塔克·德雷珀实验室教育主任
麻省理工学院

译者序

惯性导航系统是依据牛顿惯性原理，利用惯性元件来测量运载体本身的加速度和角速度，经过积分和运算得到运载体的姿态、航向、速度和位置，从而达到对运载体定姿和定位的目的。相对于其他各类导航系统，惯性导航系统由于是自主式系统，自主性强，隐蔽性好且不受外界电磁干扰的影响，并且可以全天候、全时间地工作于空中、地球表面乃至水下，数据更新速率高、噪声低，短期精度和稳定性高，是目前应用较为广泛的导航系统，已应用于军用及民用的诸多领域中，如宇宙飞船、火箭、导弹、飞机、舰船等各种运载体上。

在过去的半个多世纪里，相关领域对惯性导航系统的研究投入了大量的人力物力，并使其得到了长足的发展，各类著作也不断涌现。但有关惯性导航系统基础理论分析的书籍并不多见，因此，译者启动了本书的翻译工作，旨在增强读者对惯性导航基础内容及知识的了解，提高对惯性导航系统的认识。

本书是根据 Artech House 出版社出版的 *Inertial Navigation System Analysis* 一书翻译而来，是该出版社导航技术和应用系列丛书之一。本书全面而系统地描述了惯性导航系统工作和解算的基本原理，并对惯性元件（加速度计和陀螺仪）、地球重力场、平台式系统与捷联式系统的机械编排比较、惯性导航系统的参考坐标系、惯性导航系统线性误差方程等方面进行了深入的讨论。本书可以让读者更为深入地了解惯性导航系统的特性。本书由 Britting 博士编写，是其在麻省理工学院攻读博士学位期间的研究内容和该学院的研究生课程（惯性导航系统）讲义的基础上完善而成的。

全书共包括九章。第 1 章着重介绍与惯性导航系统相关的通用概念；第 2 章介绍本书中涉及的数学符号和技术；第 3 章定义了一系列描述惯性导航系统的相关坐标系；第 4 章建立了用于惯性导航系统研究的地球几何模型，介绍了比力向量以及地球重力和重力场的解析表达式；第 5 章主要介绍了单自由度陀螺仪的性能及其数学建模。第 6、7、8 章主要对地面导航系统进行误差分析。其中，第 6、7 章推导了空间稳定型和当地水平型惯性导航系统的误差方程。第 8 章研究了适用于所有类型地面导航系统的统一误差分析方法。第 9 章对系统自对准技术进行了深入讨论。

本书内容较完善，读者只需要参考少量技术文献就可以理解。本书绝大部分内容是根据原文直接翻译的，为使读者阅读起来更加顺畅，个别地方进行了调整。全书由哈尔滨工业大学王国臣、李倩、高伟翻译。

鉴于译者水平有限，所译内容难免有不妥之处，敬请读者批评指正。

译　者

2016 年 1 月于哈尔滨

前言

本书的一部分内容来源于麻省理工学院航空系研究生课程——惯性导航系统——的一套讲义，另一部分来自于作者的博士论文。因为这套讲义是为那些已经修完经典力学、运动学、惯性仪器理论和惯性平台机械编排等课程的研究生们准备的，所以认为读者已具备较高水平。然而，实践发现这本书是适合自学的，学生只需要参考少量技术文献就可以理解本书内容。

本书的主要读者群是那些希望比较不同类型机械编排系统性能的航空电子工程师。虽然它也适用于太空和水下导航，但本书主要面向的是地表或略高于地表的导航应用。由于当前主要关注的是航空导航系统，因此相应的导航方程也主要是针对这类系统提出的。

摄动技术广泛应用于线性化系统方程，它的解决方法与那些通过非线性微分方程获得的解决方法非常相似。由于线性系统理论是应用于线性化系统方程的，而且这些方程很容易进行物理解释，从而提供了一种分析系统行为的新视角，而这是很难由非线性计算方法得到的。当然，成熟的线性系统模型是最优滤波技术应用的基础，目前也被用于辅助惯性系统。

第 1 章着重介绍所有惯性导航系统结构的通用概念；第 2 章介绍书中涉及的数学符号和技术；第 3 章定义了一系列描述惯性导航系统操作必要的坐标系，研究了不同坐标系之间的关系，同时还定义了仪表和平台之间的非正交关系；第 4 章建立了某些用于惯性导航系统研究的地球几何模型，介绍了比力向量以及地球重力和重力场的解析表达式；第 5 章主要介绍了单自由度陀螺仪性能及其数学建模，同时还包括陀螺仪冗余和可靠性。

第 6、7、8 章主要对地面导航系统进行误差分析。其中，第 6、7 章推导了空间稳定型和当地水平型系统的误差方程，研究了外部提供高度信息对系统的影响。第 8 章研究了适用于所有类型地面导航系统的统一误差分析方法，分析结果表明如果将姿态和位置误差选择为系统的状态变量，误差变化就可以用一个相对简单的矢量微分方程来描述。这一统一理论适用于获取空间稳定系统、当地水平系统、自由方位系统、游移方位系统及捷联式系统的误差方程。第 9 章对自对准技术进行了深入讨论。

对于麻省理工学院的 Winston Markey 和 Walter Wrigley 教授以及美国运输部的 Robert Wedan 教授在本书编写期间所给的批评、建议和鼓励，作者在此表示诚挚的感谢。Markey 教授作为测量系统实验室主任为本书的研究提供了良好的仿真环境；Wrigley 教授作为德雷珀实验室教育主任对作者的学术研究进行了有益指导；Robert Wedan 教授多年来一直支持作者的研究。在此，还要特别感谢麻省理工学院人工车辆控制实验室的 John Hatfield，他对本书提出了许多有益的建议。

感谢美国国家航空航天局、电子研究中心、交通运输部、运输系统中心对作者科研研究的财政支持。

对那些多年来一直研究惯性导航系统的“奇特符号”和作者手稿的录入员表示作者最诚挚的敬意。特别地，Ann Preston 夫人在本书准备工作中所展示的能力值得特别表扬。对本书作出直接或间接贡献的麻省理工学院惯性导航的学生们，在此表示感谢。

最后，感谢作者家人在此期间对作者的鼓励。

KENNETH R. BRITTING
坎布里奇，马萨诸塞州
1971 年 4 月

目 录

第1章

绪　论

确信而始，终于怀疑；怀疑而始，终于确信。

——弗朗西斯·培根

1.1　惯性导航概念

导航是指确定一个物体相对于某一参考坐标系或坐标网格位置和速度的过程。例如，确定火车沿着地球表面两点间运动的位置和速度就是一个简单的一维导航实例。一般情况下，地面导航是指确定载体相对于地球的位置和速度。网格坐标通常应用于球面坐标、纬度、经度和海拔高度的测定。

惯性导航系统利用安装在载体上的惯性传感器来实现导航功能，通过对比力和惯性角速度测量数据的计算处理来完成导航任务。因此，在具有准确初始化信息的情况下，惯性导航系统能够在不需要任何外界信息的情况下，连续获得载体的位置和速度信息。惯性导航系统不仅在军事应用上有明显的优势，在民用飞机领域中，自动飞行控制系统也将会更加依赖惯性系统。

惯性导航系统具有以下功能：

- 提供参考坐标系；
- 测量比力信息；
- 更新重力场信息；
- 对比力信息时间积分以获得速度和位置。

第一个功能是利用陀螺组件来完成的。陀螺仪是一类具有强角动量特性的测量元件，其角动量相对于惯性空间的时间变化率正比于施加力矩，因此，通过对陀螺组件进行适当力矩控制可使其保持在一个已知空间方向内，那么，三个这样的装置就能够标识出一个三维笛卡儿坐标系。通常情况下，每个陀螺仪都是通过一个闭环伺服系统来保持其空间方向不变性。因此，如果三个未扭转的陀螺仪安装在一个用于保持陀螺仪方向稳定的框架平台内，则惯性非旋转笛卡儿坐标系就能被固定在这个平台上①。显然，惯性平台可以通过控制框架的转动来指示常用的东北地当地地理坐标系。另一种利用陀螺仪信息的方法是将陀螺仪组件直接安装在载体上。在这种结构中，陀螺仪被用作闭环伺服系统的敏感元件。其中，闭环伺服系统产生施加在陀螺仪上的力矩，且该力矩与陀螺仪的惯性参考角位移成正比。当陀螺仪产生相对于惯性空间的旋转时，正比于惯性参考角速度的施矩信号可以用来计算陀螺初始方向和当前方向的相对角位置。如果使用三个陀螺仪，就可以确定初始载体坐标系和当前载体坐标系之间的相对方向。这种解析式测量参考坐标系的系统称为捷联式系统。

第二个功能（比力测量）是利用加速度计来实现的。尽管比力测量的方法有很多，但最常用的方法就是利用单摆变形组件来测量，其中摆组件的运动与平台或装有遵循牛顿第二定律的加速度计结构组件的运动有关。然而，根据爱因斯坦等效原理可知，由于这两种现象有同样的物理过程，这样就无法区别惯性加速度和引力场的影响。因此，导航系统为了建立摆件运动与惯性加速度之间的关系，需要知道当地重力场信息，即功能表中的第三项。

获得惯性加速度的测量值后，经过一次积分得到速度，二次积分得到位置。该数据处理过程就是惯性导航的第四个功能，它是通过现代系统中的机载数字计算机来实现的。

1.2 惯性导航系统类型

惯性导航系统可分为三种基本类型：几何式、半解析式、解析影响式。因为这些系统在机械化运动学方程中利用了相似的惯性传感器，所以各类型系统间的相似性比差异性更加明显也就不足为奇了。尽管各类惯性导航系统由误差源激发的振荡模式相同，但在不同机械编排中误差源对系统性能的影响却产生了显著差异。

几何式惯性导航系统是最早实际应用的一类惯性导航系统。导航过程中，导航信息可以通过模拟方式直接从平台框架角获得。为了提供该信息，必须构建两个参考坐标系：非旋转惯性坐标系和当地导航坐标系。为了提供导航所必需的物理量，即纬度、经度、载体的横摇、纵摇和航向，至少需要五个平衡环。另一方面，还需要使计算量尽可能达到最小。由于这种类型的系统机械结构复杂、体积大，并且近年来大小合适、高速数字运算设备快速发展，在实际应用中，几何式惯性导航系统逐渐被半解析式惯性导航系统所取代。由于上述原因，本书不再对几何式系统做进一步讨论。若读者想了解更多几何式系统的相关内容，可

---

① 以前多采用二自由度元件，所以一个轴需要两个陀螺。虽然利用二自由度元件更加容易，但本书中惯性系统采用单自由度元件。

自行查阅由德雷珀(Draper)、里格利(Wrigley)和霍沃尔卡(Hovorka)撰写的书籍[18]①。这些参考书中还包含一些有趣的历史综述和对惯性制导概念的全面讨论。

半解析式系统只需要构建一个非旋转惯性坐标系或当地导航坐标系作为参考坐标系,并且它至少需要三个平衡环来实现该坐标系框架结构,而经度和纬度的计算是在计算机中完成的。事实上,目前所使用的所有惯性导航系统都是半解析式的。这是因为半解析式惯性平台能够保持在任意方向上,所以仪表坐标系的选择更加广泛。如果陀螺仪没有被施矩,则需要选择非旋转惯性坐标系作为参考坐标系。因此,构建非旋转惯性坐标系的半解析式系统被称作参考空间稳定型惯性导航系统(SSINS)。SSINS 的详细讨论以及误差分析将在第 6 章进行阐述。

目前,惯性导航系统中另一个常用的参考坐标系就是当地水平坐标系。在该坐标系的机械编排中,两个加速度计和两个陀螺仪的敏感轴被约束在当地水平面上。由于加速度计的敏感轴位于当地水平面,所以可以避免重力场矢量的计算过程。惯性组件被约束在当地水平坐标系的半解析式系统称为当地水平惯性导航系统(LLINS)。第 7 章会详细介绍这类系统。

解析式惯性导航系统不需要将惯性组件约束在某一参考坐标系上,而是利用陀螺仪的测量值来计算系统初始状态和当前状态之间的相对方向的关系,这类系统称为捷联惯性导航系统(SDINS)。由于计算机运算性能制约了 SDINS 的发展应用,所以近期捷联惯导系统才成为当前技术发展的主要方向。在捷联系统中,由于缺少平衡环结构,使系统的体积、重量、功率消耗和成本大大减少。但是,因为捷联惯性导航系统需要惯性仪器动态范围很大,所以从精度上来看它尚未超过两类半解析式系统,然而,随着惯性组件技术的飞速发展,很快就可以克服这一缺点。第 8 章将对捷联惯性导航系统进行讨论。

1.3 早期分析方法讨论

人们已经熟知惯性导航基本原理很多年,并已将其应用于诸多高端领域。假设比力测量是在参考坐标系和重力场均已知的条件下进行的,则在具有准确初始化信息的条件下,惯性导航系统就可以通过简单的比力测量来确定任意运动载体的位置、速度和姿态信息。这在某种程度上有点难以理解,因此计算过程中需要使用一系列复杂数学方法和符号来描述这类系统的动态特性。另一方面,由于惯性系统中的三个旋转自由度和三个平动方程均是二阶的,所以惯性导航动态特性的完整描述需要一个九阶微分方程。虽然本书没有提出关于解决复

---

① 上角标的数字指的是书后的参考文献。

杂符号和代数问题的万能方法，但是采用简便形式表示了最终误差方程，并且对于不同类型的惯性导航系统，有希望不再出现复杂的代数表达形式。

虽然关于惯性导航系统理论的技术文献有很多，但是关于惯性系统的某些基本性质仍没有给出满意的解答。实际上，尽管不同类型的惯性导航系统的机械编排利用了相同的物理原理（即牛顿力学）来获取导航信息，但是误差传播方式在各类系统中却大不相同。这一结论的得出是基于作者的研究成果[7,8]以及在该领域其他工作者的研究成果[12,23]。例如，通过比较空间稳定型惯性导航系统和当地水平型惯性导航系统对常值陀螺漂移的动态响应性能[12]就会发现，对于空间稳定型惯性导航系统，纬度误差和方位误差随时间线性增长，而在当地水平型惯性导航系统中，这两个误差则是有界的。此外，这两类系统导航解算的经度误差均随时间呈线性增长。

文献[12]对在地理坐标系进行导航解算的空间稳定型系统给出了解释。在沿惯性坐标系投影的陀螺常值漂移转换到地理坐标系的过程中，该常值漂移被调制为以地球周期为振荡频率的振荡形式。假设地球相对于惯性坐标系的旋转角频率是系统的固有频率，则系统受固有频率的影响而发散。另一方面，如果导航解算沿地球中心惯性坐标系[7]，则系统的固有频率只包含舒勒频率，但是发散现象同样存在。产生这种现象的原因是，常值陀螺漂移引起了测量平台坐标系相对于惯性坐标系的角速度，该角速度与陀螺漂移速率相等。那么，很容易看出无界限的平台转动会导致发散的导航误差。这个例子引申出了一个问题，为什么由相同器件组成的惯性仪器在测量同一物理量时，显示出的一阶性能却不相同。

提出的第二个问题是，在三维地面导航系统的完整导航解算中，需要引入地球重力场矢量的计算更新过程。根据爱因斯坦等效原理，并结合系统稳定性问题来讨论上述重力场矢量的计算问题[58]。在地面惯性导航系统的计算过程中，只考虑经度和纬度二维矢量，可有效地避免计算中的重力场问题。因此，两加速度计当地水平型系统及其变形形式作为主要结构被广泛应用于地面导航系统。对于系统的结构设计，无论选择安装在沿当地水平平面的二维加速度计还是三维形式，都需要具有重力场信息计算更新的能力。此外，除了稳定性问题，系统利用地心位置矢量计算经度、纬度和高度的过程还需要借助于外部高度信息。需要特别指出，对于空间稳定型系统，纬度误差式的频谱取决于提取纬度信息的计算方式。

虽然在惯性系统误差分析方面已有很多优秀的研究成果，但没有任何一种分析结果能够对上面提出的问题作出完善的回答。参考文献[8]、[12]和[23]中所提出方法的缺点是，文中尽管对许多系统结构进行了分析，但是系统微分方程中的变量并不相同。因此，通过直接比较各种系统结构特征得到的结论有所欠缺，并且很难定性衡量一个特殊系统对于给定应用的适用性。

在参考文献[4]、[47]、[48]、[55]和[58]中采用的误差分析方法是通过定义一个把“计算”坐标系与平台坐标系联系起来的“小”误差角矢量，将位置误差微分方程从平台误差角微分方程中解耦。除了引入的“计算”坐标系没有实际物理定义以外，每个引用分析均存在以下缺点：

(1) 非受迫性误差方程取决于系统结构；

(2) 该分析结论仅适用于平台坐标系和计算机坐标系重合时；

(3) 垂直信息在解算过程中不是被忽略，就是其分析结论只对非稳定型系统有效。

参考文献[16]和[20]中没有定义“计算”坐标系，但是分析结论仅适用于纯惯性系统，也就是非稳定型系统。此外，文献[16]提出的方法需要将所有坐标转换在速度级进行，这样就限制了该理论的应用。最后，近期的部分研究[59]分析了一系列制导和导航系统，但理论研究仅限于惯性计算坐标系，且非受迫误差方程取决于系统结构。

本书出版目的之一就是通过研究分析，得到一个尽量广泛适用于各类系统结构的统一误差分析方法，进而阐述上文中提及的各性能差异。第 8 章提出了一种普遍适用的误差分析方法，消除了不同系统结构间的性能差异。除了增强对惯性系统动态特性的理解外，该统一理论还为日后的误差分析和比较研究提供了一个简单方法。

1.4 统一误差分析方法

正如前文所提到的，符号是描述惯性系统性能的难点之一。第 2 章主要介绍了符号和矩阵代数，且利用微积分原理证明了采用恰当的符号表达对系统性能描述极为重要。其中，采用矩阵作为惯性坐标系的主要描述符号，可以非常简洁地描述三维导航问题。此外，在当前的惯性系统中，主要由数字计算机来完成导航解算任务。由于在解算过程中，计算机是基于测量量的标量运算来完成一系列程序化任务，因此，矩阵符号最适合误差分析工作。尽管“计算”参考坐标系的概念未被引入到误差分析中，但正如前面所提到的，很多分析人员青睐于这种方法。因为作者的观点是应该基于物理实际方法来描述物理过程，所以本书不采用“计算”参考坐标系这一概念。在这种惯性导航系统中，导航计算机依照一组基于参考坐标系建立的方程来执行导航程序，并且用符号来表示这一物理实现过程。

为了使本书的分析工作能够应用于所有类型的惯性导航系统，分析前将做出与惯导系统有关假设：

(1) 至少有三个加速度计可以用来测量特定的比力向量。

(2) 加速度计安装在平台上，该平台的角定向是以某种控制方式实现的，或者通过直接测量确定。注意，该假设同样适用于捷联惯导系统。

(3) 系统的地球参考速度及其三维位置——纬度、经度和高度——是通过重力场补偿后的比力测量值计算得到的。

(4) 外部的高度信息源可用于在重力场计算，例如高度计。

(5) 计算机用来处理导航信息，并且与其他系统误差比较时，计算误差可忽略。

(6) 机械编排坐标系（平台跟踪的坐标系）和计算坐标系（将比力测量值解算出位置和速度的坐标系）是任意的。

假设(1)似乎需要将两加速度计当地水平系统这一模式从前文所考虑的系统中排除，但从第 7 章可以看出，通过对误差方程的简单修改（通过删除特征矩阵的一行或一列，且简单修改施力函数）就可以适用于这种结构。假设(5)似乎影响较小，但是当应用于捷联惯导系统时，考虑到计算机字长和周期，有时这样的计算误差与仪器误差具有相同的数量级[67]。捷联惯性导航系统中的主要计算误差与载体坐标系相对于计算机坐标系的方向余弦矩阵的高速运算有关。如果采用合适的正交化技术，在相同的方式下，这种误差可视为陀螺不确定因素，且不需要对非受力系统误差方程进行修改。

误差分析过程中将考虑所有已知的主要误差源：

(1) 陀螺漂移率误差；

(2) 陀螺施矩误差；

(3) 加速度计误差；

(4) 加速度计对准误差；

(5) 陀螺对准误差；

(6) 系统对准误差；

(7) 高度表误差；

(8) 大地测量误差。

陀螺误差的定义和相关讨论详见第 5 章，加速度计误差的定义和讨论详见 6.3.1.2 节。3.8 节中详细讨论了加速度计和陀螺对准误差，说明了无法确定非正交仪器坐标系与平台坐标系之间关系的原因。第 9 章讨论了系统对准误差导致无法确定平台坐标系与机械参考坐标系之间关系的原因。此外，式(6-30)建立了简单的高度表误差近似模型，式(4-39)定义了大地测量误差（重力异常和垂直偏转）模型。

误差方程表示如下，其中系统误差状态向量由姿态误差和位置误差组成：

$$\boldsymbol{x} = \{\varepsilon_N, \varepsilon_E, \varepsilon_D, \delta L, \delta l, \delta h_i\}$$

式中：$\{\varepsilon_N, \varepsilon_E, \varepsilon_D\}$ 为系统姿态误差沿北向、东向和地向的分量；δL 为纬度误差；δl 为经度误差；δh_i 为相对于惯性坐标系的高度误差。

姿态误差表示平台坐标系和地理坐标系之间的正交变换误差在地理坐标系

上的投影。值得注意的是，由于这个定义对应于将平台坐标系下的物理测量值转换到地理坐标系上的转换误差，所以在一般情况下，姿态误差不等价于平台误差角。推导系统微分方程时采用姿态误差而不是平台误差，这也是统一理论能够获得成功应用的关键之一。此外，当误差状态向量中的所有元素对导航问题分析都有物理含义时，就有必要计算速度误差，速度误差分量由纬度、经度和高度变化率误差直接简单计算得到。

为了回答有关使用外部高度信息的问题，应尽量采用公式来描述对应的关系。系统有两个地方的计算需要用到外部高度信息——重力场大小计算和经度、纬度以及高度计算。在这两种情况下，有必要估算地心位置矢量（从地球中心到系统位置的向量）的大小。因为导航和重力的计算都是非线性的，所以通过定义两个不同权重因子 α 和 κ 的估计量（决定惯性数据和外部高度数据的“混合”计算过程）来优化这些计算结果。这种方式下，与引力权重因子 κ 值有关的稳定性问题可以从导航权重因子 α 带来的影响中分离出来。

对于重力场的计算，利用以下形式的非线性估计可实现惯性信息和外部高度信息相结合：

$$(\hat{\boldsymbol{r}})^{n}=(\hat{\boldsymbol{r}}_{a})^{\kappa}(\hat{\boldsymbol{r}}_{i})^{n-\kappa}\quad n=2,3;\text{对所有 }\kappa$$

式中：$\hat{r}$为地心位置矢量估计值；$\hat{r}_a$ 为基于外部高度信息的地心位置矢量估计值；$\hat{r}_i$ 为基于惯性信息的地心位置矢量估计值；κ 为引力权重因子。

为了计算纬度、经度和高度，估计量也采用与上述相同的形式：

$$(\hat{\boldsymbol{r}})=(\hat{\boldsymbol{r}}_{a})^{\alpha}(\hat{\boldsymbol{r}}_{i})^{1-\alpha}\quad \text{对所有 }\alpha$$

式中：α 为权重因子。

本书同样研究了其他形式的估计方法，尤其是线性估计（见 8.2.4 节）。但我们发现，非线性估计器可以得到更简化的误差方程。

后续第 2 章主要介绍了惯性导航系统分析中主要采用的相关数学符号和数学工具；此后，对空间稳定型和当地水平型惯性导航系统（第 6 章和第 7 章）进行相关分析与讨论。通过将这种方法与初步发展的通用理论进行对比，进而探索对于已知其动态特性的系统中该问题的解析方法。此外，这两种系统代表了完全不同的地面导航问题解决方法——基于地心位置矢量计算的空间稳定型系统导航和直接计算系统地球参考椭球坐标的当地水平系统导航。当然，对于熟悉这些知识和常用表示法的读者可以略过第 6 章和第 7 章，直接进入第 8 章的学习。

第2章

数学符号和方法

好的符号具有微妙的暗示性，有时几乎就是一个在你面前的老师。

——伯特兰·罗素

本书使用的符号来自里格利和霍利斯特的向量表示法[71]，Broxmeyer[12]在麻省理工学院的德雷珀实验室的研究成果，以及本人与同事以及在麻省理工学院进行惯性导航学习的学生们讨论的结果。

由于本书出版的目的是为了描述系统内部运算过程而不是其内部组件结构，因此采用矩阵表示法作为主要数学手段最合适不过。矩阵表示法具有公式简洁的表达式，对于三维导航问题，这种方法在进行必要的代数运算中是必不可少的。此外，对于当前的惯性系统设计，数字计算机在执行必要的计算过程时，基本上是基于标量而不是矢量，例如计算惯性参考地心位置矢量时，计算机中有三个量：$\hat{r}_x$、$\hat{r}_y$ 和 $\hat{r}_z$，它们分别表示矢量 $\hat{\boldsymbol{r}}$沿惯性坐标系各坐标轴的估计分量。这三个分量可组成一个矢量阵，记为$\hat{\boldsymbol{r}}^i$，这样就可以进行矩阵运算。可见，三个标量组成矢量，或者更准确地说，列向量形式仅仅只是为了数学角度表示方便，而没有任何物理含义。

尽管计算机是基于一个假定的参考坐标系编程进行算术运算的，但是计算机仅仅是执行一系列标量操作，而对参考坐标系"一无所知"。因此，有时引入"参考坐标系计算值"这一概念[55]，可理解为是一类"不具有物理含义的任意系统"，它表示"将产生计算位置误差的坐标系"。上面的例子中提到的地心位置矢量 $\hat{\boldsymbol{r}}^i$，在计算机计算过程中使用的符号只用来表示实际计算情况，为了区别计算机计算结果与该位置矢量的真实值，采用"帽"(^)来表示一个计算量。因此$\hat{\boldsymbol{r}}^i$表示三个标量的计算估计值，它与惯性坐标系下的物理地心位置矢量真值具有一种很恰当的对应关系。这里不考虑"计算"参考坐标系与存储在计算机寄存器中的指令之间的联系。

参考坐标系的相关内容将在第 3 章中讨论，本章还将定义一系列必要的坐标系。

2.1 符号约定

许多综合性的文章都有矩阵代数理论[5,34]，矩阵方法已被广泛应用于控制系统工程领域[56]。因此，这里不再详细介绍一些常用的符号，以及部分惯性导航系统的直观分析结论。

2.1.1 矢量

物理矢量用黑体进行标记。

例如

$$\boldsymbol{r} \text{ 为地心位置矢量}$$

2.1.2 列矩阵

如果将一个物理矢量投影到有符号表示的特定参考坐标系上，就表示一个列向量（CM）。

例如

$$\boldsymbol{r}^i = \begin{bmatrix} r_x \\ r_y \\ r_z \end{bmatrix} = \{r_x, r_y, r_z\}$$

注意，当分量在数组中的含义已被明确表示时，如上式，则表示坐标系的上角标可以省略，因为分量的上角标已表示了参考坐标系，即例子中的 x,y,z 代表惯性坐标系的分量（参见 3.1 节）。大括号{ }以及行形式的引入是为了节省书写空间，要注意该表示方法与行矩阵的区别。

例如

$$\delta\boldsymbol{n} = \{n_1, n_2, \cdots, n_k\}$$

注意，对于坐标系的描述不涉及矩阵的含意。在本书和相关技术文献中，“向量”和“列矩阵”是可以互换的，上标则是用来区分这两个量的标识。

2.1.3 坐标转换

坐标转换是指列矩阵在某一参考坐标系的投影通过方向余弦矩阵（DCM）转换到另一个坐标系上的过程。

例如

$$\boldsymbol{r}^i = \boldsymbol{C}_b^i \boldsymbol{r}^b$$

其中，$\boldsymbol{C}_b^i$ 为将一个列矩阵从载体坐标系 b 转换到惯性坐标系 i 的方向余弦矩阵。余弦矩阵的下角标，被待转换的列向量上角标"约掉"，得到转换后的列向量，这样转换矩阵的上下角标就很容易记忆了。

此外，同样可以通过中间坐标系或坐标系组实现列矩阵从一个坐标系到另一个坐标系的转换过程，此过程称为"链式法则"。

例如

$$\boldsymbol{r}^i = \boldsymbol{C}_n^i \boldsymbol{C}_b^n \boldsymbol{r}^b$$

注意符号相消过程一定要考虑转换的顺序，也就是说 $\boldsymbol{C}_n^i \boldsymbol{C}_b^n \boldsymbol{r}^b \neq \boldsymbol{C}_b^n \boldsymbol{C}_n^i \boldsymbol{r}^b$。

正如"方向余弦矩阵"这个名字，DCM 是一个方向余弦的数组：

$$\boldsymbol{C}_b^i = \begin{bmatrix} c_{11} & c_{12} & c_{13} \\ c_{21} & c_{22} & c_{23} \\ c_{31} & c_{32} & c_{33} \end{bmatrix}$$

其中，c_{jk} 为 i 系下的第 j 个坐标轴与 b 系下的第 k 个坐标轴间夹角的余弦值。如果两个坐标系都是正交的，那么 DCM 的逆阵等于它的转置，这里用上标 T 表示一个矩阵的转置。

例如

$$\boldsymbol{C}_b^i = (\boldsymbol{C}_i^b)^{\mathrm{T}}$$

当然，矩阵的转置运算就是矩阵中行和列的直接交换。

非正交坐标系间的转换关系将在第 3 章讨论。

2.1.4 相似变换

考虑方程组为

$$\boldsymbol{A}\delta\boldsymbol{r}^b = \boldsymbol{F}^b$$

其中，$\boldsymbol{A}$ 为 3×3 的矩阵（3 行 3 列），$\delta\boldsymbol{r}^b$ 和 $\boldsymbol{F}^b$ 为 3×1 的列矩阵。

为了在另一个坐标系中表示这个方程组，例如 i 系，在方程的两侧同时左乘 $\boldsymbol{C}_b^i$，记 $\delta\boldsymbol{r}^b = \boldsymbol{C}_i^b \delta\boldsymbol{r}^i$。因此

$$\boldsymbol{C}_b^i \boldsymbol{A} \boldsymbol{C}_i^b \delta\boldsymbol{r}^i = \boldsymbol{F}^i$$

矩阵 $\boldsymbol{A}$ 通过左乘 DCM 和右乘 DCM 的逆（转置）完成相似变换下的转换。

值得注意的是，如果 $\boldsymbol{A}$ 包含微分算子，即如果原始方程是一个微分方程，那么所述的转换就是无效的，参见 2.3 节。

2.1.5 角速度

两个坐标系间的相对旋转角速度通常表示成一个带有转动方向下标的列矩阵形式。

例如

$$\boldsymbol{\omega}_{ib}^{b} = \{\omega_R, \omega_P, \omega_Y\}$$

其中，$\boldsymbol{\omega}_{ib}^{b}$为 b 系相对于 i 系的旋转角速度在 b 系下的投影。

由于它们均为矢量，所以角速度矢量遵从矢量叠加法则。如果转动发生在许多坐标系之间，那么下标符号就便于数学关系的描述。

例如

$$\boldsymbol{\omega}_{ib} = \boldsymbol{\omega}_{in} + \boldsymbol{\omega}_{nb}$$

由此可以看出，这种情况下符号表示方法可让下标内部消除。并且，改变旋转矢量的方向只需要颠倒下标的顺序，即

$$-\boldsymbol{\omega}_{ib} = \boldsymbol{\omega}_{bi}$$

在旋转矩阵代数中，经常需要以其反对称阵的形式来表示角速度（参见 2.2 节），$\boldsymbol{\omega}$ 的反对称形式用它的大写字母 $\boldsymbol{\Omega}$ 来表示。

例如

$$\boldsymbol{\omega}_{ib}^{b} \Rightarrow \boldsymbol{\Omega}_{ib}^{b}$$

或者

$$\begin{bmatrix} \omega_R \\ \omega_P \\ \omega_Y \end{bmatrix} \Rightarrow \begin{bmatrix} 0 & -\omega_Y & \omega_P \\ \omega_Y & 0 & -\omega_R \\ \omega_P & \omega_R & 0 \end{bmatrix}$$

反对称矩阵上下标的约定与列矩阵相同。值得注意的是，反对称矩阵需要在相似变换下进行投影转换过程[34]。

例如

$$\boldsymbol{\Omega}_{ib}^{i} = \boldsymbol{C}_{b}^{i} \boldsymbol{\Omega}_{ib}^{b} \boldsymbol{C}_{i}^{b}$$

2.1.6 计算量和量测量

正如引言所提到的，本章有必要区分计算机中的物理矢量和标量数组，这种表示方法也为仪器量测量的表示提供了便利。

仪器测量的量可用“波浪号”（～）来表示。

例如

$$\tilde{\boldsymbol{\omega}}_{ib}^{b} = \{\tilde{\omega}_R, \tilde{\omega}_P, \tilde{\omega}_Y\}$$

式中：$\tilde{\boldsymbol{\omega}}_{ib}^{b}$为捷联惯性导航系统中三个速率陀螺仪的输出数组。

在仪器量测量和其他地理坐标系基础上得到的计算量用一个“帽”（^）来表示。

例如

$$\hat{\boldsymbol{\omega}}_{in}^{n} = \{\dot{\hat{\lambda}}\cos\hat{L}, -\dot{\hat{L}}, -\dot{\hat{\lambda}}\sin\hat{L}\}$$

式中：$\hat{\boldsymbol{\omega}}_{in}^{n}$为 n 系相对于 i 系的旋转角速度在 n 系上的三个投影分量的计算值（参见式(3-8)）。

2.2 方向余弦矩阵的微分方程

这里考虑以两个右手笛卡儿坐标系间的相对角运动过程为研究对象，尽管推导的是任意两坐标系间的关系，为研究问题更具有针对性，不妨令这两个坐标系分别为 i 系和 b 系。在 t 时刻，i 系和 b 系之间的关系由方向余弦矩阵 $\boldsymbol{C}_b^i(t)$ 表示。在下一个时间区间 Δt 内，b 系旋转到一个新方位，此时 $t+\Delta t$ 时刻的方向余弦矩阵表示为 $\boldsymbol{C}_b^i(t+\Delta t)$。由定义可知，$\boldsymbol{C}_b^i(t)$ 的时间变化率为

$$\dot{\boldsymbol{C}}_b^i=\lim_{\Delta t\to 0}\frac{\Delta \boldsymbol{C}_b^i}{\Delta t}=\lim_{\Delta t\to 0}\frac{\boldsymbol{C}_b^i(t+\Delta t)-\boldsymbol{C}_b^i(t)}{\Delta t} \tag{2-1}$$

从几何上考虑，矩阵 $\boldsymbol{C}_b^i(t+\Delta t)$ 可以写成两个矩阵的乘积：

$$\boldsymbol{C}_b^i(t+\Delta t)=\boldsymbol{C}_b^i(t)(\boldsymbol{I}+\Delta\boldsymbol{\theta}^b) \tag{2-2}$$

这里 $I+\Delta\boldsymbol{\theta}^b$ 是 b 系在 t 至 $t+\Delta t$ 时刻旋转“小”角度的方向余弦矩阵。由图 2.1 可知，$\Delta\boldsymbol{\theta}^b$ 为

$$\Delta\boldsymbol{\theta}^b=\begin{bmatrix}0 & -\Delta\theta_Y & \Delta\theta_P\\ \Delta\theta_Y & 0 & -\Delta\theta_R\\ -\Delta\theta_P & \Delta\theta_R & 0\end{bmatrix},\quad \Delta\theta_k\approx\sin\Delta\theta_k,\quad k=R,P,Y$$

其中，$\Delta\theta_R,\Delta\theta_P,\Delta\theta_Y$ 为 b 系在时间 Δt 内绕其横摇轴、纵摇轴和航向轴的正向小角度转动角。需要注意的是，由于 $\Delta t\to 0$ 时旋转角很小，所以近似小角度是合理的，并且与转动顺序无关。

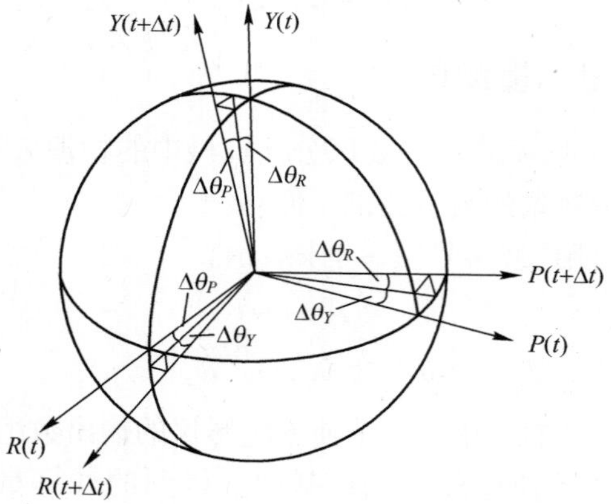

图 2.1　小角度转动几何图

将式(2-2)代入式(2-1)，得

$$\dot{\boldsymbol{C}}_b^i=\boldsymbol{C}_b^i(t)\lim_{\Delta t\to 0}\frac{\Delta\boldsymbol{\theta}^b}{\Delta t} \tag{2-3}$$

但是当 $\Delta t\to 0$ 时，$\Delta\boldsymbol{\theta}^b/\Delta t$ 是 b 系相对 i 系在时间 Δt 内旋转角速度矢量的反

对称形式。由于式(2–3)中涉及极限过程,角速度可等价为相对于 i 系的旋转角速度,因此

$$\lim_{\Delta t \to 0}\frac{\Delta \boldsymbol{\theta}^b}{\Delta t} = \boldsymbol{\Omega}_{ib}^b$$

由此可见,方向余弦矩阵的时间变化率与角速率成比例,即

$$\dot{\boldsymbol{C}}_b^i = \boldsymbol{C}_b^i \boldsymbol{\Omega}_{ib}^b \tag{2-4}$$

其中,由 2.1.5 节知 $\boldsymbol{\Omega}_{ib}^b$ 的形式为

$$\boldsymbol{\Omega}_{ib}^b = \begin{bmatrix} 0 & -\omega_Y & \omega_P \\ \omega_Y & 0 & -\omega_R \\ \omega_P & \omega_R & 0 \end{bmatrix}$$

需要强调的是,式(2–4)是一个广义关系式,与任何特殊坐标系无关。

2.3 列向量微分方程

对于表示系统地理位置的向量,其由地理坐标系(导航坐标系)到惯性坐标系的转换过程为

$$\boldsymbol{r}^i = \boldsymbol{C}_n^i \boldsymbol{r}^n$$

求上述表达式的时间导数就是对标量微分概念的简单扩展,因此有

$$\dot{\boldsymbol{r}}^i = \boldsymbol{C}_n^i \dot{\boldsymbol{r}}^n + \dot{\boldsymbol{C}}_n^i \boldsymbol{r}^n \tag{2-5}$$

式(2–5)的展开过程利用了微分学的乘法法则。由式(2–4)可知 $\dot{\boldsymbol{C}}_n^i = \boldsymbol{C}_n^i \boldsymbol{\Omega}_{in}^n$,因此式(2–5)为

$$\dot{\boldsymbol{r}}^i = \boldsymbol{C}_n^i(\dot{\boldsymbol{r}}^n + \boldsymbol{\Omega}_{in}^n \boldsymbol{r}^n) \tag{2-6}$$

式(2–6)是熟悉的经典科氏力学法则的矩阵形式。

由式(2–6)的二阶时间微分,能够导出一个惯性参考加速度的地理参考量函数,其表达式为

$$\ddot{\boldsymbol{r}}^i = \boldsymbol{C}_n^i(\ddot{\boldsymbol{r}}^n + 2\boldsymbol{\Omega}_{in}^n \dot{\boldsymbol{r}}^n + \dot{\boldsymbol{\Omega}}_{in}^n \boldsymbol{r}^n + \boldsymbol{\Omega}_{in}^n \boldsymbol{\Omega}_{in}^n \boldsymbol{r}^n) \tag{2-7}$$

注意,式(2–7)中包含科氏加速度、切向加速度和向心加速度。

由于在本书的注释中符号 $\dot{\boldsymbol{r}}$ 没有意义,所以在进行微分之前向量必须写成列矩阵的形式。如果要建立独立于坐标系的通用向量关系,这个要求对其有严格的制约性。坐标化要求不是约束条件,因为没有参考坐标来表示物理量测量是不可能的。

2.4 向量乘积的矩阵表达法

所有熟知的向量代数关系都可以写成矩阵形式。这里列出部分应用较广泛

的运算关系。设 $\boldsymbol{a}$,$\boldsymbol{b}$ 和 $\boldsymbol{d}$ 均为任意三维向量,且 $\boldsymbol{A}$,$\boldsymbol{B}$ 和 $\boldsymbol{D}$ 分别表示这些向量的反对称矩阵。

2.4.1 点乘

两个列向量的点乘或内积可以由一个列向量转置再进行矩阵的乘法运算得到,乘法的顺序不影响运算结果。该运算过程可表示为

$$\boldsymbol{a} \cdot \boldsymbol{b} = \boldsymbol{a}^{\mathrm{T}}\boldsymbol{b} = \boldsymbol{b}^{\mathrm{T}}\boldsymbol{a} \tag{2-8}$$

例如

$$\hat{r}^2 = (\hat{\boldsymbol{r}}^i)^{\mathrm{T}} \hat{\boldsymbol{r}}^i = \begin{bmatrix} \hat{r}_x & \hat{r}_y & \hat{r}_z \end{bmatrix} \begin{bmatrix} \hat{r}_x \\ \hat{r}_y \\ \hat{r}_z \end{bmatrix} = \hat{r}_x^2 + \hat{r}_y^2 + \hat{r}_z^2$$

注意,与矩阵乘法类似的运算性质适用于类似于上式 $(\hat{\boldsymbol{r}}^i)(\hat{\boldsymbol{r}}^i)^{\mathrm{T}}$ 这种向量乘积以及张量积形式。

通常,当一个矩阵与另一个矩阵相乘时必须匹配,也就是说,第一个矩阵的列数必须等于第二个矩阵的行数。

2.4.2 叉乘

两个向量的叉乘可以由第一个列向量写成反对称形式,再进行矩阵乘法运算得到,即

$$\boldsymbol{a} \times \boldsymbol{b} = \boldsymbol{A}\boldsymbol{b} \tag{2-9}$$

例如

$$\boldsymbol{\Omega}_{ib}^b \boldsymbol{r}^b = \begin{bmatrix} 0 & -\omega_Y & \omega_P \\ \omega_Y & 0 & -\omega_R \\ -\omega_P & \omega_R & 0 \end{bmatrix} \begin{bmatrix} r_R \\ r_P \\ r_Y \end{bmatrix} = \begin{bmatrix} r_Y\omega_P - r_P\omega_Y \\ r_R\omega_Y - r_Y\omega_R \\ r_P\omega_R - r_R\omega_P \end{bmatrix}$$

注意,向量叉乘中交换乘法顺序会改变结果的符号。此外,向量叉乘的反对称阵形式可以表示为只包含反对称阵的运算表达式,即

$$(\boldsymbol{A}\boldsymbol{b})^* = \boldsymbol{A}\boldsymbol{B} - \boldsymbol{B}\boldsymbol{A} \tag{2-10}$$

式中:$(\boldsymbol{A}\boldsymbol{b})^*$ 为 $\boldsymbol{A}\boldsymbol{b}$ 的反对称矩阵形式。

矩阵分析中另一个应用比较广泛的运算关系为

$$\boldsymbol{A}\boldsymbol{B} = \boldsymbol{b}\boldsymbol{a}^{\mathrm{T}} - \boldsymbol{b}^{\mathrm{T}}\boldsymbol{a}\boldsymbol{I} \tag{2-11}$$

式中:$\boldsymbol{I}$ 为单位矩阵。

2.4.3 向量三重积

式(2-7)中的向心加速度项对应向量三重积。$\boldsymbol{a} \times (\boldsymbol{b} \times \boldsymbol{d})$ 用反对称矩阵相乘的形式可表示为

$$\boldsymbol{a}\times(\boldsymbol{b}\times\boldsymbol{d})=\boldsymbol{ABd} \tag{2-12}$$

标准向量三重积可以写为

$$\boldsymbol{ABd}=\boldsymbol{a}^{\mathrm{T}}\boldsymbol{db}-\boldsymbol{b}^{\mathrm{T}}\boldsymbol{ad} \tag{2-13}$$

因为有 $\boldsymbol{A}(\boldsymbol{Bd})=(\boldsymbol{AB})\boldsymbol{d}$,因此式(2-13)的左边不需要括号。因此,向量三重积也可写为如下形式:

$$(\boldsymbol{a}\times\boldsymbol{b})\times\boldsymbol{c}=(\boldsymbol{Ab})\times\boldsymbol{d} \tag{2-14}$$

其中,等式右边可以表示为

$$(\boldsymbol{Ab})\times\boldsymbol{d}=\boldsymbol{a}^{\mathrm{T}}\boldsymbol{db}-\boldsymbol{b}^{\mathrm{T}}\boldsymbol{da} \tag{2-15}$$

2.5 摄动技术

本书中的误差分析过程采用摄动方法来对非线性系统微分方程线性化。以速度为例,这种形式的摄动分析采用如下模型

$$\hat{\boldsymbol{v}}=\boldsymbol{v}+\delta\boldsymbol{v}$$

式中:$\hat{\boldsymbol{v}}$ 为计算速度;$\boldsymbol{v}$ 为真实速度;$\delta\boldsymbol{v}$ 为计算速度误差。

将上式模型代入非线性微分方程的相关参数中并忽略误差量的乘积,就可以得到只包含误差量的线性微分方程。这些推导结果可能是时变误差方程,并且比原微分方程形式更简单,更容易分析。它符合误差分析中的近似规律,即误差量的乘积和其他小量可忽略不计,进而不会出现在最终的误差方程中(如引力场方程中地球的椭圆率和高阶项)。这种线性化方法的正确性,可以通过非线性系统方程的计算机解算结果以及在某些限制条件下(见附录 A)导航方程的直接分析求解来证实。此外,根据作者经验可知,由于通过检测线性误差响应能够获知系统的性能特性,因此摄动分析方法优于直接计算机分析。然而,这种线性化求解方法只适用于扰动极小的情况,而在其他条件下的相关推断和结论均不适用。

2.5.1 转换矩阵的正交化

构造惯性导航系统的机械编排,通常需要计算坐标转换矩阵。在这些矩阵的计算更新过程中,就会产生一系列问题,特别是正交性问题。下面是有关惯性导航系统分析的三个例子。

2.5.1.1 隐性正交约束转换

这种情况下的转换计算是在两个正交参考坐标系之间进行的,两坐标系之间的转换矩阵可以是某些特定变量为参数的函数。以式(3-10)的转置阵 $\boldsymbol{C}_i^n$ 为例,如果给定计算纬度 $\hat{L}$ 和计算的天体经度 $\hat{\lambda}$,那么就可以得到计算转换矩阵,记为 $\hat{\boldsymbol{C}}_i^n$。由于 $\hat{L}=L+\delta L$ 和 $\hat{\lambda}=\lambda+\delta\lambda$,转换矩阵可以扩展并写成如下

形式：

$$\hat{\boldsymbol{C}}_i^n = \boldsymbol{C}_i^n + \delta\boldsymbol{C}_i^n$$

其中，矩阵 $\delta\boldsymbol{C}_i^n$ 的元素由 $\boldsymbol{C}_i^n$ 中元素的扰动误差 δL 和 $\delta\lambda$ 构成。那么，采用代数方法对上式展开分解得到因数 $\hat{\boldsymbol{C}}_i^n$，即

$$\hat{\boldsymbol{C}}_i^n = (\boldsymbol{I} + \delta\boldsymbol{C}_i^n\boldsymbol{C}_n^i)\boldsymbol{C}_i^n \tag{2-16}$$

下面验证矩阵乘积 $\delta\boldsymbol{C}_i^n\boldsymbol{C}_n^i$ 的具体形式。由于 $\hat{\boldsymbol{C}}_i^n$ 是正交阵，那么根据 2.1.3 节可知

$$\hat{\boldsymbol{C}}_i^n\ (\hat{\boldsymbol{C}}_i^n)^{\mathrm{T}} = \boldsymbol{I}$$

但是，由于 $\hat{\boldsymbol{C}}_i^n = \boldsymbol{C}_i^n + \delta\boldsymbol{C}_i^n$，则

$$\delta\boldsymbol{C}_i^n\boldsymbol{C}_n^i = -(\delta\boldsymbol{C}_i^n\boldsymbol{C}_n^i)^{\mathrm{T}}$$

这表明矩阵乘积 $\delta\boldsymbol{C}_i^n\boldsymbol{C}_n^i$ 是反对称矩阵，进而矩阵$(\boldsymbol{I} + \delta\boldsymbol{C}_i^n\boldsymbol{C}_n^i)$可以看作是两个几乎一致的坐标系之间的正交“小角度”转换。因此，$\delta\boldsymbol{C}_i^n\boldsymbol{C}_n^i$ 沿地理坐标系的分量可写成如下形式：

$$\delta\boldsymbol{C}_i^n\boldsymbol{C}_n^i = -\boldsymbol{N}^n = \begin{bmatrix} 0 & \nu_D & -\nu_E \\ -\nu_D & 0 & \nu_N \\ \nu_E & -\nu_N & 0 \end{bmatrix} \tag{2-17}$$

其中，采用如下的特殊转换方式：

$$\nu_N = \delta\lambda\cos L, \quad \nu_E = -\delta L, \quad \nu_D = -\delta\lambda\sin L$$

参数 ν_N, ν_E, ν_D 分别为位置误差沿北向、东向和地向的分量，它们是导致 $\hat{\boldsymbol{C}}_i^n$ 转换误差的主要原因。

2.5.1.2 显性正交约束转换

这种情况下的转换是基于两个正交参考坐标系之间的相对角速率来进行计算的。除非明确给定了适当的正交约束条件，否则转换计算不能保证结果是正交的。例如，载体坐标系和惯性坐标系之间的转换计算是通过求解矩阵微分方程(2-4)得到的。

$$\dot{\hat{\boldsymbol{C}}}_b^i = \hat{\boldsymbol{C}}_b^i\hat{\boldsymbol{\Omega}}_{ib}^b \tag{2-18}$$

在准确已知矩阵初始值和 $\hat{\boldsymbol{\Omega}}_{ib}^b$实时测量值的情况下，上述方程可进行求解。则该转换矩阵计算结果又可表示为如下形式：

$$\hat{\boldsymbol{C}}_b^i = \boldsymbol{C}_b^i + \delta\boldsymbol{C}_b^i \tag{2-19}$$

如果 $\hat{\boldsymbol{C}}_b^i$ 不是显式正交，则 $\delta\boldsymbol{C}_b^i$ 通常是非正交的，且其一般形式可表示为

$$\delta \boldsymbol{C}_b^i = \begin{bmatrix} \delta c_{11} & \delta c_{12} & \delta c_{13} \\ \delta c_{21} & \delta c_{22} & \delta c_{23} \\ \delta c_{31} & \delta c_{32} & \delta c_{33} \end{bmatrix}$$

为了保正正交矩阵较好的可操作性和易于解释，$\hat{\boldsymbol{C}}_b^i$ 可以用下面的公式[21]进行正交化：

$$(\hat{\boldsymbol{C}}_b^i)_o = \hat{\boldsymbol{C}}_b^i [(\hat{\boldsymbol{C}}_b^i)^{\mathrm{T}}(\hat{\boldsymbol{C}}_b^i)]^{-1/2} \tag{2-20}$$

式中：$(\hat{\boldsymbol{C}}_b^i)_o$ 为 $[(\hat{\boldsymbol{C}}_b^i)_o - \hat{\boldsymbol{C}}_b^i]^{\mathrm{T}}[(\hat{\boldsymbol{C}}_b^i)_o - \hat{\boldsymbol{C}}_b^i]$ 的迹为最小时对 $\hat{\boldsymbol{C}}_b^i$ 的最优正交估计。

如果将式(2-19)代入式(2-20)，并将平方根项继续扩展，可得

$$(\hat{\boldsymbol{C}}_b^i)_o = \left\{\boldsymbol{I} + \frac{1}{2}[\delta \boldsymbol{C}_b^i \boldsymbol{C}_i^b - \boldsymbol{C}_b^i (\delta \boldsymbol{C}_b^i)^{\mathrm{T}}]\right\}\boldsymbol{C}_b^i \tag{2-21}$$

因为式(2-21)包含了一个矩阵和其转置之间的差，可以看出式(2-21)右边的括号项是反对称形式。然而，没有通用的公式可以确定一个矩阵的平方根。因此，对于式(2-21)，如果解算足够详尽使得 $\delta \boldsymbol{C}_b^i$ 满足"小"量准则，则上式是一种可取的算法。这样，式(2-21)可以写为

$$(\hat{\boldsymbol{C}}_b^i)_o = (\boldsymbol{I} - \boldsymbol{B}^i)\boldsymbol{C}_b^i \tag{2-22}$$

其中

$$\boldsymbol{B}^i = \begin{bmatrix} 0 & -\beta_z & \beta_y \\ \beta_z & 0 & -\beta_x \\ -\beta_y & \beta_x & 0 \end{bmatrix}$$

$\boldsymbol{B}^i$ 中的元素为

$$\beta_x = \frac{1}{2}(c_{31}\delta c_{21} - c_{21}\delta c_{31} + c_{32}\delta c_{22} - c_{22}\delta c_{32} + c_{33}\delta c_{23} - c_{23}\delta c_{33})$$

$$\beta_y = \frac{1}{2}(c_{11}\delta c_{31} - c_{31}\delta c_{11} + c_{13}\delta c_{32} - c_{32}\delta c_{13} + c_{13}\delta c_{33} - c_{33}\delta c_{13})$$

$$\beta_z = \frac{1}{2}(c_{21}\delta c_{11} - c_{11}\delta c_{21} + c_{22}\delta c_{12} - c_{12}\delta c_{22} + c_{23}\delta c_{13} - c_{13}\delta c_{23})$$

从以上 β_x,β_y,β_z 的表达式可以看出，通常情况下，$\boldsymbol{C}_b^i$ 元素($c_{ij}: i = 1,2,3; j = 1,2,3$)是时变量，利用 β 来直接表示 $\delta \boldsymbol{C}_b^i$ 元素并不简捷直接。但引入上述表达式的优点是公式可以有效地将 $\delta \boldsymbol{C}_b^i$ 与误差角 β_x,β_y 和 β_z 联系起来。

2.5.1.3 非正交转换

这种情况下的转换是在一组非正交坐标轴和一组正交坐标轴之间计算的，例如式(3-34)的加速度计和平台之间的转换关系为

$$\overset{*}{\boldsymbol{C}}_a^p = \boldsymbol{I} - (\Delta\hat{\boldsymbol{C}}_a^p)^{\mathrm{T}} = \begin{bmatrix} 1 & -\hat{\theta}_{xz} & \hat{\theta}_{xy} \\ \hat{\theta}_{yz} & 1 & -\hat{\theta}_{yx} \\ -\hat{\theta}_{zy} & \hat{\theta}_{zx} & 1 \end{bmatrix} \tag{2-23}$$

令 $\hat{\theta}_{ij} = \theta_{ij} + \delta\theta_{ij}(i = x, y, z; j = x, y, z; i \neq j)$，则上式中六个小失准角的一般形式被打乱，有

$$\boldsymbol{I} - (\Delta\hat{\boldsymbol{C}}_a^p)^{\mathrm{T}} = \boldsymbol{I} - (\Delta\boldsymbol{C}_a^p)^{\mathrm{T}} + \delta(\Delta\boldsymbol{C}_a^p)^{\mathrm{T}} \tag{2-24}$$

其中

$$\delta(\Delta\boldsymbol{C}_a^p)^{\mathrm{T}} = \begin{bmatrix} 0 & -\delta\theta_{xz} & \delta\theta_{xy} \\ \delta\theta_{yz} & 0 & -\delta\theta_{yx} \\ -\delta\theta_{zy} & \delta\theta_{zx} & 0 \end{bmatrix}$$

由上述可知，对一个非正交转换过程需要六个独立的误差角来描述该转换误差。因为式（2-24）中 $\boldsymbol{I} - (\Delta\boldsymbol{C}_a^p)^{\mathrm{T}}$ 是期望的转换矩阵，在数学上很容易将式（2-24）代入到式（2-23）并简化期望转换矩阵，即

$$\hat{\boldsymbol{C}}_a^p = [\boldsymbol{I} + \delta(\Delta\boldsymbol{C}_a^p)^{\mathrm{T}}][\boldsymbol{I} - (\Delta\boldsymbol{C}_a^p)^{\mathrm{T}}] \tag{2-25}$$

根据式（2-25）的推导过程，可以看出：

$$[\boldsymbol{I} - (\Delta\boldsymbol{C}_a^p)^{\mathrm{T}}]^{-1} = \boldsymbol{I} + (\Delta\boldsymbol{C}_a^p)^{\mathrm{T}}$$

其中，上述推导过程中用到了一阶近似等数学方法。

2.6 符号使用

本节总结了文中用到的符号，并将其分成四小节进行解释说明：坐标系、上/下角标、误差角名称和符号。各符号在小节或方程中首次出现的位置在表中列出。注意，等式名称包含一个连字符，而节名称是一个点，例如，名称（3-4）表示式（3-4），而名称 3.4 表示 3.4 节。

2.6.1 坐标系

下表列出了用于本书的一系列坐标系定义。

坐标系	上/下角标	元素	位置
惯性坐标系（绝对）	I	—	3.1
惯性坐标系（相对）	i	x, y, z	3.1
地理坐标系	n	N, E, D	3.2
地球坐标系	e	x_e, y_e, z_e	3.3
地心坐标系	c	x_c, y_c, z_c	3.4

（续）

坐标系	上/下角标	元素	位置
载体坐标系	b	R,P,Y	3.5
切线坐标系	t	x_t,y_t,z_t	3.6
平台坐标系	p	x_p,y_p,z_p	3.8.1
加速度计坐标系	a	x_a,y_a,z_a	3.8.2
陀螺仪坐标系	g	x_g,y_g,z_g	3.8.3
陀螺壳体坐标系	h	I,O,S	5.1
陀螺浮子坐标系	f	—	5.1
机械坐标系	j	—	8.1
计算坐标系	k	—	8.1
注:第8章陀螺误差方程中,误差元素用下标 x,y,z 指明			

2.6.2 上/下角标

下文中,符号"( )"表示被上/下角标注释的变量。

符号	描述	位置
$\hat{()}$	估计或计算量	2.1.6
$()^{\mathrm{T}}$	矩阵或向量的转置	2.1.3
$()_c$	控制量	6.2.1
$\tilde{()}$	测量量	2.1.6
$\|()\|$	行列式	7.4.2
$()_o$	正交变换	2.5.1.2
$()^*$	向量的反对称形式	2.4.2
$\delta()$	扰动量	2.5
$p()$	时间导数	—
k	总和	—
k'	除地球外的所有物体总和	(3-5)

2.6.3 误差角命名

误差角通常用来描述如2.5.1.1节中所述的两个几乎一致的坐标系之间的关系。这种关系可以等价描述为反对称矩阵或"小"角度转动向量。通常的记数方法将用大写字母表示反对称矩阵,小写字母表示转动向量。定义转动沿转动坐标系的正向轴。

转换矩阵	转动向量	位　置
$\hat{C}_b^i=(I-B^i)C_b^i$	$\boldsymbol{\beta}^i=\{\beta_x,\beta_y,\beta_z\}$	(2-22)
$\hat{C}_i^n=(I-N^n)C_i^n$	$\boldsymbol{\nu}^n=\{\nu_N,\nu_E,\nu_D\}$	(2-17)
$\hat{C}_p^n=(I-E^n)C_p^n$	$\boldsymbol{\varepsilon}^n=\{\varepsilon_N,\varepsilon_E,\varepsilon_D\}$	(6-54)
$\hat{C}_j^p=(I-D^p)C_j^{p_0}$	$\boldsymbol{d}^p=\{d_x,d_y,d_z\}$	(8-11),(6-20)
$\hat{C}_j^k=(I-\Gamma^k)C_j^k$	$\boldsymbol{\gamma}^k=\{\gamma_x,\gamma_y,\gamma_z\}$	(8-16)
$\hat{C}_p^k=(I-P^k)C_p^k$	$\boldsymbol{\rho}^k=\{\rho_x,\rho_y,\rho_z\}$	(8-23)
$\hat{C}_p^j=(I-Z^j)C_{p_0}^j$	$\boldsymbol{\xi}^j=\{\xi_x,\xi_y,\xi_z\}$	(8-15),(6-25)
$\hat{C}_k^n=(I-\Psi^n)C_k^n$	$\boldsymbol{\psi}^n=\{\psi_N,\psi_E,\psi_D\}$	(8-34)

2.6.4 符号表

符　号	描　述	位　置
$\boldsymbol{A}$	加速度计标度因数误差矩阵	(6-23)
a_k	加速度计 k 的标度因数误差	(6-23)
A_g	陀螺浮子输出轴旋转量	(5-2)
B	地磁场强度	(5-19)
$\boldsymbol{b}$	加速度计零偏	(6-23)
$\Delta\boldsymbol{C}$	由于仪器轴与平台轴不正交产生的六元素矩阵	(2-23)
C	陀螺黏性阻尼系数	5.1
$\boldsymbol{C}_j^k$	j 系相对于 k 系的坐标转换矩阵	2.1.3
$\overset{*}{\boldsymbol{C}}$	非正交转换	(2-23)
$D(\rho,\beta,\theta)$	地球质量密度	(4-24)
D	偏差值	(4-3)
D_0	地球上系统位置点处的标准差	(4-4)
e	地球椭球度	(4-12)
$\boldsymbol{f}$	仪器测量比力	(3-1)
$(u)\boldsymbol{f}$	加速度计测量的不确定度	(6-22)
$\boldsymbol{G}$	地球产生的引力加速度	(3-5)
$\boldsymbol{G}_k$	宇宙中的第 k 个物体产生的引力加速度	(3-1)
$\breve{\boldsymbol{G}}_k$	宇宙中的第 k 个物体产生的地球质心处的加速度	(3-3)
G_r	$\boldsymbol{G}$ 的半径	(4-28)
G_ϕ	$\boldsymbol{G}$ 的余纬度	(4-29)
$\boldsymbol{G}_e$	与参考椭球有关的引力加速度	(4-37)
$\Delta\boldsymbol{G}$	与参考椭球有关的引力场偏差	(4-39)

（续）

符　号	描　述	位　置
$\boldsymbol{g}$	地球产生的重力加速度	(4-33)
g_e	与参考椭球有关的重力大小	(4-35)
Δg	重力异常	(4-35)
H	陀螺漂移角动量	(5-11)
h	参考椭球上的高度	(4-5)
h_i	基于惯性计算的高度	(7-6)
δh_a	$\tilde{h}$ 的误差	6.3.1.5
$\boldsymbol{I}$	单位矩阵(对角线元素为1,其余为0)	—
J	陀螺浮子的惯性主矩	(5-12)
J_k	试验确定的重力场因数	(4-25)
K_{jk}	作用在 k 轴上的力在 j 轴上产生的陀螺进动	(5-19)
K_{tg}	陀螺力矩敏感度	5.2.2
δK_{tg}	K_{tg}的不确定因素	(5-17)
K_e	赤道重力场常值	(8-54)
K_p	极轴重力场常值	(8-54)
k	参考椭球的扁率	(4-19)
$\boldsymbol{k}_1$	敏感矢量	(6-42)
$\boldsymbol{k}_2$	敏感矢量	(6-46)
L	地理纬度	(4-3)
L_0	初始地理纬度	3.7.7
L_c	地心纬度	(4-1)
L_{c0}	地球上系统位置点处的地心纬度	4.2
l	地球经度	(3-7)
l_0	初始地球经度	(3-7)
Δl	地球经度变化	(3-22)
$\boldsymbol{M}$	用于陀螺漂移的力矩	(5-1)
$(u)M$	陀螺输出轴的不确定力矩	(5-11)
M_{tg}	陀螺力矩发生器产生的力矩	(5-11)
M_T	陀螺温度力矩系数	(5-19)
δM	陀螺不确定漂移,随机力矩	(5-19)
M_B	地磁力矩系数	(5-19)
$\boldsymbol{M}_1$	敏感矩阵	(6-42)
$\boldsymbol{M}_2$	敏感矩阵	(6-46)
$\boldsymbol{M}_3$	敏感矩阵	(8-96)
m	地球质量	4.4.1

（续）

符　号	描　述	位　置
N	常值重力	(4-24)
N	白噪声功率谱密度	C. 3. 1
$\delta\boldsymbol{n}$	导航误差矢量	(6-40)
$\boldsymbol{n}(t)$	无偏白噪声	C. 3. 1
$P_k()$	第 k 个勒让德多项式	4. 4. 1
p	微分，d/dt	—
$\boldsymbol{q}$	I 系原点到 i 系原点的距离	3. 1
$\boldsymbol{q}_p$	平台坐标系统的姿态函数	(8-93)
$\boldsymbol{q}_b$	捷联系统的姿态函数	(8-94)
$\boldsymbol{q}_1$	矢量集合	(8-97)
$\boldsymbol{q}_2$	矢量集合	(8-105)
$\boldsymbol{Q}_j$	第 j 个机械坐标系的标准误差方程的力函数	(8-112)
$\boldsymbol{Q}_{n1}$	两加速度计当地水平系统的力函数	(7-44)
$\boldsymbol{R}$	假设的 I 系原点到系统所在位置的距离	3. 1
$\boldsymbol{r}$	地心坐标系原点到系统所在位置的距离	3. 1
R	固定陀螺力矩	(5-19)
r_0	指向系统所在地球表面位置的地心位置矢量	(4-4)
r_e	赤道地球半径	(4-9)
r_p	极轴地球半径	(4-9)
r_a	基于非惯性信息的位置矢量大小	(6-10)
r_i	基于惯性计算的位置矢量大小	(6-9)
$\boldsymbol{T}$	陀螺力矩标度因数不确定矩阵	(7-15)
δT	校准温度产生的陀螺温度偏差	(5-19)
t	时间	—
U_I	陀螺输入轴正向的质量失衡	(5-19)
U_S	陀螺旋转轴正向的质量失衡	(5-19)
U	地球重力势能	(4-24)
$\boldsymbol{v}$	地球参考速度	(6-1)
$\boldsymbol{V}$	$\boldsymbol{v}$ 的反对称形式	(7-26)
w	加速度计随机漂移	(6-23)
$w(t)$	系统加权函数	C. 1
x_e	地球半径向量的赤道投影	(4-9)
x_p	地球半径向量的极轴投影	4. 3
$\boldsymbol{x}$	通用地球导航器的误差状态	(8-111)
$\boldsymbol{x}(0)$	$\boldsymbol{x}$ 的初始值	8. 3

（续）

符　号	描　述	位　置
$\boldsymbol{x}_1$	两个加速度计系统的误差状态	(7-44)
Δy	陀螺输出脉冲	5.2.2
α	位置向量加权系数	(6-15)
η	垂向本初子午线偏角	(4-34)
ξ	垂向经线偏角	(4-34)
∇	向量梯度算子	(4-23)
$\Delta\theta_I$	陀螺输入轴的角增量	5.2.2
θ_{ij}	θ_i 产生的绕第 j 个平台轴的旋转分量	(3-30)
$\theta_x,\theta_y,\theta_z$	x_p 和 x_a，y_p 和 y_a，z_p 和 z_a 之间的角度	3.8.4.1
$\Delta\theta_x,\Delta\theta_y,\Delta\theta_z$	小旋转角	2.2
ϕ_{ij}	ϕ_i 产生的绕第 j 个平台轴的旋转分量	(3-36)
ϕ_{yy}	自相关函数	C.1
ϕ_x,ϕ_y,ϕ_z	x_p 和 x_g，y_p 和 y_g，z_p 和 z_g 之间的角度	3.8.4.2
$\dot{\phi}$	平台转动速率	(8-126)
κ	重力场加权系数	(6-8)
ν	线性估计的加权系数	(8-46)
$\boldsymbol{\omega}_{ij}$	j 系相对于 i 系的角速率	2.1.5
$\boldsymbol{\Omega}_{ij}$	ω_{ij}的反对称形式	2.1.5
$\omega_k,k=x,y,z$	恒定陀螺漂移速率	(A-11)
ω_s	舒勒频率	6.3.2
ω_{ie}	地球惯性角速度	—
λ	天球经度	(3-7)
τ_k	陀螺 k 标度因数不确定度	(7-15)
τ_g	陀螺时间常数	5.2
$\boldsymbol{\Lambda}$	通用地球导航器特征矩阵	(8-110)
$\boldsymbol{\Lambda}_1$	双加速度计系统的特征矩阵	(7-44)
$\boldsymbol{Y}$	计算坐标系和惯性坐标系之间的转换误差	(8-95)
$r,\phi,\Delta l$	重力场评估点的球面坐标系	图 4.2
ρ,β,θ	地球微分质量元素的球面坐标系	图 4.2
σ	标准差	C.3.1

第3章

常用参考坐标系

在惯性导航理论的分析讨论过程中需要对一系列坐标系进行明确定义。常用坐标系有九个。其中五个与地球相对于参考惯性坐标系的几何形状有关;第六个定义了一组与机体或载体有关的坐标系。这六个坐标系是符合右手定则的正交坐标系。其余三个坐标系分别为平台、陀螺仪和加速度计坐标系。陀螺仪和加速度计坐标系的三个坐标轴分别沿各器件敏感轴方向,为了使器件各敏感轴与正交平台一致,需要对其进行一定的处理,以解决器件安装时产生的非正交等问题。

3.1 惯性坐标系(i 系;x,y,z 轴)

惯性坐标系的概念在科学历史上基本哲学方面有很重要的意义,它从伽利略(意大利人,1564—1642 年)、牛顿(英国人,1642—1727 年)、马赫(奥地利人,1838—1916 年)和爱因斯坦(德国人,1879—1955 年)等人的科学研究成果中延伸发展而来。牛顿设想了一个"绝对空间",并在牛顿第二定律中用作加速度的参考空间。区分绝对和相对转动的难题使马赫做出结论,即转动只可能是相对于宇宙空间中的物质发生的,由此他进一步定义了惯性坐标系是指那些相对于"固定恒星"未经加速的坐标系。爱因斯坦将伽利略的观察结果(一个物体在重力场中的加速度与其质量无关)与牛顿和马赫的理论相结合,得出了所谓的相对论。根据这一理论,不可能立即区分出重力和惯性力,因为将一个非惯性坐标系作为参考坐标系,在这个坐标系中测量的惯性力实质上是恒星产生的万有引力。

这样,问题归咎于如何能将测量出的力和运动统一到可解决地球附近导航问题的惯性坐标系中。我们会看到[7],一个原点在地球的质量中心且相对于恒星无旋转的坐标系可以认为是惯性坐标系,并且适用于地球表面附近的测量工作。

以敏感轴相互正交的理想加速度计测量输出为研究对象。一个最简单的加速度计可以理解为是一个具有适当阻尼和弹簧约束的参考质量点，其位移是相对于设备固联坐标系测得的。根据牛顿第二定律可知，这样一个装置的输出值正比于该测量点相对于惯性坐标系加速度与该点处净重力加速度之差，并且这种惯性加速度和重力加速度之差恒等于由它的支撑结构施加在加速度计上的接触力[71]。因此，加速度计输出值可表示为

$$\boldsymbol{f}^a = \boldsymbol{C}_I^a \ddot{\boldsymbol{R}}^I - \sum_k \boldsymbol{G}_k^a \tag{3-1}$$

式中：$\boldsymbol{C}_I^a$ 为从惯性坐标系 I 到加速度计坐标系 a 的坐标转换矩阵；$\ddot{\boldsymbol{R}}^I$ 为相对于惯性坐标系的加速度；$\boldsymbol{G}_k$ 为宇宙中第 k 个物体在系统处产生的重力加速度；$\boldsymbol{f}$ 为器件测量比力信息（每单位质量的非场接触力）。

其中，加速度计坐标系的各轴分别指向各轴加速度计的敏感轴方向。值得注意的是式(3-1)中，重力场对系统的影响完全由宇宙中第 k 个物体的空间分布来描述，与系统自身运动无关，而该运动则由$\ddot{\boldsymbol{R}}^I$ 来充分描述。

因为惯性参考位置矢量$\boldsymbol{R}^I$ 与银河系距离有关，可将加速度计的输出投影至地心"可用惯性"[42]坐标系，该坐标系相对于恒星无旋转运动。为了实现这个转换关系，令

$$\boldsymbol{R} = \boldsymbol{r} + \boldsymbol{q}$$

且

$$\boldsymbol{C}_I^a = \boldsymbol{C}_i^a \boldsymbol{C}_I^i$$

式中：$\boldsymbol{R}$ 为假想惯性坐标系原点到设备所在位置的矢量；$\boldsymbol{r}$ 为地心坐标系原点到设备所在位置的矢量；$\boldsymbol{q}$ 为地球质心到假想惯性坐标系原点的矢量；$\boldsymbol{C}_I^i$ 从惯性坐标轴 I 到地心惯性非旋转坐标系 i 的坐标转换矩阵。

因此式(3-1)写为

$$\boldsymbol{f}^a = \boldsymbol{C}_i^a \boldsymbol{C}_I^i(\ddot{\boldsymbol{r}}^I + \ddot{\boldsymbol{q}}^I) - \sum_k \boldsymbol{G}_k^a \tag{3-2}$$

此外，还可以看出，由于地球的质心无重力加速度，则地球加速度与地心净重力加速度大小相等、方向相反，即

$$\ddot{\boldsymbol{q}}^I - \sum_k \breve{\boldsymbol{G}}_k^I = 0 \tag{3-3}$$

式中：$\breve{\boldsymbol{G}}_k$ 为宇宙中所有第 k 个物体引起的地球质量中心处的重力加速度（该点处地球场的影响为零）。

将式(3-3)代入式(3-2)，得

$$\boldsymbol{f}^a = \boldsymbol{C}_i^a \boldsymbol{C}_I^i \ddot{\boldsymbol{r}}^I + \sum_k [\breve{\boldsymbol{G}}_k^a - \boldsymbol{G}_k^a] \tag{3-4}$$

但是，由于地心坐标系 i 相对于惯性坐标系 I 没有转动，因此有$\boldsymbol{C}_I^i \ddot{\boldsymbol{r}}^I = \ddot{\boldsymbol{r}}^i$。进而消除了式(3-4)中地球重力场的影响，即

$$f^a = C_i^a \ddot{r}^i - G^a + \sum_{k'} [\breve{G}_{k'} - G_{k'}^a] \tag{3-5}$$

式中：k'为除地球外宇宙中所有物体的总和；G 为由地球产生的器件所在位置的重力加速度。

式(3-5)证明了宇宙中其他所有物体对地球的引力效应在加速度计输出上表现为地球中心重力加速度与仪器所在位置重力加速度之差。幸运的是，宇宙中只有月亮和太阳对地球所产生的影响最大，并且这些差值的数量级大约为$10^{-7}|G|$。因此，对于分辨率高于10^{-7}地球 G 的实际导航设备来说，加速度计的输出可以近似表示为

$$f^a = C_i^a \ddot{r}^i - G^a \tag{3-6}$$

由式(3-6)可看出，加速度计测量值与非重力场场比力成正比，其输出值沿加速度计坐标系方向。

由上面的推导可知，在实际地面导航系统中，惯性系具有十分重要的意义，其包含了相对恒星无旋转及原点在地球中心两个条件。图 3.1 为惯性系示意图。坐标轴方向分别为：x 轴和 y 轴在赤道平面内，z 轴与地球旋转角速度矢量方向一致。

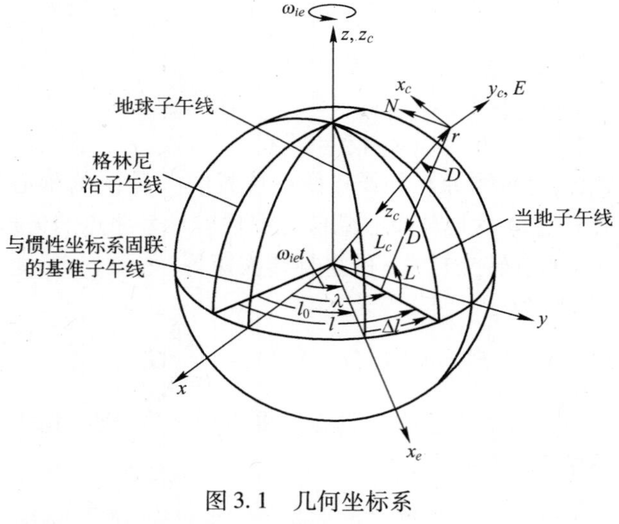

图 3.1 几何坐标系

(N,E,D)—地理坐标系；(x,y,z)—惯性坐标系；(x_e,y_e,z_e)—地球坐标系；(x_c,y_c,z_c)—地心坐标系。

3.2 地理坐标系(n 系；N,E,D 轴)

地理坐标系是指当地导航坐标系，其原点位于系统位置处，坐标轴分别指向北向、东向和地向。地向轴 D 定义为参考椭球面的法线方向，其中，该参考椭球

面是解析定义的曲面,可近似为平均海平面重力等位面,即大地水准面[18]。北向轴 N 的方向与地球自转角速度向量在当地水平面(该面垂直于地向)的投影方向一致。东向轴 E 与 N,D 构成右手正交坐标系。地理坐标系如图 3.1 所示。

3.3 地球坐标系(e 系;x_e,y_e,z_e 轴)

地球坐标系的原点位于地球质心,坐标轴与地球固联。假设导航初始时刻 $t=0$时,地球坐标系和惯性坐标系重合。特别地,由图 3.1 可以看出,在 $t=0$ 时刻,与惯性坐标系固联的基准子午线、地球子午线和当地子午线重合,因此有如下关系:

$$l = l_0 + \lambda - \omega_{ie} t \tag{3-7}$$

式中:l 为地面格林尼治经度;λ 为天球经度;l_0 为初始地面经度;ω_{ie}为地球自转角速率;t 为时间。

3.4 地心坐标系(c 系;x_c,y_c,z_c 轴)

当地地心坐标系原点在系统所在位置,与地理坐标系原点重合,z_c 轴方向与地心位置向量 $\boldsymbol{r}$ 相反,y_c 方向向东,x_c 轴在当地子午面内,与另外两轴构成右手正交坐标系。该坐标系如图 3.1 所示。

3.5 机体坐标系(b 系;R,P,Y 轴)

机体坐标系由载体的横摇轴、纵摇轴和航向轴构成,它的原点位于载体的质心。通常情况下,机体坐标系的原点与当地导航系统不一致。如图 3.2 所示,纵摇轴指向载体前方,横摇轴指向载体右边,航向轴指向载体下方,这些都是相对于载体定义的。

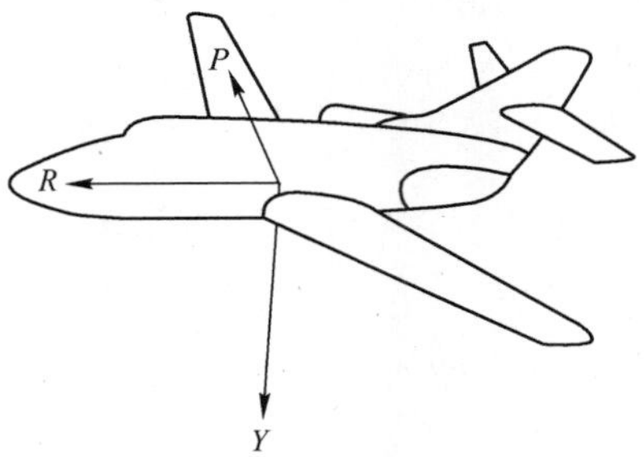

图 3.2 机体坐标系

3.6 切线坐标系（t 系；x_t, y_t, z_t 轴）

切线坐标系定义为与地球上某一固定位置的地理坐标系一致的地球固定坐标系。通常情况下，这个位置的选取与码头位置、引导雷达等参考点一致。

3.7 参考坐标系之间的关系

下面将详细介绍上面定义的各种坐标系之间的关系，其中，各转换关系主要以两坐标间的相对旋转角速率或坐标转换矩阵的形式给出。

3.7.1 惯性坐标系 – 地心坐标系

$$\boldsymbol{\omega}_{in}^{n} = \{\dot{\lambda}\cos L, -\dot{L}, -\dot{\lambda}\sin L\} \tag{3-8}$$

$$\boldsymbol{\omega}_{in}^{i} = \{\dot{L}\sin\lambda, -\dot{L}\cos\lambda, \dot{\lambda}\} \tag{3-9}$$

$$\boldsymbol{C}_{n}^{i} = \begin{bmatrix} -\sin L\cos\lambda & -\sin\lambda & -\cos L\cos\lambda \\ -\sin L\sin\lambda & \cos\lambda & -\cos L\sin\lambda \\ \cos L & 0 & -\sin L \end{bmatrix} \tag{3-10}$$

式中：L 为地理纬度。

3.7.2 惯性坐标系 – 地球坐标系

$$\boldsymbol{\omega}_{ie}^{i} = \boldsymbol{\omega}_{ie}^{e} = \{0, 0, \omega_{ie}\} \tag{3-11}$$

$$\boldsymbol{C}_{e}^{i} = \begin{bmatrix} \cos\omega_{ie}t & -\sin\omega_{ie}t & 0 \\ \sin\omega_{ie}t & \cos\omega_{ie}t & 0 \\ 0 & 0 & 1 \end{bmatrix} \tag{3-12}$$

3.7.3 惯性坐标系 – 地心坐标系

$$\boldsymbol{\omega}_{ic}^{c} = \{\dot{\lambda}\cos L_c, -\dot{L}_c, -\dot{\lambda}\sin L_c\} \tag{3-13}$$

$$\boldsymbol{\omega}_{ic}^{i} = \{\dot{L}_c\sin\lambda, -\dot{L}_c\cos\lambda, \dot{\lambda}_c\} \tag{3-14}$$

$$\boldsymbol{C}_{c}^{i} = \begin{bmatrix} -\sin L_c\cos\lambda & -\sin\lambda & -\cos L_c\cos\lambda \\ -\sin L_c\sin\lambda & \cos\lambda & -\cos L_c\sin\lambda \\ \cos L_c & 0 & -\sin L_c \end{bmatrix} \tag{3-15}$$

式中：L_c 为地心纬度。

3.7.4 地理坐标系－地心坐标系

$$\boldsymbol{\omega}_{nc}^{c}=\boldsymbol{\omega}_{nc}^{n}=\{0,\dot{D},0\} \tag{3-16}$$

$$\boldsymbol{C}_{c}^{n}=\begin{bmatrix}\cos D & 0 & \sin D\\ 0 & 1 & 0\\ -\sin D & 0 & \cos D\end{bmatrix} \tag{3-17}$$

其中

$$D=(L-L_{c}) \tag{3-18}$$

D 为偏差值。

3.7.5 地球坐标系－地理坐标系

$$\boldsymbol{\omega}_{en}^{n}=\{\dot{l}\cos L,-\dot{L},-\dot{l}\sin L\} \tag{3-19}$$

$$\boldsymbol{\omega}_{en}^{e}=\{\dot{L}\sin\Delta l,-\dot{L}\cos\Delta l,\dot{l}\} \tag{3-20}$$

$$\boldsymbol{C}_{n}^{e}=\begin{bmatrix}-\sin L\cos\Delta l & -\sin\Delta l & -\cos L\cos\Delta l\\ -\sin L\sin\Delta l & \cos\Delta l & -\cos L\sin\Delta l\\ \cos L & 0 & -\sin L\end{bmatrix} \tag{3-21}$$

其中

$$\Delta l=l-l_{0} \tag{3-22}$$

Δl 表示相较于导航初始时刻 $t=0$，经度在导航任意时刻的变化值。

3.7.6 惯性坐标系－机体坐标系

$$\boldsymbol{\omega}_{ib}^{b}=\{\omega_{R},\omega_{P},\omega_{Y}\} \tag{3-23}$$

其中，ω_{R}，ω_{P}，ω_{Y} 分别为机体的初始参考横摇角速率、纵摇角速率和航向角速率。当然，机体坐标系到惯性坐标系的坐标转换矩阵是机体角运动的时间函数，通常不能通过先验来获得。

3.7.7 惯性坐标系－切线坐标系

$$\boldsymbol{\omega}_{it}^{t}=\{\omega_{ie}\cos L_{0},0,-\omega_{ie}\sin L_{0}\} \tag{3-24}$$

$$\boldsymbol{C}_{i}^{t}=\begin{bmatrix}-\sin L_{0}\cos\omega_{ie}t & -\sin L_{0}\sin\omega_{ie}t & \cos L_{0}\\ -\sin\omega_{ie}t & \cos\omega_{ie}t & 0\\ -\cos L_{0}\cos\omega_{ie}t & -\cos L_{0}\sin\omega_{ie}t & -\sin L_{0}\end{bmatrix} \tag{3-25}$$

式中：L_{0} 为切平面的初始地理纬度。

3.7.8 切线坐标系－地理坐标系

$$\boldsymbol{\omega}_{tn}^{n}=\{\dot{l}\cos L,-\dot{L},-\dot{l}\sin L\} \tag{3-26}$$

$$
\boldsymbol{C}_t^n =
$$

$$
\begin{bmatrix} -\sin L\sin L_0\cos(l-l_0)+\cos L\cos L_0 & -\sin L\sin(l-l_0) & -\sin L\cos L_0\cos(l-l_0)-\sin L_0\cos L \\ \sin L_0\sin(l-l_0) & \cos(l-l_0) & \cos L_0\sin(l-l_0) \\ -\sin L_0\cos L\cos(l-l_0)-\sin L\cos L_0 & -\cos L\sin(l-l_0) & \cos L\cos L_0\cos(l-l_0)+\sin L\sin L_0 \end{bmatrix} \tag{3-27}
$$

上面的转换矩阵可以在初始切平面与地理坐标系有较小转角或较小距离的情形下通过级数展开近似获得。因此,方程(3-27)的二阶近似可以表示为

$$
\boldsymbol{C}_t^n \approx \begin{bmatrix} 1-\dfrac{\Delta L^2}{2}-\sin^2 L_0\dfrac{\Delta l^2}{2} & -\Delta l(\sin L_0+\Delta L\cos L_0) & \Delta L-\dfrac{\Delta l^2}{4}\sin 2L_0 \\ \Delta l\sin L_0 & 1-\dfrac{\Delta l^2}{2} & \Delta l\cos L_0 \\ -\Delta L-\dfrac{\Delta l^2}{4}\sin 2L_0 & -\Delta l(\cos L_0-\Delta L\sin L_0) & 1-\dfrac{\Delta L^2}{2}-\dfrac{\Delta l^2}{2}\cos^2 L_0 \end{bmatrix} \tag{3-28}
$$

其中,$\Delta L = L - L_0$,$\Delta l = -l - l_0$。

将方程(3-27)的线性近似化简,可以表示为

$$
\boldsymbol{C}_t^n \approx \begin{bmatrix} 1 & -\Delta l\sin L_0 & \Delta L \\ \Delta l\sin L_0 & 1 & \Delta l\cos L_0 \\ -\Delta L & -\Delta l\cos L_0 & 1 \end{bmatrix} \tag{3-29}
$$

3.8 平台坐标系,加速度计坐标系和陀螺仪坐标系

相对于先前定义的各坐标系,定义三个与器件测量输出值相关的参考坐标系是十分必要的。这三个坐标系的各坐标轴最好是通过某些特定的试验[35]来获得,例如采用仪器的初始对准程序等。

3.8.1 平台坐标系(p 系;x_p, y_p, z_p 轴)

平台坐标系各坐标轴符合右手定则,也可以被认为是固定在平台上的三个基准线。当然,该坐标系的初始位置与系统所在位置重合。

3.8.2 加速度计坐标系(a 系;x_a, y_a, z_a 轴)

加速度计坐标系是非正交坐标系,它可以通过惯性仪器的输入轴或者敏感轴来定义。当这组坐标系被用作器件测量输出的可靠性依据时[29],器件输出值需要先经过相对于基准参考系的大角度非正交转换过程。当这三组加速度计被用作校正正交坐标系时,它主要是对其测量值进行判断并调整,以达到三轴加速度计的敏感轴输出信息正交的目的。由于对准不可能完全准确,因此作为器件

对准过程的一部分，利用上述测试方法来校正非正交坐标系是一个必要的过程。

3.8.3 陀螺仪坐标系（g 系；x_g，y_g，z_g 轴）

与加速度计坐标系相似，陀螺仪坐标系可以由陀螺的输入轴或者敏感轴定义得到。加速度计坐标系的所有结论也同样适用于陀螺仪坐标系。

3.8.4 器件－平台坐标系转换

尽管器件的组装过程尽可能精确，但是想达到三轴器件理想状态下的沿目标轴线安装是不可能的。由于这情况不可避免，因此要采取一系列数学手段去补偿物理上的“非对准”误差。

3.8.4.1 加速度计坐标系到平台坐标系的转换

具体来说，对于三轴加速度计测量的比力信息，虽然加速度计的敏感轴非正交，但与正交坐标系相比只相差很小的角度。两坐标系的几何关系如图 3.3 所示，其中，x_p 到 x_a，y_p 到 y_a，z_p 到 z_a 的角度分别为 θ_x，θ_y，θ_z。并且这三个角可以分解为正交平台坐标系经过两次独立的转动至加速度计坐标系的转动角。因此，加速度计坐标系相对于平台坐标系的坐标转换过程可以表示为

$$\boldsymbol{C}_a^p = \boldsymbol{I} + \Delta\boldsymbol{C}_a^p \tag{3-30}$$

式中：$\Delta\boldsymbol{C}_a^p = \begin{bmatrix} 0 & -\theta_{yz} & \theta_{zy} \\ \theta_{xz} & 0 & -\theta_{zx} \\ -\theta_{xy} & \theta_{yx} & 0 \end{bmatrix}$；$\boldsymbol{I}$ 为单位阵；θ_{ij}为平台坐标系 j 轴一次旋转到 i 轴，旋转角为 θ_i。

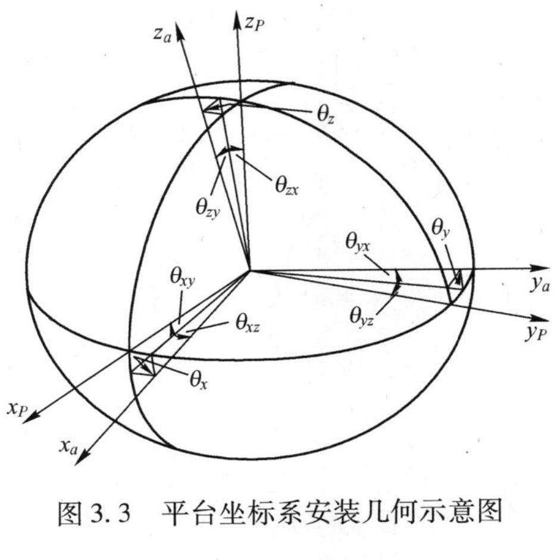

图 3.3　平台坐标系安装几何示意图

这六个相互独立的旋转角度 θ_{ij}是在前面提到的仪器校准过程中被估算测量的。

为了得到系统沿平台坐标系的比力信息，只依靠式(3-30)得出 $\boldsymbol{C}_a^p$ 矩阵将加速度计测量信息投影转换至平台坐标系是远远不够的。这是因为一组沿非正交坐标系安装器件的测量结果经过一次投影转换并不能完全等价并得到一组完全正交安装器件的测量结果。

图 3.4 解释了该结论的产生原因，为了使问题研究得清晰，图中只画出了相对于 z 轴的二维器件非对准情况。在该图中两轴加速度计测量值是比力向量在各轴的投影结果。可见，两加速度计的敏感值分别为

$$\tilde{f}_{xa}=f\cos(\psi-\theta_{xz})\approx f\cos\psi+f\theta_{xz}\sin\psi$$

$$\tilde{f}_{ya}=f\sin(\psi+\theta_{yz})\approx f\sin\psi+f\theta_{yz}\cos\psi$$

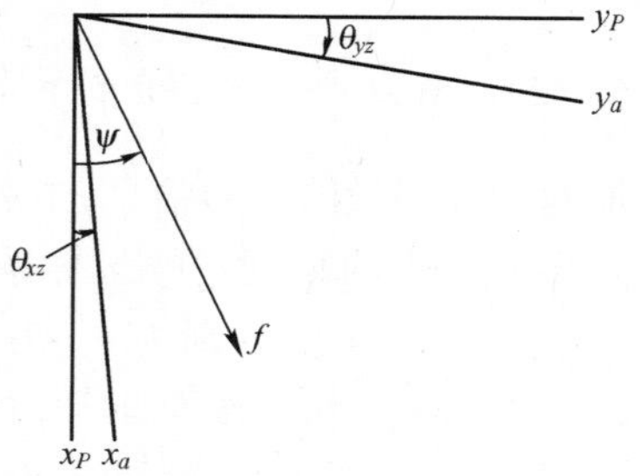

图 3.4　二维力测量示意图

根据式(3-30)，该测量信息经转换矩阵变换后，得到沿平台坐标系的投影结果为

$$\boldsymbol{C}_a^p\tilde{\boldsymbol{f}}^a=\begin{bmatrix}1 & \theta_{yz}\\ \theta_{xz} & 1\end{bmatrix}\begin{bmatrix}f\cos\psi+f\theta_{xz}\sin\psi\\ f\sin\psi+f\theta_{yz}\cos\psi\end{bmatrix}$$

需要注意的是，图 3.4 中显示的 θ_{yz} 在式(3-30)中是负值。根据矩阵乘法运算法则，有

$$\boldsymbol{C}_a^p\tilde{\boldsymbol{f}}^a=f\{\cos\psi+(\theta_{xz}+\theta_{yz})\sin\psi,\sin\psi+(\theta_{xz}+\theta_{yz})\cos\psi\}$$

但是，根据被测量矢量 $\boldsymbol{f}$ 沿正交坐标系的投影可知：

$$\tilde{\boldsymbol{f}}^p=\boldsymbol{f}\{\cos\psi,\sin\psi\}$$

显然，加速度计沿非正交坐标系测得的比力信息经 $\boldsymbol{C}_a^p\tilde{\boldsymbol{f}}^a$ 投影转换后，与正交平台坐标系本应该测得的量 $\tilde{\boldsymbol{f}}^p$ 并不相等。这种误差可以通过用式(3-30)的 $\boldsymbol{C}_a^p\tilde{\boldsymbol{f}}^a$ 代替 $\tilde{\boldsymbol{f}}^p$ 进行估计，即

$$\boldsymbol{C}_a^p\tilde{\boldsymbol{f}}^a=\boldsymbol{C}_a^p(\boldsymbol{C}_a^p)^{\mathrm{T}}\tilde{\boldsymbol{f}}^p \tag{3-31}$$

其中，利用式(3-30)，被测比力从沿正交平台坐标系投影转换到沿非正交加速度计坐标系的投影过程为

$$\tilde{\boldsymbol{f}}^a=(\boldsymbol{C}_a^p)^{\mathrm{T}}\tilde{\boldsymbol{f}}^p \tag{3-32}$$

需要注意的是,两正交坐标系之间的变换特性与非正交和正交坐标系之间的变换特性有所不同,即

$$\boldsymbol{C}_a^p(\boldsymbol{C}_a^p)^{\mathrm{T}}=\boldsymbol{I}+\Delta\boldsymbol{C}_a^p+(\Delta\boldsymbol{C}_a^p)^{\mathrm{T}}\neq\boldsymbol{I}$$

然而,式(3-32)还是可以清楚地表达图3.4中所描述的二维情况。由于上式矩阵乘积 $\boldsymbol{C}_a^p(\boldsymbol{C}_a^p)^{\mathrm{T}}$ 不等于单位矩阵,因此,有

$$\boldsymbol{C}_a^p(\boldsymbol{C}_a^p)^{\mathrm{T}}=\boldsymbol{I}+\begin{bmatrix}0 & \theta_{xz}-\theta_{yz} & \theta_{zy}-\theta_{xy}\\ \theta_{xz}-\theta_{yz} & 0 & \theta_{yx}-\theta_{zx}\\ \theta_{zy}-\theta_{xy} & \theta_{yx}-\theta_{zx} & 0\end{bmatrix} \tag{3-33}$$

式(3-30)减去式(3-33)中对称部分,就可以得到从加速度计坐标系到平台坐标系的转换矩阵$\overset{*}{\boldsymbol{C}}{}_a^p$,该矩阵还可以得到初始比力向量:

$$\overset{*}{\boldsymbol{C}}{}_a^p=\boldsymbol{C}_a^p-[\boldsymbol{C}_a^p(\boldsymbol{C}_a^p)^{\mathrm{T}}-\boldsymbol{I}]$$

或

$$\overset{*}{\boldsymbol{C}}{}_a^p=\begin{bmatrix}1 & -\theta_{xz} & \theta_{xy}\\ \theta_{yz} & 1 & -\theta_{yz}\\ -\theta_{zy} & \theta_{zx} & 1\end{bmatrix}=\boldsymbol{I}-(\Delta\overset{*}{\boldsymbol{C}}{}_a^p)^{\mathrm{T}} \tag{3-34}$$

式(3-34)中化简了小角度的转换关系,其中假设 $\theta_{xz}=\theta_{yz},\theta_{zy}=\theta_{xy},\theta_{yx}=\theta_{zx}$。

因此,将沿非正交轴系测量的比力信息投影至正交平台坐标系中,可采用如下计算关系:

$$\hat{\boldsymbol{f}}^p=\overset{*}{\boldsymbol{C}}{}_a^p\tilde{\boldsymbol{f}}^a=[\boldsymbol{I}-(\Delta\hat{\boldsymbol{C}}_a^p)\tilde{\boldsymbol{f}}^a]\tilde{\boldsymbol{f}}^a \tag{3-35}$$

其中,$\Delta\boldsymbol{C}_a^p$ 由式(3-34)计算给出,$\tilde{\boldsymbol{f}}^a$ 为沿非正交系的测量比力,$\hat{\boldsymbol{f}}^p$ 为经计算得到的沿正交平台坐标系的比力信息,它等价于比力真值沿平台坐标系的投影结果。

3.8.4.2 陀螺仪坐标系到平台坐标系的转换关系

同样,角速率或角速率积分陀螺仪被用来测量角速度或角速度积分值。对于捷联惯性导航系统而言,式(3-34)中关于陀螺仪坐标系和平台坐标系间的六个失准角可以通过适当的仪器对准过程来估算。在这种情况下,陀螺仪测量值沿陀螺仪坐标系转换至平台坐标系的过程,可由下式给出:

$$\hat{\boldsymbol{\omega}}^p=\overset{*}{\boldsymbol{C}}{}_a^p\tilde{\boldsymbol{\omega}}^g=[\boldsymbol{I}-(\Delta\hat{\boldsymbol{C}}_g^p)^{\mathrm{T}}]\tilde{\boldsymbol{\omega}}^g \tag{3-36}$$

其中,$\Delta\boldsymbol{C}_g^p$ 形式与式(3-30)$\Delta\boldsymbol{C}_a^p$ 形式相似,即

$$\Delta\hat{\boldsymbol{C}}_g^p=\begin{bmatrix}0 & -\hat{\phi}_{yz} & \phi_{yz}\\ \phi_{xz} & 0 & -\hat{\phi}_{zx}\\ -\hat{\phi}_{xz} & \phi_{yz} & 0\end{bmatrix}$$

其中，$\phi_{ij}=\phi_i$ 的元素组成由相对平台系 j 轴一次性旋转得到（$i=x,y,z;j=x,y,z$）；ϕ_x,ϕ_y,ϕ_z 分别表示 x_p 和 x_g，y_p 和 y_g，z_p 和 z_g 之间的夹角；在这种情况下，$\tilde{\boldsymbol{\omega}}^g$ 为指陀螺仪沿非正交陀螺坐标系测量的相对于惯性坐标系旋转角速度矢量；$\tilde{\boldsymbol{\omega}}^p$ 为经转换后沿平台正交坐标系的旋转角速度测量值，该转换结果等价于被测量真值沿平台坐标系的投影。

如果希望利用陀螺仪的测量信息对平台施矩，以使得平台坐标系跟踪指定参考坐标系，那么上述情况会稍有区别。这种情况下，必须给每个陀螺仪通过力矩信号施加适当的角速率信息，以改变陀螺仪坐标系三轴不正交这一事实。与式（3-32）类似，平台坐标系相对于惯性空间旋转角速度投影至陀螺仪坐标系的过程为

$$\boldsymbol{\omega}_{ip}^g=(\boldsymbol{C}_g^p)^{\mathrm{T}}\boldsymbol{\omega}_{ip}^p \tag{3-37}$$

因此，为得到平台旋转角速度，理想角速度通过预乘$(\hat{\boldsymbol{C}}_g^p)^{\mathrm{T}}$ 得到：

$$\boldsymbol{\omega}_c^g=(\hat{\boldsymbol{C}}_a^p)^{\mathrm{T}}\hat{\boldsymbol{\omega}}_{ip}^p=[\boldsymbol{I}+(\Delta\hat{\boldsymbol{C}}_a^p)^{\mathrm{T}}]\hat{\boldsymbol{\omega}}_{ip}^p \tag{3-38}$$

式中：$\boldsymbol{\omega}_c^g$ 为陀螺仪施加角速率信息；$\hat{\boldsymbol{\omega}}_{ip}^p$为平台旋转角速率信息。

3.8.4.3 未补偿的仪器坐标系与平台坐标系之间的转换

当式（3-34）中的六个失准角不被测量并补偿时，则器件测量输出值直接认为是沿平台坐标系的。这种情况下，式（3-32）表示的测量比力信息变化为

$$\tilde{\boldsymbol{f}}^p=\tilde{\boldsymbol{f}}^a=(\boldsymbol{C}_a^p)^{\mathrm{T}}\boldsymbol{f}^a=[\boldsymbol{I}+(\Delta\hat{\boldsymbol{C}}_a^p)^{\mathrm{T}}]\boldsymbol{f}^p \tag{3-39}$$

同样地，测量角速度如下：

$$\tilde{\boldsymbol{\omega}}^p=\tilde{\boldsymbol{\omega}}^g=[\boldsymbol{I}+(\Delta\boldsymbol{C}_a^p)^{\mathrm{T}}]\boldsymbol{\omega}^p \tag{3-40}$$

这种情况下，为了使平台坐标系跟踪某一指定惯性参考坐标系而施加的陀螺力矩将不再有针对非正交陀螺坐标系的预乘过程，此时施矩角速率变化为

$$\boldsymbol{\omega}_c^g=\hat{\boldsymbol{\omega}}_{ip}^p \tag{3-41}$$

式中：$\boldsymbol{\omega}_c^g$ 为陀螺仪施加角速率信息；$\hat{\boldsymbol{\omega}}_{ip}^p$ 为平台旋转所需角速率信息。

但是，由于平台旋转角速率的施加过程是在非正交陀螺仪坐标系中进行的，因此平台坐标系相对于惯性坐标系的旋转角速率实质上为

$$\boldsymbol{\omega}_{ip}^p=\boldsymbol{C}_g^p=[\boldsymbol{I}+\Delta\boldsymbol{C}_a^p]\hat{\boldsymbol{\omega}}_{ip}^p \tag{3-42}$$

式（3-42）的推导过程中采用了式（3-30）和式（3-41）的形式。

第4章

地球几何学

“重力是由按照一定规律不断运动的物体产生的，但是，究竟这个物体是物质的还是非物质的，将留给我的读者去思考。”

——艾萨克·牛顿

为了表征惯性系统特性方程，有必要建立地球的几何模型。因为通常情况下，地面导航只包含确定系统的速度和位置信息，该速度和位置信息与基于参考椭球的惯性网格有关，并且需要准确确定与参考表面有关的引力场和重力场信息。另外，还要建立系统位置矢量 $\boldsymbol{r}$ 与地球解析图形之间的关系。

4.1 地心位置矢量

确定系统相对地球位置最便捷的方法就是考虑系统的地心位置矢量 $\boldsymbol{r}$。由于重力场补偿加速度计输出的结果与相对惯性坐标系的地心位置矢量的二次导数成比例，所以利用地心位置矢量表示系统位置最合适不过了（参见式(3-6)）。由图3.1可知，惯性参考地心位置矢量可表示为

$$\boldsymbol{r}^i = \{ r\cos L_c \cos\lambda, r\cos L_c \sin\lambda, r\sin L_c \} \tag{4-1}$$

式中：r 为地心位置矢量大小；L_c 为地心纬度；λ 为天球经度。

从图4.1中可以看到，地心位置矢量沿地理坐标系的投影可表示为

$$\boldsymbol{r}^n = \{ -r\sin D, 0, -r\cos D \} \tag{4-2}$$

其中

$$D = L - L_c, D \text{ 为偏差值。} \tag{4-3}$$

地心位置矢量可以通过图4.1中所描述的地球半径和参考椭球表面的高度来确定。

$$\boldsymbol{r} = \boldsymbol{r}_0 + \boldsymbol{h}$$

式中：$\boldsymbol{r}_0$ 为指向系统所在地球表面位置的地心位置矢量；$\boldsymbol{h}$ 为系统在参考椭球表

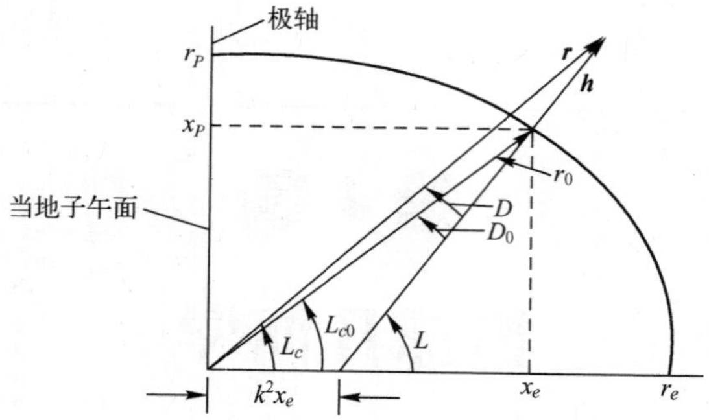

图 4.1　地球半径与高度示意图

面上的高度向量。

因为

$$\boldsymbol{r}_0^n = \{-r_0\sin D_0, 0, -r_0\cos D_0\} \tag{4-4}$$

并且

$$\boldsymbol{h}^n = \{0, 0, -h\} \tag{4-5}$$

则式(4-2)的表达式变为如下形式：

$$\boldsymbol{r}^n = \{-r_0\sin D_0, 0, -r_0\cos D_0 - h\} \tag{4-6}$$

地心半径矢量的平方可由式(4-6)中各部分的平方和来表示，即

$$r^2 = r_0^2 + 2r_0h\cos D_0 + h^2 \tag{4-7}$$

地心位置矢量的大小在取($r_0 + h$)平方的基础上再取式(4-7)的平方根得到：

$$r = [(r_0+h)^2 - 2hr_0(1-\cos D_0)]^{1/2}$$

对($r_0 + h$)项进行因式分解得到：

$$r = (r_0+h)\left[1 - \frac{2hr_0(1-\cos D_0)}{(r_0+h)^2}^{1/2}\right]$$

因为有$(1-\cos D_0) \approx D_0^2/2$，该值的精确度大于$1/10^9$。这样，上述表达式中$r$扩展表示为

$$r = r_0 + h - \frac{hr_0D_0^2}{2(r_0+h)} - \frac{h^2r_0^2D_0^4}{8(r_0+h)^3}$$

上述表达式中超过一阶的项将会在45°纬度上达到最大，其中，$D_0 \approx \frac{1}{297}$ rad。即使是在200000英尺的高度上，根据上述表达式求值得

$$r = r_0 + h - 1.1 - 3.2\times10^{-8} - \cdots \text{英尺}$$

因此，根据表达式

$$r = r_0 + h \tag{4-8}$$

所估算出的地心半径误差小于1英尺(1英尺 = 304.8 mm)。

4.2 正常情况下的偏差量

正常情况下的偏差量被定义为地心铅垂线和地理铅垂线之间的角度，即

$$D \triangleq L - L_c$$

图4.1描述了上述数学表达式的几何关系。在地心半径和地理半径的三角界限内应用正弦定律，得

$$\frac{\sin D}{k^2 x_e} = \frac{\sin(\pi - L)}{r} \tag{4-9}$$

式中：$k = (1 - r_p^2/r_e^2)^{1/2}$ 为参考椭圆体的离心率；r_e 为赤道处的地球半径（半长轴）；r_p 为极点附近的地球半径（短半轴）；x_e 为赤道处地球半径向量的投影。

正如4.1节所证明的，采用 $r \approx r_0 + h$ 的近似方法，估计高度误差小于1英尺，而且赤道处地球半径的矢量投影为 $x_e = r_0 \cos L_{c0}$，又因为有 $L_{c0} = L - D_0$，因此 x_e 可以写成：

$$x_e = r_0(\cos L \cos D_0 + \sin L \sin D_0) \tag{4-10}$$

最后得到离心率与椭圆率之间的关系为

$$k^2 = 2e\left(1 - \frac{e}{2}\right) \tag{4-11}$$

式中：$e = \frac{r_e - r_p}{r_e}$ 为椭圆率。 (4-12)

将式(4-8)、式(4-10)和式(4-11)代入式(4-9)中，得到：

$$\sin D = e\frac{r_0}{r_0 + h}\left(1 - \frac{e}{2}\right)\sin 2L \cos D_0 + 2e\left(1 - \frac{e}{2}\right)\frac{r_0}{r_0 + h}\sin^2 L \sin D_0 \tag{4-13}$$

当 $h = 0$ 时，对上述表达式进一步化简可得到 D_0 的表达式为

$$D_0 = e\sin 2L + \varepsilon \tag{4-14}$$

其中，$\varepsilon = -(e^2/2)\sin 2L + 2e^2 \sin 2L \sin^2 L + \cdots \leqslant 1.6\text{arcsec}$。

将式(4-13)按幂级数展开，则通过上述参考椭球得到高度为 h 时的偏差表达式为

$$D = e\sin 2L + \varepsilon \tag{4-15}$$

其中，$\varepsilon = -e\sin 2L(e/2 + h/r_0 + \text{高阶项}) \leqslant 4.5\text{arcsec}, h = 100000$ 英尺。

然而，需要注意的是，如果正常偏差的表达式与时间无关，例如在计算地理坐标系和地心坐标系的相关角速度时，依赖高度信息的式(4-15)可以表示为

$$D = e\left(1 - \frac{h}{r_0}\right)\sin 2L \tag{4-16}$$

4.3 地球半径值

在惯性导航的计算过程中,地球半径向量被定义为从地球中心向参考椭球体表面延伸的向量。由于参考椭球体是一个回转体(关于地球极轴对称),所以计算时需要结合子午线平面方程。如图 4.1 所示,子午线处的椭圆方程为

$$\frac{x_e^2}{r_e^2}+\frac{x_p^2}{r_0^2}=1 \tag{4-17}$$

由于,$x_e^2=r_0^2\cos^2 L_{c0}$,$x_p^2=r_0^2\sin^2 L_{c0}$,于是式(4-17)可写成:

$$r_0^2=\frac{r_p^2}{1-[1-(r_p/r_e)^2]\cos^2 L_{c0}} \tag{4-18}$$

上述表达式括号内部分被看作是椭圆离心率的平方。这样式(4-18)的分母可按级数展开,结果为

$$r_0=r_p\left(1+\frac{k^2}{2}\cos^2 L_{c0}+\frac{3}{8}k^4\cos^4 L_{c0}+\frac{5}{16}k^6\cos^6 L_{c0}+\cdots\right) \tag{4-19}$$

式中:$k=[1-(r_p/r_e)^2]^{1/2}$为离心率。

由式(4-11)可知,$k^2/2=e(1-e/2)$。因为有 $\cos L_{c0}=\cos(L-D_0)$,所以 $\cos L_{c0}$也可以按级数展开。再根据式(4-14),式(4-19)变为

$$r_0=r_p\left[1+\frac{e}{2}(1+\cos 2L)+\frac{e^2}{r}\left(\frac{13}{4}+2\cos 2L-\frac{5}{4}\cos 4L\right)+\cdots\right] \tag{4-20}$$

其中,e 为由式(4-12)定义的椭圆率。通过极半径和赤道半径的关系式 $r_p=r_e(1-e)$,可以将方程(4-20)写成更简便的形式:

$$r_0=r_e\left[1-\frac{e}{2}(1-\cos 2L)+\frac{5}{16}e^2(1-\cos 4L)-\cdots\right] \tag{4-21}$$

对 r_0 进一步化简,省略 e 的高阶项,得到:

$$r_0=r_e(1-e\sin^2 L) \tag{4-22}$$

假设 r_e 可以精确地确定,则式(4-22)的近似误差小于 150 英尺。在包含 e^2 项的 r_0 表达式式(4-21)中,假设 r_e 可以精确地确定,则近似误差在 1 英尺数量级。此外,r_e 的不确定范围为 80 英尺(见 4.4.1 节)。

4.4 地球重力场

由于加速度计的敏感值与惯性参考加速度和系统所在位置的重力加速度之差成比例关系,所以,将重力场解析式详细表达出来就显得十分重要。这样,系统加速度信息就可以从加速度计测量信息中分离出来。

如果只是二维信息的导航,例如纬度和经度,那么就可以不用这种加速度计

测量值补偿的计算方法。这种情况下，两个加速度计要保持在当地水平面内，这样只敏感垂直于重力场的向量。也可以说，不必再补偿地球重力场效应是当地垂直型平台系统得以广泛应用的一个重要原因；另一个重要原因是系统中只需要两个加速度计。在更普遍的情况下，在加速度计本身不敏感重力效应或需要获知垂直信息这样更普遍的情况下，则有必要对重力效应进行补偿。

对于近地导航，可以只考虑地球的重力影响，此时忽略来自月亮和太阳的小重力梯度影响（见第 3 章）。下面的推导结果来自参考文献[3]。

重力场 $\boldsymbol{G}$ 是一个场向量，可以通过下面的数学关系推导得到，其中 U 称作重力势能的标量函数：

$$\boldsymbol{G} = \nabla U \tag{4-23}$$

式中：∇为矢量梯度算子，“del.”

4.4.1 重力势能

重力势能通过地心位置矢量 r 计算得到，该矢量通常用球面坐标$(r,\phi,\Delta l)$表示。该势能是由地球质量分布的重力效应产生的，其质量密度为 $D(\rho,\beta,\theta)$。如符号所阐述的一样，$D(\rho,\beta,\theta)$是一个拥有三个球面坐标 ρ,β 和 θ 的函数。重力势能由下式定义：

$$U(r,\phi,\Delta l) = N\iiint \frac{\mathrm{d}m}{|\boldsymbol{r}-\boldsymbol{\rho}|} \tag{4-24}$$

式中：$U(r,\phi,\Delta l)$为坐标为 $r,\phi,\Delta l$ 的地球表面或其上某点的重力势能；N 为万有引力常量；$\mathrm{d}m = D(\rho,\beta,\theta)\rho^2\sin\beta\mathrm{d}\rho\mathrm{d}\beta\mathrm{d}\theta$ 为微分质量元素。

式(4-24)的几何学分析由图 4.2 给出。式(4-24)的分母——微分质量和系统位置之间的距离$|\boldsymbol{r}-\boldsymbol{\rho}|$，由余弦定理给出：

$$|\boldsymbol{r}-\boldsymbol{\rho}| = (r^2+\rho^2-2r\rho\cos\gamma)^{1/2}$$

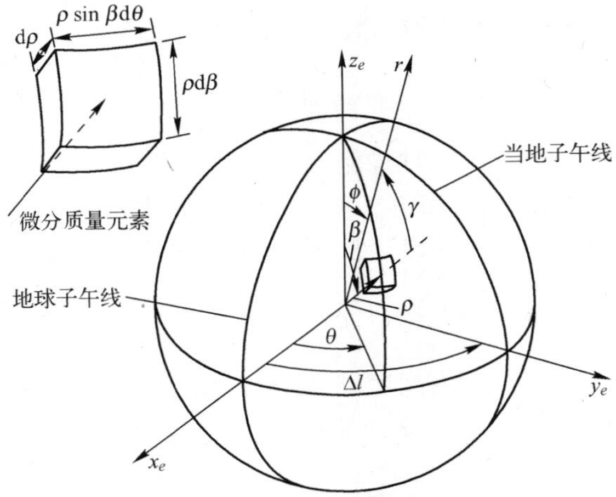

图 4.2 重力势能几何分析

上式右侧被看作是勒让德函数。如果这个势能是由质量 dm 求得的，也就是说，$r>\rho$，则 $|\boldsymbol{r}-\boldsymbol{\rho}|^{-1}$ 可按幂级数展开：

$$|\boldsymbol{r}-\boldsymbol{\rho}|^{-1}=r^{-1}\left(1+\frac{\rho^2}{r^2}-2\frac{\rho}{r}\cos\gamma\right)-1/2$$

$$=r^{-1}\left[1-\frac{1}{2}\left(\frac{\rho^2}{r^2}-2\frac{\rho}{r}\cos\gamma\right)+\frac{3}{8}\left(\frac{\rho^2}{r^2}-2\frac{\rho^2}{r^2}\cos\gamma\right)^2-\right.$$

$$\left.\frac{5}{16}\left(\frac{\rho^2}{r^2}-2\frac{\rho}{r}\cos\gamma\right)^3+\cdots\right]$$

$$=r^{-1}\left[1+\frac{\rho}{r}\cos\gamma+\frac{1}{2}\frac{\rho^2}{r}(3\cos^2\gamma-1)+\right.$$

$$\left.\frac{1}{2}\frac{\rho^3}{r^3}\cos\gamma(5\cos^2\gamma-3)+\cdots\right]$$

上面的表达式可以写为勒让德多项式级数：

$$|\boldsymbol{r}-\boldsymbol{\rho}|^{-1}=r^{-1}\sum_{k=0}^{\infty}P_k(\cos\gamma)\left(\frac{\rho}{r}\right)^k$$

因此，标量势函数可表示为

$$U(r,\phi,\Delta l)=\frac{N}{r}\iiint\sum_{k=0}^{\infty}P_k(\cos\gamma)\left(\frac{\rho}{r}\right)^k\mathrm{d}m$$

勒让德多项式 $P_k(\cos\gamma)$ 可将球面坐标 ϕ,β,θ 和 Δl 按照球函数的加法定理进行扩展，产生如下形式的势能函数：

$$U(r,\phi,\Delta l)=\sum_{k=0}^{\infty}\frac{A_k}{r^{k+1}}P_k(\cos\phi)+\theta\text{ 的周期函数}$$

且 $A_k=N\iiint\rho^kP_k(\cos\beta)\mathrm{d}m$。

对于参考椭球模型，其关于极轴 z_e 对称分布。这样，$D(\rho,\beta,\theta)=D(\rho,\beta)$，并且关于 θ 的周期函数将从势能函数中消失，则势能函数可以写为

$$U(r,\phi)=\frac{N}{r}\iiint\mathrm{d}m+\frac{N}{r^2}\cos\phi\iiint\rho\cos\beta\mathrm{d}m+\sum_{k=2}^{\infty}\frac{A_k}{r^{k+1}}P_k(\cos\phi)$$

如符号 $U(t,\phi)$ 所表明，此时势能不再依靠地球参考经度 Δl。上面表达式的第一个积分只包含质量 m，而第二项里面的 $\rho\cos\beta$ 被看作是赤道平面到 dm 的距离。因此，正如参考椭球体一样，如果引力块中心与坐标系中心重合，那么

$$\iiint\rho\cos\beta\mathrm{d}m=0\text{ 且 }U(r,\phi)=\frac{\mu}{r}+\sum_{k=2}^{\infty}\frac{A_k}{r^{k+1}}P_k(\cos\phi)$$

式中：$\mu=Nm$ 为地球质量与万有引力常量的乘积。

分子分母同时乘以 r_e^k，进一步化简，有

$$\frac{r_e^k}{r_e^kr^{k+1}}=\left(\frac{r_e}{r}\right)^k\frac{1}{r_e^kr}$$

且

$$U(r,\phi) = \frac{\mu}{r}\left[1 - \sum_{k=2}^{\infty}\left(\frac{r_e}{r}\right)J_k P_k(\cos\phi)\right] \tag{4-25}$$

其中

$$J_k = -\frac{A_k}{r_e^k \mu}$$

系数 J_k 可通过实验测得，例如通过观察卫星轨道偏离理论轨道的程度，假设地球是球形，则该轨道可以确定[30,39]。

上述表达采用了一系列地球相关参数，该参数可参考文献[40]和文献[14]，各系数分别如下：

$$\mu = (1.407645 \pm 0.000011) \times 10^{16}\text{英尺}^3/\text{s}^2$$

$$r_e = 20,925,696 \pm 82\ \text{英尺}$$

$$J_2 = (1.08230 \pm 0.00020) \times 10^{-3}$$

$$J_3 = (-2.3 \pm 0.1) \times 10^{-6}$$

$$J_4 = (-1.8 \pm 0.2) \times 10^{-6}$$

值得注意的是，利用文献中提及的这些参数进行计算时，需要将单位从千米转化到英尺，1 英尺 = 0.30480061 米。

上述这些常量与下式给出的地球曲率一致：

$$e = \frac{1}{298.30}$$

注意，当 k 为 2，3，4 时，勒让德多项式为

$$P_2(\cos\phi) = \frac{1}{2}(3\cos^2\phi - 1) = \frac{1}{4}(3\cos 2\phi + 1)$$

$$P_3(\cos\phi) = \frac{1}{2}(5\cos^2\phi - 3\cos\phi) = \frac{1}{8}(5\cos 3\phi + 3\cos\phi)$$

$$P_4(\cos\phi) = \frac{1}{8}(35\cos^2\phi - 3\cos^2\phi + 3) = \frac{1}{64}(35\cos 4\phi + 20\cos 2\phi + 9)$$

其中，偶次谐波被看作相对于磁极是左右对称的，并产生了扁圆结构，奇次谐波是反对称的，并引起了所谓的梨形结构。通过 J_4 项写出势能表达式为

$$U(r,\phi) = \mu\left[\frac{1}{r} - \frac{J_2}{2}\frac{r_e^2}{r^3}(3\cos^2\phi - 1) - \frac{J_3}{2}\frac{r_e^3}{r^4}(5\cos^3\phi - 3\cos\phi) - \frac{J_4}{8}\frac{r_e^4}{r^5}(35\cos^2\phi - 30\cos^2\phi + 3) - \cdots\right] \tag{4-26}$$

综上所述，式(4-26)是在如下假设下对地球重力场的解析表达式：

(1) 被估计点是地球外某一点。

(2) 地球相对于极轴对称。

(3) 地球质心与其几何中心重合,则质点与地球坐标系的坐标原点重合。

4.4.2 球坐标系下的重力场

基于球坐标系的重力场解析式可通过式(4-23)和式(4-26)的 $U(r,\phi)$ 计算得到,并且

$$\nabla = \frac{\partial}{\partial}\boldsymbol{i}_r + \frac{1}{r}\frac{\partial}{\partial\phi}\boldsymbol{i}_\phi$$

式中:$\boldsymbol{i}_r$ 和 $\boldsymbol{i}_\phi$ 分别为沿半径和余纬度增加方向的单位向量。

需要注意的是,因为提出了相对于极轴对称的假设条件,所以上述∇的表达式中不包含相对于地面经度的偏微分项:

$$\boldsymbol{G} = G_r\boldsymbol{i}_r + G_\phi\boldsymbol{i}_\phi \tag{4-27}$$

其中,径向部分表达式为

$$G_r = -\frac{\mu}{r^2}\left[1 - \frac{3}{2}J_2\left(\frac{r_e}{r}\right)^2(3\cos^2\phi - 1) - 2J_3\left(\frac{r}{r}\right)^3\cos\phi(5\cos^3\phi - 3) - \frac{5}{8}J_4\left(\frac{r_e}{r}\right)^4(35\cos^2\phi - 30\cos^2\phi + 3) - \cdots\right] \tag{4-28}$$

余纬度表达式为

$$G_\phi = 3\frac{\mu}{r^2}\left(\frac{r_e}{r}\right)^2\sin\phi\cos\phi \times \left[J_2 + \frac{1}{2}J_3\left(\frac{r_e}{r}\right)\sec\phi(5\cos^2\phi - 1) + \frac{5}{6}\left(\frac{r_e}{r}\right)^2(7\cos^2\phi - 3)\right] \tag{4-29}$$

正如前面提到的,其中 J_2 和 J_4 表示扁圆形项,而 J_3 表示梨形项。对于地球上某点 $r = r_e$ 处,G_r 与 G_ϕ 的扁圆形项与梨形项的图形如图 4.3 与图 4.4 所示[2]。

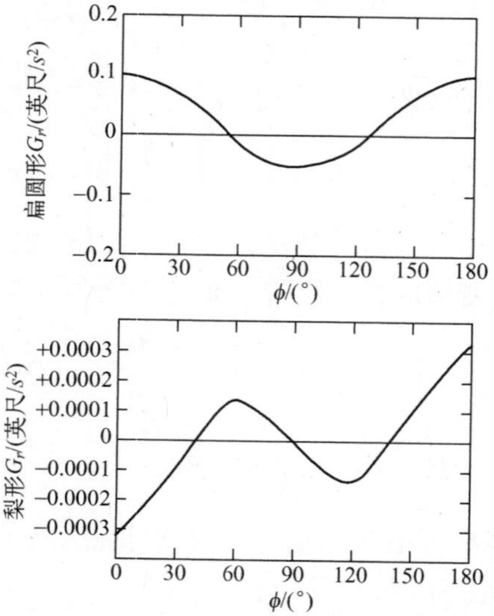

图 4.3　扁圆形和梨形结构对径向引力场分量的作用

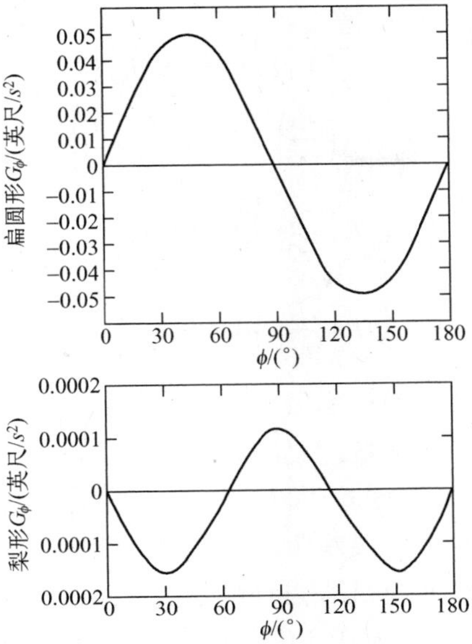

图 4.4 扁圆形和梨形结构对纬度引力场分量的作用

方程(4-27)也可以写为沿地心坐标系的形式,具体为

$$\boldsymbol{G}^c = \{-G_\varphi, 0, -G_r\} \tag{4-30}$$

4.4.3 惯性坐标系下的重力场

地球重力场在惯性坐标系下的表达式可以采用与式(4-23)相似的推导方法,即利用向量梯度$\nabla(x,y,z)$在惯性坐标系下的表达式。将式(4-30)中的 $\boldsymbol{C}_c^i$ 项投影至惯性坐标系的表达式为

$$\boldsymbol{G}^i = \boldsymbol{C}_c^i \boldsymbol{G}^e$$

其中,从地球坐标系到惯性坐标系的转换矩阵 $\boldsymbol{C}_c^i$ 在式(3-15)中已给出。上述相对惯性坐标系的重力场表达式可改写为如下形式:

$$\boldsymbol{G}^i = \begin{bmatrix} (G_r + G_\phi \tan L_c)\dfrac{r_x}{r} \\ (G_r + G_\phi \tan L_c)\dfrac{r_y}{r} \\ (G_r - G_\phi \tan L_c)\dfrac{r_z}{r} \end{bmatrix} \tag{4-31}$$

其中,根据式(4-1)可得

$$\frac{\boldsymbol{r}^i}{r} = \left\{\frac{r_x}{r}, \frac{r_y}{r}, \frac{r_z}{r}\right\} = \{\cos L_c \cos\lambda, \cos L_c \sin\lambda, \sin L_c\}$$

需要注意的是,根据前面地球关于极轴对称的假设条件,式(4-31)中表达

的重力场幅值应独立于经度信息。

将 G_r 和 G_ϕ（式(4-28)和式(4-29)）的表达式代入式(4-31)，有

$$G_x = -\frac{\mu}{r^2}\left\{1+\frac{3}{2}J_2\left(\frac{r_e}{r}\right)^2\left[1-5\left(\frac{r_z}{r}\right)^2\right]\right\}\frac{r_x}{r}+\mathrm{error}(G_x) \tag{4-32a}$$

$$G_y = -\frac{\mu}{r^2}\left\{1+\frac{3}{2}J_2\left(\frac{r_e}{r}\right)^2\left[1-5\left(\frac{r_z}{r}\right)^2\right]\right\}\frac{r_x}{r}+\mathrm{error}(G_y) \tag{4-32b}$$

$$G_z = -\frac{\mu}{r^2}\left\{1+\frac{3}{2}J_2\left(\frac{r_e}{r}\right)^2\left[1-5\left(\frac{r_z}{r}\right)^2\right]\right\}\frac{r_x}{r}+\mathrm{error}(G_z) \tag{4-32c}$$

式(4-32a)和式(4-32b)中忽略了由 J_3 和 J_4 项引起的误差项，图 4.5 描述了在 $r_e/r=1$ 情况下的重力矢量近似误差[2]。由于假设极区对称，因此 G_x 和 G_y 的极大误差值完全相同。根据 G_x 和 G_y 表达式可知，其误差分别与系数 $\cos\lambda$ 和 $\sin\lambda$ 有关。此外，极区附近的误差在该图中也给出。$L_c=64°$位置赤道处的最大误差值约为 $1.2\times10^{-5}G$，而在北极点处的最大误差值约为 $2.0\times10^{-5}G$。因而可以看出当加速度计分辨率约在 $10^{-5}G$ 数量级时，利用式(4-32)中的近似重力场矢量计算是合理的。

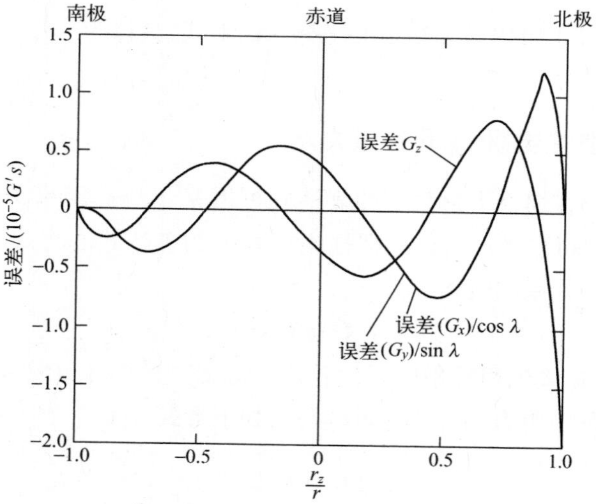

图 4.5　重力矢量的近似误差示意图

4.5　地球重力场

重力场是由地球引力场和地球自转产生的向心加速度共同作用产生的加速度场：

$$\boldsymbol{g} \triangleq \boldsymbol{G} - \boldsymbol{\Omega}_{ie}\boldsymbol{\Omega}_{ie}\boldsymbol{r} \tag{4-33}$$

式中：$\boldsymbol{g}$ 为重力场矢量；$\boldsymbol{\Omega}_{ie}$ 为地球相对于惯性系的旋转角速度的反对称矩阵；$\boldsymbol{r}$ 为球心位置矢量。

4.4.1 节认为地球是一个均匀的椭球体模型，重力矢量相对于参考椭球是标准的，并且其大小可以准确计算出来。由于地球表面并不是理想的椭球模型，因此重力矢量方向垂直于重力等位面（其中海平面认为是大地水准面），重力大小利用参考公式计算获得。这种重力矢量误差是由质量异常现象引起的，与 Stokes 和 Vening Meinesz[32] 法则有关。实际重力值与推导计算结果之间的偏离量称作重力异常①，相对于参考椭球体的重力矢量偏移称作垂线偏差。

如图 4.6 所示，相对于参考椭球表面的理论重力矢量偏移在北向和东向上均存在。图 4.6 中所示的重力矢量在地理参考坐标系的投影表示为

$$\boldsymbol{g} = \{\xi g,\ -\eta g, g\} \tag{4-34}$$

式中：ξ 为子午线垂线偏差（偏东为正）；η 为垂线基本偏差（偏北为正）。

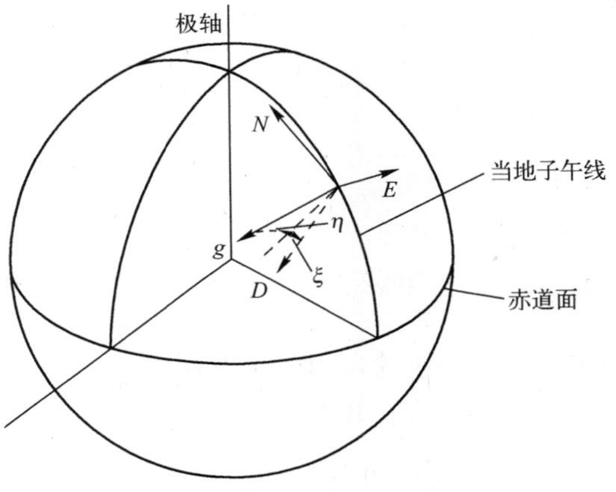

图 4.6　几何垂直方向的偏移

当假设式(4-34)中的偏差角是小角度，0.01arcsec 的数量级，则引起的最大计算误差约在 1 $\widehat{\text{min}}$数量级。为了达到关于参考椭球坐标系导航的目的，需要对上述偏差项进行补偿。然而不幸的是，尽管重力梯度的概念及相关技术已较为完善[63]，并且相关论证测试也已经完成[24]，但依然没有得到较为完善的重力测量结果。在没有对这些细节进行详细说明的情况下，这类垂线偏差可以被当作一类误差源。

图 4.7 描述了恒纬度跨越美国东西海岸的一系列垂线偏差结果[70]。图中能清晰地看到不同地质特点所产生的影响，例如，大陆架、阿巴拉契亚山脉、落基山下的大平原、塞拉利昂山脉以及太平洋深海所产生的影响。这些现象在子午

① 严格地说，重力异常指得是在平均海平面上的偏差[36]。

圈的偏移曲线中并没有出现，这是因为，美国东西方向地质特点变化明显，而南北方向不显著。

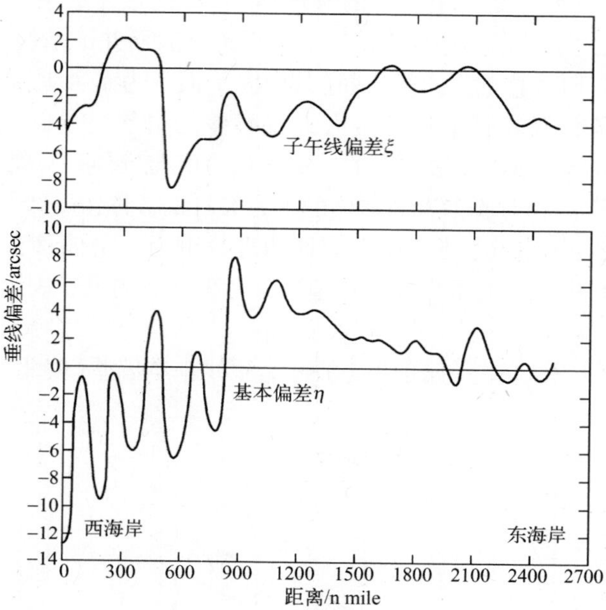

图 4.7　横跨美国东西走向本初子午线垂直偏差

基于图 4.7 的主要经度偏差的自相关函数如图 4.8 所示。从曲线中可以看出，主要误差和经度误差的均方值(RMS)分别为 3.9arcsec 和 2.2arcsec。可见，均方根值恰好是在零附近的自相关函数。

重力矢量可以表示为相对于参考椭球面的重力和引力场的函数。该表达式为

$$\boldsymbol{g} = g_e + \Delta g \tag{4-35}$$

其中，Δg 为重力偏差；g_e 为相对于参考椭球面的重力大小。

将式(4-34)中的结果代入式(4-33)。沿地理坐标系进行矩阵乘法计算，得到

$$\boldsymbol{g}^n = \begin{bmatrix} \xi g \\ -\eta g \\ g_e + \Delta g \end{bmatrix} = \begin{bmatrix} G_N - \gamma\omega_{ie}^2 \sin L\cos L_c \\ G_E \\ G_D - \gamma\omega\cos L\cos L_c \end{bmatrix} \tag{4-36}$$

其中，$\boldsymbol{G}^n = \{G_N, G_E, G_D\}$。

但是，相对于参考椭球面的重力场向量还可以表示为

$$\boldsymbol{G}_e^n = \{r\omega_{ie}^2 \sin L\cos L_c, 0, g_e + r\omega_{ie}^2 \cos L\cos L_c\} \tag{4-37}$$

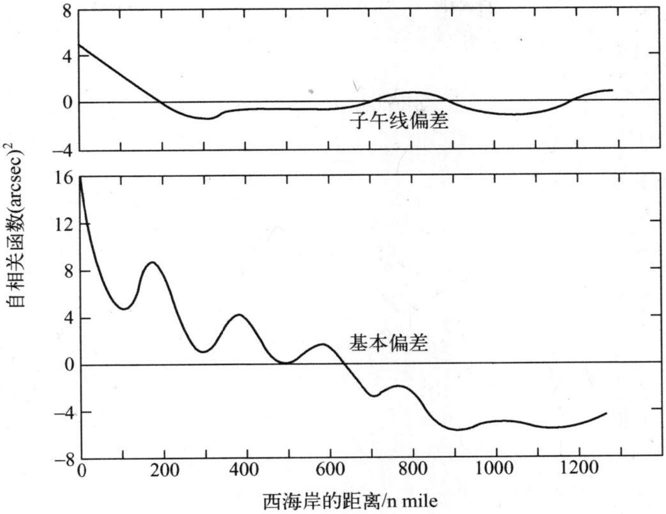

图 4.8　垂直偏差的自相关函数

式中：G_e 为相对于参考椭球面的重力场。

因此，式(4-36)可写成

$$\boldsymbol{G}^n = \boldsymbol{G}_e^n + \Delta \boldsymbol{G}^n \tag{4-38}$$

其中

$$\Delta \boldsymbol{G}^n = \{\xi g, -\eta g, \Delta g\} \tag{4-39}$$

图 4.9 描述了基于图 4.7 和图 4.8 的横跨美国东西同一纬度的重力异常和相应自相关函数。从中可以看出，该重力异常曲线的 RMS 约为 $2.6 \times 10^{-6} g$。

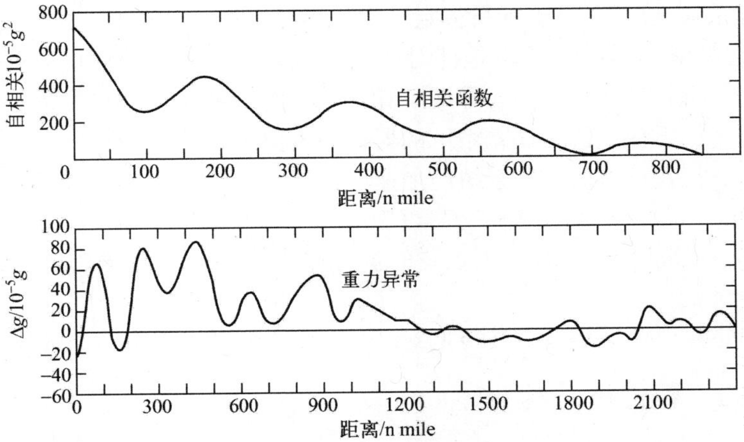

图 4.9　横跨美国东西路径的重力异常特征值

4.5.1 重力场幅值的解析表达式

为编排惯性导航系统的垂直通道,地球引力磁场的解析表达式必须是可行的。如果不补偿垂直偏差和重力异常,相对于参考椭球面的重力场幅值由式(4-36)给出。

$$g_e = G_D - r\omega_{ie}^2 \cos L \cos L_c \tag{4-40}$$

将式(4-30)中的径向和余纬度元素,利用式(3-17)投影至地理系,可得到重力场矢量垂直分量。换算结果为

$$G_D = G_\phi \sin D - G_r \cos D$$

其中,G_r 和 G_ϕ 由式(4-28)和式(4-29)分别给出。如果将上面的三角函数级数展开,则 G_D 近似结果如下,近似过程产生误差约 $10^{-9}\ g$ 数量级:

$$G_D \approx -G_r + G_\phi e \sin 2L \tag{4-41}$$

其中,式(4-15)用来估计常量偏差。将式(4-28)和式(4-29)代入上面的表达式中,得到如下形式:

$$G_D = \frac{\mu}{r^2}\left[1 - \frac{3}{4}J_2(1 - 3\cos 2L)\right] + \varepsilon \tag{4-42}$$

其中,解析式误差约为 $2\times10^{-5}\ g$,近似于估计重力异常的 RMS 值数量级。重力异常被补偿后,G_r 和 G_ϕ 的高阶项将被包括在 G_D 解析表达式中。

因此,将式(4-42)代入式(4-40)得到理想的重力幅值表达式:

$$g_e \approx \frac{\mu}{r^2}\left[1 - \frac{3}{4}J_2(1 - 3\cos 2L)\right] - r\omega_{ie}^2 \cos L \cos L_c \tag{4-43}$$

4.6 比力向量解析表达式

导航计算主要是基于加速度计测量进行的。这些测量值可以认为是沿理想计算坐标系的输出值,该坐标系被定义为是当地垂直和空间水平的;这些测量值也可以经坐标转换得到(通常是针对捷联系统),无论如何,任何情况下都希望比力信息的解析表达式是沿着导航解算坐标系的。这种表达方式等价于一个相对某特定坐标系建立的无误差系统的器件输出值。

第 3 章提及近地面导航系统的加速度计输出值可表示为

$$\boldsymbol{f}^a = \boldsymbol{C}_i^a \ddot{\boldsymbol{r}}^i - \boldsymbol{G}^a$$

式中:$\boldsymbol{G}$ 为仪器所处的地球表面位置的重力加速度;$\boldsymbol{r}$ 为从地球系原点到仪器所在位置矢量。

下面主要讨论该表达式被转化到以下几个参考坐标系中。

4.6.1 惯性坐标系

式(3-6)中的比力信息经利用 $\boldsymbol{C}_a^i$ 矩阵的坐标转换,可以得到比力信息沿惯

性系的投影结果，具体形式为

$$\boldsymbol{f}^i = \ddot{\boldsymbol{r}}^i - \boldsymbol{G}^i \tag{4-44}$$

其中

$$\boldsymbol{f}^i = \{f_x, f_y, f_z\}$$
$$\ddot{\boldsymbol{r}}^i = \{\ddot{r}_x, \ddot{r}_y, \ddot{r}_z\}$$
$$\boldsymbol{G}^i = \{G_x, G_y, G_z\}$$

式(4-44)可以通过将式中 $\boldsymbol{r}^i$ 替换为式(4-1)中所给出的球坐标 r, L_c 和 λ 得到其另一种表达方式。但是，这个过程会导致一系列不必要且难以处理的混乱形式。

4.6.2 地理坐标系

通过将式(4-44)乘以 C_i^n 可以得到比力表达式沿地理坐标系的投影，结果为

$$\boldsymbol{f}^n = \boldsymbol{C}_i^n \ddot{\boldsymbol{r}}^i - \boldsymbol{G}^n \tag{4-45}$$

可以很容易将式(4-45)表达成与相对地理坐标系参考速度 $\boldsymbol{v}^n$ 相关的形式：

$$\boldsymbol{v}^n \triangleq \boldsymbol{C}_e^n \dot{\boldsymbol{r}}^e \tag{4-46}$$

其中，$\boldsymbol{v}^n = \{v_N, v_E, v_D\}$

从式(2-4)可以得到科里奥利理论的矩阵形式，即 $\dot{\boldsymbol{r}}^e = \boldsymbol{C}_i^e(\dot{\boldsymbol{r}}^i - \boldsymbol{\Omega}_{ie}^i \boldsymbol{r}^i)$。因此式(4-46)求微分时，有

$$\dot{\boldsymbol{v}}^n = \boldsymbol{C}_i^n[\ddot{\boldsymbol{r}}^i - (\boldsymbol{\Omega}_{en}^i + 2\boldsymbol{\Omega}_{ie}^i)\boldsymbol{C}_n^i \boldsymbol{v}^n - \boldsymbol{\Omega}_{ie}^i \boldsymbol{\Omega}_{ie}^i \boldsymbol{r}^i] \tag{4-47}$$

将式(4-33)中的 $\boldsymbol{G}^n$ 与式(4-47)代入式(4-45)，得到的比力表达式为

$$\boldsymbol{f}^n = \dot{\boldsymbol{v}}^n + (\boldsymbol{\Omega}_{en}^n + 2\boldsymbol{\Omega}_{ie}^n)\boldsymbol{v}^n - \boldsymbol{g}^n \tag{4-48}$$

其中

$$\boldsymbol{f}^n = \{f_N, f_E, f_D\}$$
$$\boldsymbol{\Omega}_{en}^n + 2\boldsymbol{\Omega}_{ie}^n = \{(\dot{l} + 2\omega_{ie})\cos L, -\dot{L}, -(\dot{l} + 2\omega_{ie})\sin L\}$$ ①
$$\boldsymbol{g}^n = \{\xi g, -\eta g, g\}$$

因此，式(4-48)可写成分块形式：

$$f_N = \dot{v}_N + v_E(\dot{l} + 2\omega_{ie})\sin L - \dot{L} v_D - \xi g \tag{4-48a}$$

$$f_E = \dot{v}_E - v_N(\dot{l} + 2\omega_{ie})\sin L - v_D(\dot{l} + 2\omega_{ie})\cos L + \eta g \tag{4-48b}$$

$$f_D = \dot{v}_D + v_E(\dot{l} + 2\omega_{ie})\cos L + \dot{L} v_N - g \tag{4-48c}$$

注意，速度是关于经度和纬度的微分函数。由式(4-46)可以得到如下关系：

---

① 原书中公式前两项为 $\boldsymbol{\omega}_{en}^n + 2\boldsymbol{\omega}_{ie}^n$ 有误，译者注。

$$\boldsymbol{v}^n = \dot{\boldsymbol{r}}^n + \boldsymbol{\Omega}_{en}^n \boldsymbol{r}^n \tag{4-49}$$

式(4-49)写成分块形式为

$$\boldsymbol{v}^n = \{\dot{r}_N - r_D \dot{L}, -(r_D\cos L + r_N \sin L)\dot{l}, \dot{r}_D + r_N \dot{L}\} \tag{4-49a}$$

其中,可以观察到式(4-6)给出的地心位置向量,即

$$\boldsymbol{r}^n = \{-r_0 \sin D_0, 0, -r_0 \cos D_0 - h\} \tag{4-6}$$

对式(4-6)求微分,并且代入式(4-4)中,得

$$v_N = (r_0 \cos D_0 + h)\dot{L} - \dot{r}_0 \sin D_0 - r_0 \dot{D}_0 \cos D_0 \tag{4-50a}$$

$$v_E = (r_0 \cos L_{c0} + h\cos L)\dot{l} \tag{4-50b}$$

$$v_D = -\dot{h} - r_0 \cos D_0 + \dot{r}_0 \dot{D}_0 \sin D_0 - r_0 \dot{L} \sin D_0 \tag{4-50c}$$

式(4-50)可以写成与参考椭球的曲率半径相关的简便形式。即首先将 D_0 用三角函数展开,再将展开结果依次代入式(4-21)和式(4-14)中的 r_0 和 D_0 中,得到的结果为

$$\boldsymbol{v}^n = \{(r_L + h)\dot{L}, (r_l + h)\dot{l}\cos L, -\dot{h}\} \tag{4-51}$$

其中,根据参考文献[63]可知 r_L 和 r_l 的定义形式为

$$r_L = r_0\left[1 - 2e\cos 2L + \frac{e^2}{4}(1 - 4\cos 2L + 7\cos 4L) - \cdots\right]$$

$$r_l = r_0[1 + 2e\sin^2 L - 3e^2 \sin^2 L(1 - 2\sin^2 L) + \cdots]$$

r_L 和 r_l 的数值分别取决于子午线和主曲率半径。对于典型的高空高速飞行器而言,计算 r_L 和 r_l 时与 e^2 相关项可忽略不计。这样引起的速率计算误差不大于 0.02 英尺/s。

将式(4-51)代入式(4-48)中,可以得到比力向量的又一种解析表达式,该表达式只与曲率半径、高度、经度和纬度有关,即

$$f_N = (r_L + h)\ddot{L} + \dot{r}_L \dot{L} + 2\dot{h}\dot{L} + \frac{1}{2}(r_l + h)\dot{l}(\dot{l} + 2\omega_{ie}\sin 2L) - \xi g \tag{4-52a}$$

$$\begin{aligned} f_E = {} & (r_l + h)\cos L - (r_L + r_l + 2h)\dot{L}\dot{l}\sin L - 2(r_L + h)\dot{L}\omega_{ie}\sin L + \\ & 2\dot{h}(\dot{l} + \omega_{ie})\cos L + \dot{r}\dot{l}\cos L + \eta g \end{aligned} \tag{4-52b}$$

$$f_D = -\ddot{h} + (\dot{r}_l + h)\dot{l}(\dot{l} + 2\omega_{ie})\cos^2 L + (r_L + h)\dot{L}^2 - g \tag{4-52c}$$

有时,f^n的表达式中只存在一阶式会更方便且有利于误差分析工作,但这样做的前提是f^n 表达式的各多项式都被一个误差因数相乘。此时,式(4-52)可近似表示为

$$f_N \approx r\ddot{L} + 2\dot{h}\dot{L} + \frac{1}{2}r\dot{l}(\dot{l} + 2\omega_{ie})\sin 2L \tag{4-53a}$$

$$f_N \approx r\ddot{l}\cos L - 2r\dot{L}(\dot{l} + \omega_{ie})\sin L + 2\dot{h}(\dot{l} + \omega_{ie})\cos L \tag{4-53b}$$

$$f_N \approx -\ddot{h} + r\dot{l}(\dot{l} + 2\omega_{ie})\cos^2 L + r\dot{L}^2 - g \tag{4-53c}$$

第5章

单自由度陀螺原理

惯性导航系统利用陀螺仪来获得从参考坐标系到比力测量坐标系的转换矩阵,其中,各类陀螺已发展了许多年,例如二自由度陀螺[58]、静电陀螺[15]、激光陀螺[44]和单自由度陀螺(SDF)。液浮单自由度积分陀螺是目前惯性导航领域中应用最广泛的陀螺类型之一。这种陀螺最初由 C. S. Draper 和他的团队在 M. I. T 实验室经过多年的设计研发而成[18],并且在各工业企业的推动下,SDF 陀螺经不断发展成为精密仪器领域中的高精度器件之一。

为了有利于惯性导航相关知识的学习,本章主要介绍 SDF 陀螺仪的各项性能发展过程。若想了解更多有关陀螺仪设计的相关信息,可查阅参考文献[71]。

5.1 陀螺仪工作基本原理

图 5.1 所示为 SDF 陀螺仪的工作结构图,是该典型器件的剖面示意图。输入-输出-自转轴(I-O-S)三轴构成了一组正交轴,固定在陀螺壳体内。陀螺转子和它的平衡环被浸入在具有高密度、高黏度的液体中,采用液体悬浮的目的是减小绕输出轴的摩擦力矩。此外,宝石轴承、阻尼器、减振架也用来支撑液浮。浮筒和壳体间隙很小,以便产生阻尼作用抑制绕输出轴的进动。力矩器产生修正力矩到输出轴的浮筒,角度或信号传感器输出浮筒与壳体的角度差。

SDF 积分陀螺仪稳定性原理是壳体输入轴的角速度与输出轴力矩器的修正力矩产生的角速度一致。输入轴和输出轴被信号传感器测量到的角信号将被成比例的积分,这也是其称为“积分陀螺”的原因。

上述工作特性可以根据牛顿刚体转动力学推导出来,即相对质心的外部施矩等于相对质心的角动量沿惯性坐标系投影的微分结果。将该理论应用于液浮陀螺,有如下关系式:

$$\boldsymbol{M}^i = \dot{\boldsymbol{H}}^i \tag{5-1}$$

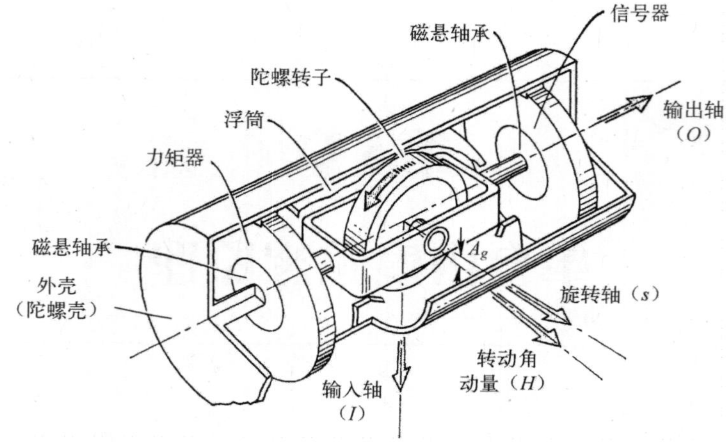

图 5.1　单自由度陀螺仪

式中:$\boldsymbol{M}$ 为浮子的修正力矩;$\boldsymbol{H}$ 为浮子角动量。

除了第 3 章定义的惯性坐标系和陀螺壳体坐标系外,为了方便,这里定义浮子坐标系,该坐标系与浮子固连,原点与陀螺壳体坐标系原点重合,即在浮子质心。浮子坐标系与壳体坐标系间在输出轴差一个小角度 A_g,如图 5.1 所示。后面讨论的伺服技术使该输出角保持在一个小角度范围内。两坐标系间转换关系由下式给出:

$$\boldsymbol{C}_f^h = \begin{pmatrix} 1 & 0 & A_g \\ 0 & 1 & 0 \\ -A_g & 0 & 1 \end{pmatrix} \tag{5-2}$$

其中,上标 h 和 f 分别表示外框或陀螺壳体坐标系和浮子坐标系。将浮子中心的角动量投影至浮子坐标系以进行后续讨论分析是最方便的,利用式(5-1)将其投影至浮子坐标系,得

$$\boldsymbol{M}^f = \dot{\boldsymbol{H}}^f + \boldsymbol{\Omega}_{if}^f \boldsymbol{H}^f \tag{5-3}$$

求导的目的是为了使修正力矩与输出角 A_g 和稳定状态下壳体相对于惯性坐标系的旋转角速度联系一起。在这个过程中,式(5-3)中的角动量瞬间变化量被忽略。此外,假设陀螺动力学方程可以完全被旋转角动量表示,即

$$\dot{\boldsymbol{H}}^f \approx 0 \tag{5-4}$$

$$\boldsymbol{H}^f \approx \{0,0,H\} \tag{5-5}$$

接着,相对惯性空间的浮子旋转角速度可表示为浮子相对于壳体的旋转角速度与壳体坐标系惯性坐标系的旋转角速度之和,即

$$\boldsymbol{\Omega}_{if}^f = \boldsymbol{\Omega}_{ih}^f + \boldsymbol{\Omega}_{hf}^f$$

当 $\boldsymbol{\Omega}_{ih}$ 在壳体系中投影时,有

$$\boldsymbol{\Omega}_{if}^f = \boldsymbol{C}_h^f \boldsymbol{\Omega}_{ih}^h \boldsymbol{C}_f^h + \boldsymbol{\Omega}_{hf}^f \tag{5-6}$$

需要指出的是

$$\boldsymbol{\omega}_{ih}^{h}=\{\omega_I,\omega_O,\omega_S\} \tag{5-7}$$

并且

$$\omega_{hf}^{f}=\{0,\dot{A}_g,0\} \tag{5-8}$$

把式(5-2)和式(5-4)~式(5-8)代入式(5-3)中,并将代入结果投影至壳体坐标系,有

$$\boldsymbol{M}^h=H\begin{bmatrix}\omega_O+\dot{A}_g\\-\omega_I+A_g\omega_s\\-A_g\omega_0\end{bmatrix} \tag{5-9}$$①

其中,与 A_g^2 和 $A_g\dot{A}_g$ 的有关项与其他数值比较后被忽略。式(5-9)中修正力矩可以表示成 $\boldsymbol{M}^h=\{M_I,M_O,M_S\}$ 写入壳体坐标系。沿输入轴修正力矩 M_I 只与浮子的流体力学有关。施加于输出轴的力矩 M_O 等于力矩器的修正力矩 M_{tg}、阻尼力矩 $C\dot{A}_g$ 和不确定转矩 $(u)M$ 之和。其中,$(u)M$ 由有害浮液压力变化、质量不平均和磁力等因素引起。

$$M_O=M_{tg}-C\dot{A}_g+(u)M$$

代入输入轴力矩,自转轴力矩补偿有害浮液压力变化。因此,式(5-9)变为

$$\begin{bmatrix}M_I\\M_{tg}-C\dot{A}_g+(u)M\\M_S\end{bmatrix}=H\begin{bmatrix}\omega_O+\dot{A}_g\\-\omega_I+A_g\omega_s\\-A_g\omega_0\end{bmatrix}\quad\begin{matrix}(5\text{-}10\text{a})\\(5\text{-}10\text{b})\\(5\text{-}10\text{c})\end{matrix}$$

从式(5-10)中可直接观察陀螺仪的静态输出特性。其中,式(5-10a) 和式(5-10c) 是转矩方程,力矩存在使右侧等式中角速度存在。方程(5-10b)是保持陀螺稳定的重要方程,如果 $\omega_S=0$,则其变为

$$\dot{A}_g=\frac{H}{C}\omega_I+\frac{M_{tg}}{C}+\frac{(u)M}{C} \tag{5-11}$$

式中:$\dot{A}_g$ 为输出角速度;H 为陀螺角动量;C 为陀螺阻尼系数;ω_I 为输入轴惯性角速率;M_{tg}为力矩器产生的修正力矩;$(u)M$ 为不确定转矩。

由此可以看出,静态状态下,输入轴角速度 ω_I 和力矩器产生的修正力矩 M_{tg} 共同产生输出轴角速度$\dot{A}_g$。

5.2 SDF 陀螺的动态模型

在推导式(5-11)关于 SDF 陀螺仪工作特性的过程中,为了简化分析过程,

---

① 原书缺少式(5-9),故原书式(5-10)变为式(5-9),其余公式号顺改。

陀螺的动态性能被忽略。对于陀螺仪的动态特性,采用与先前推导其静态特性的相似方法来分析。分析前,需要了解下述与运动相关的陀螺运动基本原理,这样会大大简化分析过程。

- 陀螺浮子只能绕壳体的输出轴旋转,即浮子框架是刚体。
- 陀螺转子框架是刚体。
- 所有运动沿浮子轴的主轴,进而相对于惯性坐标系的运动可以被忽略。
- 陀螺转子相对于浮子保持恒速。

此外,转子和平台框架的偏移如参考文献[26]和[64]所述。此时,角动量将不再只包括转子角动量,具体形式由下式给出:

$$\boldsymbol{H}^f=\begin{bmatrix} J_{x_f}(\omega_I - A_g\omega_S) \\ J_O(\omega_O+\dot{A}_g) \\ J_{z_f}(\omega_S+A_g\omega_I) \end{bmatrix} \tag{5-12}$$

式中:J_{x_f},J_O 和 J_{z_f}为主浮子的转动惯量;H 为转子旋转角动量。

注意,在转子转速较理想情况下,J_{z_f}包括转子的转动惯量。由于壳体坐标系和浮子坐标系沿壳体输出轴方向的坐标重合,因此式(5-12)中,$J_O=J_{y_f}$。

如果将式(5-6)和式(5-12)代入式(5-3)中,并将代入结果投影至壳体坐标系中,输出轴方程由下式给出:

$$J_O\ddot{A}_g + C\dot{A}_g = H\omega_I + M_{tg} + (u)M - H\omega_S A_g - J_O\dot{\omega}_O + (J_{z_f}-J_{x_f})\omega_I\omega_S + A_g(\omega_I^2-\omega_S^2)(J_{z_f}-J_{x_f}) \tag{5-13}$$

其中,需要再次注意:

$$M_O = M_{tg} - C\dot{A}_g + (u)M$$

上述表达式等号右边的各多项式中,除前两项外,其余项均有害,需要补偿。其中,$H\omega_S A_g$ 称为交叉耦合力矩;$A_g(\omega_I^2-\omega_S^2)(J_{z_f}-J_{x_f})$称为非惯性耦合力矩;$(J_{Z_f}-J_{X_f})W_I W_S$ 称为非惯性力矩;$J_O\dot{\omega}_O$ 称为输出加速度力矩。式(5-13)用框图 5.2 表示,需要注意的是,图中陀螺时间常数 τ_g 代表 J_O/C。根据试验可知,陀螺时间常数不能仅通过 J_O/C 来准确确定,它还需要考虑框架沿输入轴的形变。考虑这些因素,该时间常数可表示为

$$\tau_g=\frac{J_O+H^2/K_{x_f}}{C}$$

式中:K_{x_f}为沿 x_f 浮子轴的弹性约束系数。

5.2.1 在平台模式下的工作进程

通常情况下,陀螺被安装在一个稳定旋转的平台上。其中,陀螺仪传感器的输出与陀螺输出角 A_g 成比例,并且该输出信号可以输出陀螺零漂。一般来说,

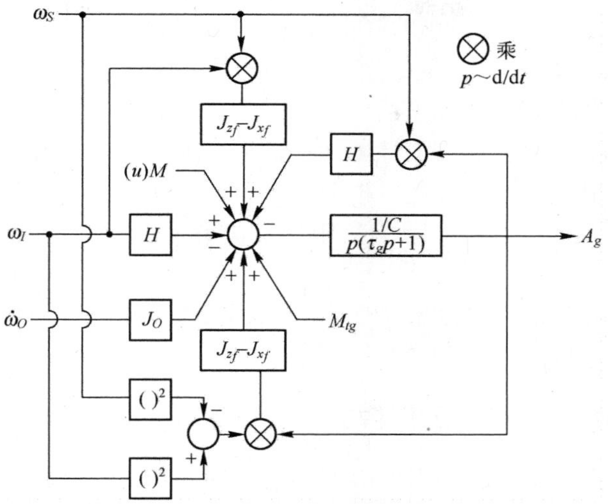

图 5.2　SDF 积分陀螺仪的动态框架

三个这样的陀螺被安装在平台上就可以测出所有需要的参数。

由于平台结构能够较好地隔离机体运动，因此陀螺仅敏感整个机体角速率的一小部分。平台相对于惯性坐标系的旋转角速度可以表示为平台相对于载体坐标系的旋转角速度与载体相对于惯性坐标系的旋转角速度的矢量之和，即

$$\boldsymbol{\omega}_{ip} = \boldsymbol{\omega}_{ib} + \boldsymbol{\omega}_{bp}$$

如果平台能够较为理想地隔离载体运动，则有 $\boldsymbol{\omega}_{ib} = -\boldsymbol{\omega}_{bp}$，这样将不再需要陀螺仪。实际情况下，载体运动无法被平台完全隔离，因此 $\boldsymbol{\omega}_{ip}$ 会存在一个小误差量 $\Delta\boldsymbol{\omega}_{ip}$。为了达到平台稳定的目的，平台需要被施加角速率信息 $-\Delta\hat{\boldsymbol{\omega}}_{ip}$，它是在陀螺输出趋近于零时信号传感器的输出信息，这样不需要修正力矩使 $\boldsymbol{\omega}_{ip}$ 趋近于零。根据上述平台伺服系统的工作原理，陀螺稳定平台系统中某单轴陀螺的动态调节过程如图 5.3 所示。注意，图中并没有表示出输出轴和自转轴的角速率与加速度产生的交叉耦合项，这是因为假设通过陀螺稳定平台，回路保持惯性平台稳定。

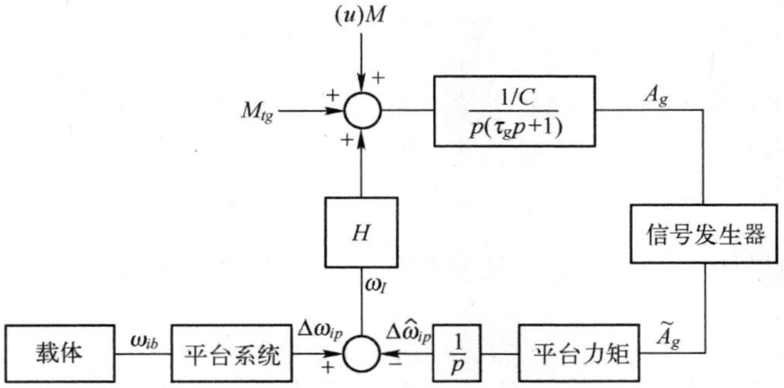

图 5.3　陀螺在平台模式下的工作方式

如果平台通过力矩器输出的修正力矩产生了参考坐标系相对于惯性坐标系的运动,那么图 5.2 中由 ω_I 和 ω_S 产生的影响就必须要考虑。事实上,如果根据前面的观点,用绝对惯性坐标系代替参考惯性坐标系,那么各种交叉耦合力矩的影响可以被忽略。换句话说,惯性坐标系的编排就是为了使陀螺在最好的旋转环境下工作,以达到最好的性能。根据图 5.3 可知,为了达到稳态条件状态,有

$$\omega_I = -\frac{M_{tg}}{H} - \frac{(u)M}{H} \tag{5-14}$$

也就是说,沿陀螺输入轴的惯性平台旋转角速度正比于角速度 M_{tg}/H 和随机角速度 $(u)M/H$ 之和的相反数。

5.2.2 速率陀螺仪工作模式

当陀螺转子的施矩信号正比于输出角 A_g 时,SDF 陀螺仪就是速率陀螺仪。此时,力矩器的输出信号可表示为

$$M_{tg} = -K_{tg}\widetilde{A}_g$$

式中:K_{tg}为扭矩灵敏度。

在惯性应用过程中,由于模拟施加扭矩的问题,需要引入脉冲扭矩技术,忽略式(5-13)中的误差扭矩信息,数字速率模式下的陀螺仪工作过程如图 5.4 所示。

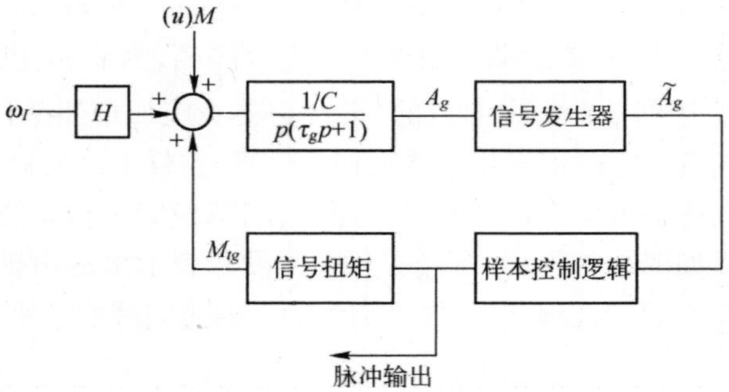

图 5.4　数字速率模式下的陀螺仪工作过程

从图 5.4 可以看出,在稳定状态下施加的力矩 M_{tg},恰好能充分抵消输入轴角速度 ω_I 引起的力矩和输出轴伪力矩信息 $(u)M$,即

$$H\omega_I + (u)M = -M_{tg} \tag{5-15}$$

因此,如果用 $M_{tg} = -K_{tg}\widetilde{A}_g$ 代替模拟扭矩,则利用下式估算角速度:

$$\hat{\omega}_I = \omega_I + \frac{\hat{K}_{tg}}{H}\widetilde{A}_g \tag{5-16}$$

可以看出,未知的力矩灵敏度对估计 W_I 非常重要,如果从式(5-15)中得到

$\widetilde{A}_g$ 表达式$\widetilde{A}_g=(H/K_{tg})\omega_I+(\mu)M/K_{tg}$,并代入式(5-16)中,得

$$\hat{\omega}_I=\omega_I+\frac{\delta K_{tg}}{K_{tg}}\omega_I+\frac{(u)M}{H} \tag{5-17}$$

其中,$\delta K_{tg}=\hat{K}_{tg}-K_{tg}$。

从式(5-17)可以看出,如果比例因子的估计结果太高(正的 δK_{tg}),则施加到陀螺浮子的力矩太小。因此,较为简单地规定陀螺施矩的标度因数误差为

$$\tau=-\frac{\delta K_{tg}}{K_{tg}}=\text{标度因数误差}$$

式(5-17)变为

$$\hat{\omega}_I=\omega_I-\tau\omega_I+\frac{(u)M}{H} \tag{5-18}$$

因此,一个正的刻度因子误差(比例因子过高时)会导致测得的角速度偏小。此外,可以看出,输出轴输出的正的不确定力矩会导致过高的测量角速度。

通常情况下,对陀螺输出脉冲的数字力矩乘以适当的比例因子,表示输入角速度变化:

$$\Delta y = \Delta\int\omega_I\mathrm{d}t$$

式中:Δy 为陀螺仪的输出脉冲。

上述数学关系中,由于图 5.4 中存在前向回路积分过程,又由于有$W_I=\mathrm{d}\theta_I/\mathrm{d}t$,可以看出每一个输出脉冲都等于一个陀螺输入轴的旋转增量:

$$\Delta y=\Delta\theta_I$$

式中:$\Delta\theta_I$ 为陀螺仪输入轴的角度增量。

需要注意的是,式(5-13)的误差力矩被默认为已得到补偿。如果将脉冲力矩器应用于惯性领域,则提高力矩精度和陀螺补偿是必须要解决的问题。从理论上讲,基于系统中其他陀螺的输出信息来补偿由于自转轴和输出轴输出角速率和加速度的动态误差是可行的。然而,这个跨轴向补偿引入了额外的信息回路,这样,必须重新考虑稳定性问题。

5.3 不确定性力矩补偿

单自由度陀螺仪已经研究了很多年,并且建立了准确的误差模型。由式(5-13)可知,$(u)M$ 表示的陀螺输出轴伪力矩信息有可能会导致速率陀螺的角速度误差,以及陀螺稳定平台相对物理平台旋转。这种误差力矩包括常值力矩、失衡力矩以及受磁场和温度的影响产生的力矩。输出轴的误差力矩由下式给出[28,41]:

$$u(M)=R-U_Sf_I+U_If_S+(K_{SS}-K_{II})f_If_S+$$

$$K_{SI} f_I^2 - K_{IS} f_S^2 + K_{SO} f_O f_I - K_{IO} f_O f_S +$$
$$M_T \delta T + M_B B + \delta M \tag{5-19}$$

式中:R 为常值力矩;U_S 为沿正向旋转轴的失衡;U_I 为沿正向输入轴的失衡;f_k 为沿 k 轴陀螺的比力向量,$k = I, O, S$;K_{jk} 为对 k 轴施加力时,对 j 轴作用结果的相关系数;M_T 为温度力矩系数;δT 为陀螺仪的温度偏差校准温度;M_B 为磁力矩系数;B 为磁场强度;δM 为不确定的随机力矩。

式(5-20)中的各转矩系数数值取决于陀螺仪的设计结构,并可以通过一系列专门的测试程序来确定[71]。经确定的系数,可用来补偿系统的压力、温度和磁环境等影响。

5.4 仪器和系统的冗余性和可靠性

由于系统可靠性在惯性导航系统设计中占有重要地位,所以讨论该问题十分必要。考虑到系统的冗余性与可靠性问题,对于具有固定组件的系统来说,可以通过合理的系统设计在低冗余度条件下提高系统可靠性。例如,对于空间稳定型与捷联式惯性导航系统,只要任何一个导航计算机和惯性测量组件可以工作,整个系统就可以工作。另一方面,对于当地水平型惯性导航系统来说,惯性测量组件的运行则高度依赖于导航计算机是否可以输出准确的陀螺施矩信号。所以,空间稳定型或捷联式惯性导航系统比当地水平型惯性导航系统具有更好的可靠性。麻省理工学院仪器实验室和联邦航空管理局一直在进行该问题的研究[65]。

下面讨论元件可靠性问题。虽然我们需要解决惯性导航系统中所有组件的可靠性问题,但必须承认的是,陀螺仪是所有惯性导航组件中可靠性最差的元件之一[66]。因此,各种陀螺冗余配置方案被提出并应用。当然,这些冗余配置方案也适用于其他元件。为方便讨论,考虑由三轴陀螺仪构成的惯性测量组件,其中三个陀螺仪正交安装(三元结构)。显然,如果一个陀螺发生故障,则整个系统也将失效。假设陀螺故障率遵从指数规律变化,则由三个陀螺仪构成的系统可靠性参数可以表示为各个陀螺仪故障率的乘积,即

$$R = e^{-3\lambda t} \tag{5-20}$$

式中:R 为可靠性,即在指定的时间内达到优良性能的概率;$1/\lambda$ 为失效平均时间;t 为时间。

因此,为了达到 0.95/年的可靠性参数,一个陀螺的平均失效时间需要达到 59 年。在惯性导航系统的商业应用中,采购惯性导航系统的评判标准是"成本",所以必须考虑成本与系统性能的平衡关系。

在某一特定应用需求下,如果陀螺仪的冗余度已经确定,则接下来就要通过设计合理的陀螺仪配置方案获得最大的系统可靠性。Gilmore[29] 指出,从最小二

乘角度来看,对称阵列配置方案具有最优性能。除此之外,对称阵列配置方案还可以提供最大的元件冗余度。这里只讨论三种对称阵列配置方案(对称陈列配置指将轴线通过球心,这样轴线间的大圆角都相等),具体如下:

(1) 三元:轴线垂直于六面体的表面;

(2) 四元:轴线垂直于正八面体或正四面体的表面;

(3) 六元:轴线垂直于正十二面体的表面。

四元、六元和三元之间的坐标转换关系如下:

$$C_{\text{triad}}^{\text{tetrad}} = \sqrt{3}/3\begin{bmatrix} 1 & 1 & 1 \\ -1 & 1 & 1 \\ -1 & -1 & 1 \\ 1 & -1 & 1 \end{bmatrix} \tag{5-21}$$

$$C_{\text{triad}}^{\text{hexad}} = \begin{bmatrix} \sin\alpha & 0 & \cos\alpha \\ -\sin\alpha & 0 & \cos\alpha \\ \cos\alpha & \sin\alpha & 0 \\ \cos\alpha & -\sin\alpha & 0 \\ 0 & \cos\alpha & \sin\alpha \\ 0 & \cos\alpha & -\sin\alpha \end{bmatrix} \tag{5-22}$$

其中,α 为陀螺输入轴之间大圆角的一半,$\alpha = 31°48'2.8''$。任意三个陀螺工作都能解算出四阶和六阶阵,并且这两种配置方案都具有故障自检与故障隔离能力,优于由二冗余度三元配置构成的系统。

建立最佳的对称阵列需要考虑计算结构可靠性等问题。以四元为例,在具备以下条件的前提下,系统可以运行:

(1) 四个元件均工作;

(2) 任意三个元件组合工作。

四个元件都工作时的概率如下(独立事件交集):

$$P(4\text{ 个元件同时工作}) = R^4 = \mathrm{e}^{-4\lambda t} \tag{5-23}$$

任意三个元件组合工作时的概率如下:

$$P(\text{任意三个元件组合工作}) = 4R^3(1-R) = 4\mathrm{e}^{-3\lambda t}(1-\mathrm{e}^{-\lambda t}) \tag{5-24}$$

式(5-23)与式(5-24)的和表示系统可靠性参数(联合互斥事件):

$$R_{\text{tetrad}} = 4\mathrm{e}^{-3\lambda t} - 3\mathrm{e}^{-4\lambda t} \tag{5-25}$$

同理,六元配置方案的系统可靠性参数表达式可以表示为

$$R_{\text{hexad}} = \mathrm{e}^{-3\lambda t}(20 - 10\mathrm{e}^{-3\lambda t} + 36\mathrm{e}^{-2\lambda t} - 45\mathrm{e}^{-\lambda t}) \tag{5-26}$$

图 5.5 绘制了式(5-20)、式(5-25)和式(5-26)表示的系统可靠性参数曲线。此外,图 5.5 还绘制了以下几种配置方案的系统可靠性参数曲线。

(1) 两冗余三元结构;

(2) 三冗余三元结构;

（3）六正交陀螺仪结构；

（4）九正交陀螺仪结构。

图5.5中曲线是在任何故障都可以被检测和分离的条件下绘出的。需要注意的是，非正交阵列的可靠性要完全优于正交阵列。

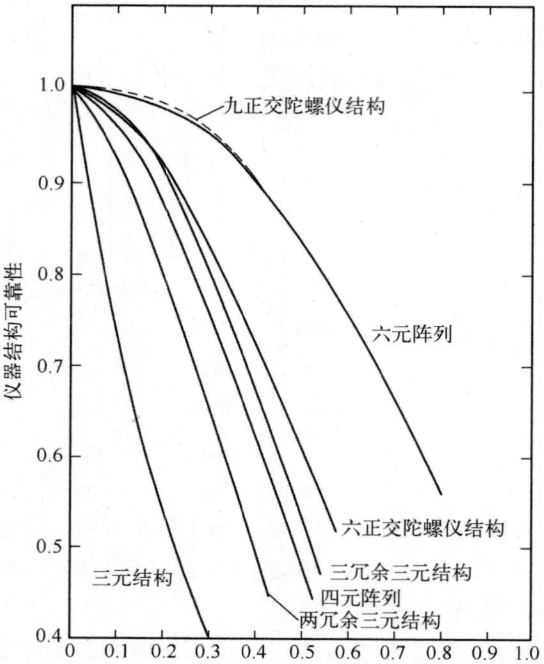

图5.5　可靠性图——完善的故障隔离

第6章

空间稳定型地面导航系统

在空间稳定型惯性导航系统中需要建立一个以地球为中心的惯性坐标系。如第3章所述,惯性坐标系在地球表面适合用于陆地导航,但两坐标系之间相差地球自转角速度。该惯性参考坐标系由一个三轴稳定陀螺平台建立。除了因对加速度敏感,受非等弹性、温度变化等影响[41]需要对陀螺施加小的修正力矩之外,不需再对陀螺施矩。关于陀螺补偿的相关讨论可以参考第5章。

为了测量比力信息,空间稳定平台上至少需要安装三个加速度计或积分加速度计,该测量信息正比于载体相对于惯性坐标系运动加速度与重力加速度之差。可见,一个恰当的数据处理对导航解算过程是十分重要的。

6.1 系统描述

由于牛顿定律的最简单形式是以惯性坐标系为参考坐标系,因此空间稳定型惯性导航系统是在众多类型惯性导航系统中形式最简单的一种。根据第3章分析可知,一个理想的三轴加速度计输出可表示为如下形式:

$$\boldsymbol{f}^a = \boldsymbol{C}_i^a\, \ddot{\boldsymbol{r}}^i - \boldsymbol{G}^a \tag{3-5}$$

式中:$\boldsymbol{f}$为三轴器件敏感的比力信息;$\ddot{\boldsymbol{r}}^i$ 为相对于惯性参考坐标系的加速度;$\boldsymbol{G}$为系统所在位置地球产生的重力加速度。
其中,测量比力信息沿加速度计坐标系(请参见3.8.2节。)

从式(3-5)可以看出,在适当的初始条件指定的情况下,将重力场二次积分后补偿输出比力,可以得到地心位置矢量如下:

$$\boldsymbol{r}^i = r\{\cos L_c, \cos\boldsymbol{\lambda}, \cos L_c, \sin\boldsymbol{\lambda}, \sin L_c\} \tag{4-1}$$

由式(4-1)可以看出,根据式(4-1)可以计算出系统所在位置的经纬度。在此基础上,利用第3章的关系表达式,地面经度 l 可由天体经度 $\boldsymbol{\lambda}$ 计算得到,即

$$l = \lambda + l_0 - \omega_{ie} t \tag{3-7}$$

对于地面导航系统,需要求解该系统相对于地球的运动,该速率被定义为

$$\boldsymbol{v}^{e} \triangleq \dot{\boldsymbol{r}}^{e} \tag{6-1}$$

式中:$\boldsymbol{v}^e$ 为相对于地球的运动速率。

将该速率投影至地理坐标系,可得到其沿北向、东向和地向分量:

$$\boldsymbol{v}^n = \{v_N, v_E, v_D\} = \boldsymbol{C}_e^n \dot{\boldsymbol{r}}^e \tag{6-2}$$

将式(6-2)表示为含有 $\boldsymbol{r}^i$ 的表达形式为

$$\boldsymbol{r}^e = \boldsymbol{C}_i^e \boldsymbol{r}^i$$

式(2-4)对时间求微分,得

$$\dot{\boldsymbol{r}}^e = \boldsymbol{C}_i^e(\dot{\boldsymbol{r}}^i - \boldsymbol{\Omega}_{ie}^i \boldsymbol{r}^i)$$

因此式(6-2)变为

$$\{v_N, v_E, v_D\} = \boldsymbol{C}_i^n(\dot{\boldsymbol{r}}^i - \boldsymbol{\Omega}_{ie}^i \boldsymbol{r}^i) \tag{6-3}$$

图6.1为理想空间稳定型惯性导航系统的结构框图,其中导航计算机只以比力信息为输入来计算各导航信息。然而,系统必须已知准确的初始信息和时间参考,这些都以数字或模拟的形式保存在导航计算机中。

图6.1中包括了计算系统高度信息 h。众所周知,如果高度计算只依赖惯性器件测量值,那么高度回路计算结果是发散的[58]。这个问题在文献[7]中有相关讨论,文献中提出两种发散抑制方法,一种是利用高度计,一种是“均值”高度计算方法。高度补偿问题将在后面的误差分析中讨论。

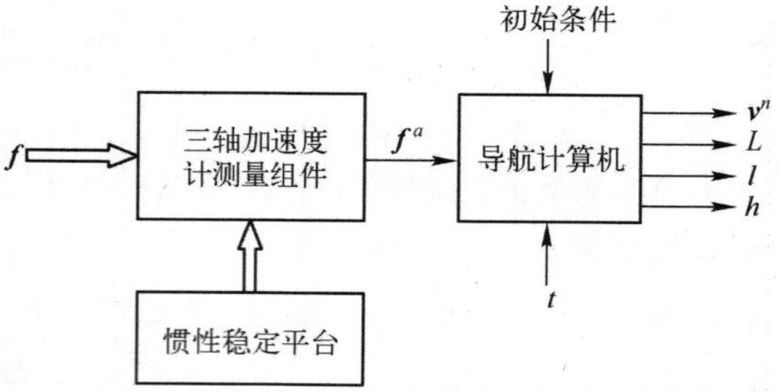

图6.1　空间稳定型惯性导航系统

图6.1中所示的图框中的内容可以进行改进和变化。例如,如果加速度计输出值正比于相对于惯性坐标系的速度而不是加速度,如若采用直接积分加速度计,此时导航计算机中的计算过程如下:

$$\int \boldsymbol{f}^a \mathrm{d}t = \int (\boldsymbol{C}_i^a \dot{\boldsymbol{r}}^i - \boldsymbol{G}^a)\mathrm{d}t \tag{6-4}$$

因此,对重力补偿信息做积分运算以提取导航信息。

图中的其他结构涉及一系列不同的计算坐标系。例如,如果不需要计算高度信息,则当地地理计算坐标系是最恰当的参考坐标系,因为可以避免重力场的计算过程。这种情况下,需要对水平垂直导航组件进行调整,这样就可以避免使用第三个加速度计。对于VTOL飞行试验中的空间稳定型惯性导航系统,采用与地球固连的切线导航坐标系是比较恰当的[25,50]。本章主要致力于基于地理惯性坐标系计算和处理非积分比力信息的空间稳定型惯性导航系统,并且本章

陈述的相关理论同样适用于其他结构。

6.2 机械编排方程

空间稳定型惯性导航系统的机械编排方程如下。

6.2.1 平台指令

由于空间稳定的系统是惯性非旋转坐标系系统，因此不需要对陀螺施加力矩。然而，正如第5章所指出的，力矩被用于补偿由于陀螺漂移引起的平台误差。如果使用单自由度积分陀螺，那么式(5-20)中的系数必须通过适当的测试和扭矩补偿来确定。当然，如果使用其他类型的陀螺仪，如静电陀螺仪[15]，补偿形式只取决于仪器的设计形式。

理想情况下，陀螺漂移已知且不需要补偿过程，并且平台不需要相对于惯性坐标系旋转。这样，平台指令旋转角速度等于平台相对于惯性坐标系的旋转角速度，等于零(见式(3-41))。

$$\boldsymbol{\omega}_c^g = \hat{\boldsymbol{\omega}}_{ip}^p = 0 \tag{6-5}$$

式中：$\boldsymbol{\omega}_c^g$ 为陀螺角速度命令；$\hat{\boldsymbol{\omega}}_{ip}^p$ 为理想平台旋转角速度。

6.2.2 惯性参考加速度

由式(3-5)可以看出，如果测量比力值投影至惯性坐标系，并且已经补偿重力场，那么可以计算相对于惯性坐标系下的加速度为

$$\ddot{\boldsymbol{r}}^i = \hat{\boldsymbol{C}}_p^i \hat{\boldsymbol{C}}_a^p \tilde{\boldsymbol{f}}^a + \hat{\boldsymbol{G}}^i \tag{6-6}$$

式中：$\ddot{\boldsymbol{r}}^i$ 为计算得到的惯性坐标系下的加速度；$\tilde{\boldsymbol{f}}$为测量比力；$\hat{\boldsymbol{G}}$为计算得到的重力场加速度。

计算加速度计与平台坐标系的转换矩阵$\hat{\boldsymbol{C}}_a^p$ 是一个非正交转换矩阵，需要特殊处理(见3.8.4节)。通过系统的自对准技术可确定平台坐标系到惯性坐标系的计算转换矩阵$\hat{\boldsymbol{C}}_p^i$，该技术将在第9章中讨论。通常，自对准技术是众多对准技术的首选方案[7,49]，因为只有器件误差会对该方法的对准矩阵误差系统产生影响，使系统误差影响最低[55]。

6.2.3 重力场计算

相对于惯性坐标系的重力场矢量由式(4-32)计算得到：

$$\hat{\boldsymbol{G}}^i = -\frac{\mu}{\hat{r}^3}\begin{bmatrix}\left\{1+\frac{3}{2}J_2\left(\frac{r_e}{\hat{r}}\right)^2\left[1-5\left(\frac{\hat{r}_z}{\hat{r}}\right)^2\right]\right\}\hat{r}_x \\ \left\{1+\frac{3}{2}J_2\left(\frac{r_e}{\hat{r}}\right)^2\left[1-5\left(\frac{\hat{r}_z}{\hat{r}}\right)^2\right]\right\}\hat{r}_y \\ \left\{1+\frac{3}{2}J_2\left(\frac{r_e}{\hat{r}}\right)^2\left[1-5\left(\frac{\hat{r}_z}{\hat{r}}\right)^2\right]\right\}\hat{r}_z\end{bmatrix} \tag{6-7}$$

式(6-7)解决了地心位置矢量$\hat{\boldsymbol{r}}$的计算方法，该式也是6.1节中提到高度解算的方法，如果$\hat{\boldsymbol{r}}$的解算只依赖$\hat{r}^i$，则导航解算结果发散。该问题也可以引入权重因子$\boldsymbol{\kappa}$至$\hat{r}^3$的计算过程中，并对式(6-7)的分母进行非线性估算。

$$\hat{r}^3 = (\hat{r}_a)^{\kappa}(\hat{r}_i)^{3-\kappa} \tag{6-8}$$

式中：$\hat{r}_a$为根据外部信息（如高度计）提供的位置矢量大小；$\hat{r}^i$为计算得到的相对于惯性坐标系位置矢量大小；$\boldsymbol{\kappa}$为权重因子。

此外，可以采用其他解析形式用于估计$\hat{r}^3$，而并不局限于式(6-8)。其他估计方法将在8.2.4节讨论。需要注意的是，式(6-8)的维数必须满足任意$\boldsymbol{\kappa}$取值，而且$\boldsymbol{\kappa}$取值必须大于2以抑制导航误差发散。当$\boldsymbol{\kappa}=3$时，可以使计算复杂度最低，而且在该取值条件下可以有效融合惯性信息与外部高度信息，此时系统将处于纯舒勒工作模式下（式(8-118)）。

基于惯性导航解算得到的位置矢量$\hat{\boldsymbol{r}}_i$大小的计算公式可以表示为

$$\hat{r}_i = (\hat{r}_x^2 + \hat{r}_y^2 + \hat{r}_z^2)^{\frac{1}{2}} \tag{6-9}$$

由于已知的高度信息通常是相对于地球表面，所以基于外部高度信息计算位置矢量大小较为复杂。在第4章中，如式(4-8)所示，地心位置矢量的大小可以通过下式计算：

$$\hat{r}_a = \hat{r}_0 + \tilde{h} \tag{6-10}$$

式中：$\hat{r}_0$为系统所在点的地球半径矢量的大小的计算值；$\tilde{h}$为系统在参考椭圆上的测量高度。

图4.1是式(6-10)的几何描述。基于式(4-21)计算的地球半径大小是关于地心纬度L_c的函数：

$$r_0 = r_e\left[1 - e\sin^2 L_c - \frac{3}{16}e^2(1-\cos 4L_c)\right]$$

式中：r_e为地球赤道半径。

上式的简化形式如下：

$$\hat{r}_0 = r_e\left[1 - e\left(\frac{\hat{r}_z}{\hat{r}_a}\right)^2\right] \tag{6-11}$$

其中，认为$\sin L_c = r_z/r$。如果采用式(6-11)的未简化形式，即考虑e^2项的影响时，可以获得更好的计算精度。实际上，若考虑到r_e的不确定性、重力反常现象和器件不确定性，$\hat{r}_0$的表达形式比式(6-11)更复杂则是必要的。

对式(6–11)右边$\hat{r}_z/\hat{r}_a$项的处理方法同式(6–7)中$\hat{r}_z/\hat{r}$和$r_e/\hat{r}$项的处理方法一样，因为这些项是二阶项，并且与J_2或e相乘。采用前面提出引入权重因子$\boldsymbol{\kappa}$的方式来计算$\hat{r}$是不合理的。因此，$\hat{r}$的计算将采用与式(6–10)中$\hat{r}_a$相同的方法。

综上所述，重力场矢量计算采用了式(6–7)的形式：

$$\hat{\boldsymbol{G}}^i = -\frac{\mu}{(\hat{r}_a)^{\kappa}(\hat{r}_i)^{3-\kappa}}\begin{bmatrix}\left\{1+\frac{3}{2}J_2\left(\frac{r_e}{\hat{r}_a}\right)^2\left[1-5\left(\frac{\hat{r}_z}{\hat{r}_a}\right)^2\right]\right\}\hat{r}_x\\ \left\{1+\frac{3}{2}J_2\left(\frac{r_e}{\hat{r}_a}\right)^2\left[1-5\left(\frac{\hat{r}_z}{\hat{r}_a}\right)^2\right]\right\}\hat{r}_y\\ \left\{1+\frac{3}{2}J_2\left(\frac{r_e}{\hat{r}_a}\right)^2\left[3-5\left(\frac{\hat{r}_z}{\hat{r}_a}\right)^2\right]\right\}\hat{r}_z\end{bmatrix} \tag{6-12}$$

其中，$\hat{r}_i$和$\hat{r}_a$分别由式(6–9)和式(6–10)计算所得，权重因子$\boldsymbol{\kappa}$仍是指定值。

6.2.4 地球参考速度

地球参考速度沿地理坐标系的计算方式由式(6–3)给出：

$$\hat{\boldsymbol{v}}^n = \hat{\boldsymbol{C}}_i^n(\dot{\hat{\boldsymbol{r}}}^i - \hat{\boldsymbol{\Omega}}_{ie}^i\hat{\boldsymbol{r}}^i) \tag{6-13}$$

其中，$\dot{\hat{\boldsymbol{r}}}^i$和$\hat{\boldsymbol{r}}^i$为式(6–6)中惯性坐标系下加速度的积分结果所得。地速矢量的反对称阵由式(3–11)给出：

$$\hat{\boldsymbol{\Omega}}_{ie}^i = \begin{bmatrix}0 & -\omega_{ie} & 0\\ \omega_{ie} & 0 & 0\\ 0 & 0 & 0\end{bmatrix}$$

此外，惯性坐标系与地理坐标系的转换矩阵由式(3–10)给出：

$$\hat{\boldsymbol{C}}_i^n = \begin{bmatrix}-\sin\hat{L}\cos\hat{\lambda} & -\sin\hat{L}\sin\hat{\lambda} & \cos\hat{L}\\ -\sin\hat{\lambda} & \cos\hat{\lambda} & 0\\ -\cos\hat{L}\cos\hat{\lambda} & -\cos\hat{L}\sin\hat{\lambda} & -\sin\hat{L}\end{bmatrix}$$

6.2.5 纬度、经度与高度

地心纬度与距两级位置的分量有关，如表达式$\sin L_c = r_z/r$所表述（见图3.1）。尽管有常值误差D，但是地理纬度L与地心纬度L_c相关。因此，计算地理纬度的公式为

$$\hat{L} = \arcsin\frac{\hat{r}_z}{\hat{r}} + \hat{D}$$

根据第4章所述，式(4–15)通过$D \approx e\sin 2L$表达了常值误差与地理纬度的关系。因此$\hat{L}$的表达式变为

$$\hat{L} = \arcsin\frac{r_z}{\hat{r}} + e\sin 2\hat{L} \tag{6-14}$$

在式(6–14)中仍需要选择地心位置矢量$\hat{\boldsymbol{r}}$的计算方式,这里既可以选择式(6–9)中的$\hat{r}_i$,也可以选择式(6–10)中的$\hat{r}_a$,也可以将二者结合起来使用。$\hat{r}$的计算可以通过引入另一个权重因子 α 来表示,通用公式如下:

$$\hat{r} = (\hat{r}_a)^{\alpha}(\hat{r}_i)^{1-\alpha} \tag{6–15}$$

关于 α 的选择将留到误差分析部分给出。

黄道经度 λ 与赤道位置分量有关,即 $\sin\lambda = r_y/(r_x + r_y)^{1/2}$(见图 3.1)。但根据式(3–7)中 $\hat{l} = \hat{l}_0 + \hat{\lambda} - \omega_{ie}t$ 可知黄道经度与地理经度相关。因此地理经度使用下式计算:

$$\hat{l} = \hat{l}_0 + \sin^{-1}[\hat{r}_y/(\hat{r}_x^2 + \hat{r}_y^2)^{1/2}] - \omega_{ie}t \tag{6–16}$$

式中:$\hat{l}_0$ 为从格林尼治面的地理精度初始估值。

高度 h 与地心位置矢量 $\boldsymbol{r}$ 的大小相关,通过式(4–8)及半径大小 r_0 获得。因此,如果 r_0 采用式(6–11)来计算,则高度的计算公式如下:

$$\hat{h} = \hat{r} - r_e[1 - e(\hat{r}_z/\hat{r}_a)^2] \tag{6–17}$$

其中,位置矢量大小的估值已在式(6–15)中给出。

6.2.6 原理图

空间稳定型惯性导航系统的机械编排框图如图 6.2 所示。值得注意的是,由于计算过程是非线性的,因此图 6.2 不能被转化为信号流图。同时,原理图为权重因数 $\alpha = 0$ 的情况,即此时使用$\hat{r} = \hat{r}_i$ 来计算位置向量的大小。

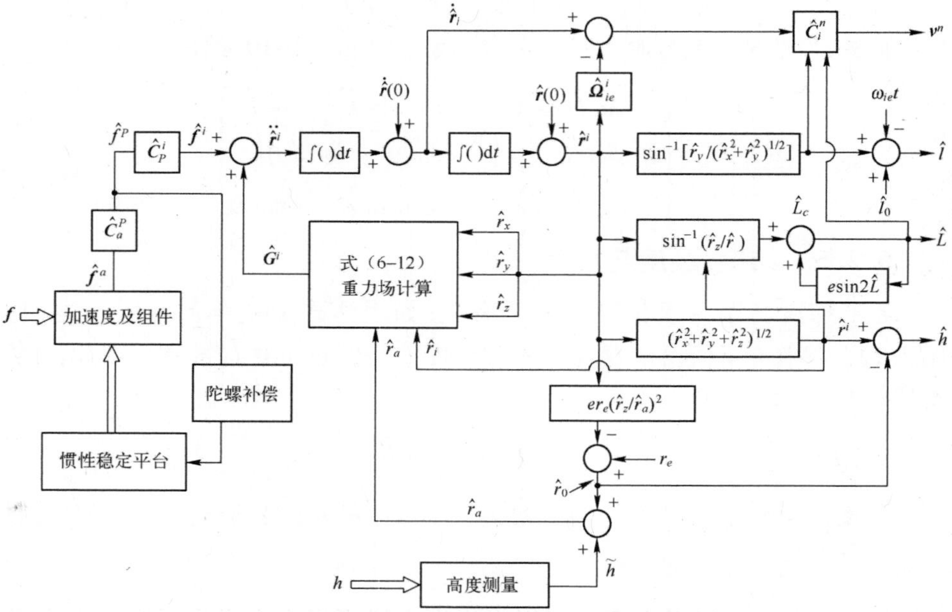

图 6.2　空间稳定型惯性导航系统的机械编排框图

6.3 误差分析

根据前文描述的空间稳定型地面导航系统，以及其原理方程，从2.5节讨论的中微扰动理论的应用到原理方程可以确定出系统误差，并且该误差方程同样适用于在地表附近常规运动的惯性导航系统。对于平台系统而言，由于机载计算机可以适当地调节信息频带，因此可以假设导航解算过程中数据计算准确无误。

在误差分析过程中，将考虑所有已知主要误差源造成的影响，其中包括：

(1) 陀螺漂移速率误差；

(2) 加速度计误差；

(3) 加速度计标定误差；

(4) 系统对准误差；

(5) 高度计误差；

(6) 重力异常和垂线偏差。

在空间稳定型惯性导航系统中，由于陀螺独立于地球、飞行器以及刚体速率修正，因此陀螺未知力矩不是系统主要误差源，但是在非惯性机械系统中这些则是必不可少的。低精度陀螺的力矩补偿可以用来解释陀螺质量不平衡等因素对系统造成的影响(详见5.3节)。因而在误差分析过程中，未知力矩引起的补偿力矩产生的二阶误差可以被忽略。同理，由于不能详细确定非正交陀螺坐标系与平台坐标系间的关系，陀螺对准误差对于空间稳定型系统来说是二阶的，因为这种系统陀螺只是被低程度的补偿，而且平台的唯一运动是由陀螺的漂移误差产生的(详见3.8.4.2节)。

6.3.1 误差方程的推导

误差方程的推导过程采用第2章中引言和2.5节中所述的微扰法，即在稳态计算点的一阶泰勒展开。通过对微扰法解算得到的系统方程和由系统微分方程(见附录A)精确解算得到的系统方程进行对比，对于采用该方法的可行性可以进行验证。

6.3.1.1 平台旋转误差

由于控制平台的惯性角速度与理想平台的角速度相等，并且两者都是0(详见式(6-5))，因此有

$$\hat{\boldsymbol{\omega}}_{ip}=0$$

由于陀螺误差，平台相对惯性空间的微小角速度为$\hat{\omega}_{ip}^{p}$，并且这个角速度与各组件不确定性相关。式(5-15)给出了陀螺输入轴平台惯性角速度：

$$\boldsymbol{\omega}_I = \frac{-(u)M}{H}$$

式中：$(u)M$ 为陀螺输出轴的误差力矩；H 为陀螺角动量。

虽然陀螺坐标系与平台坐标系之间存在小角度，但是由于平台旋转角速度是一个小量，所以可以认为陀螺坐标系旋转角速度等于平台坐标系旋转角速度，即

$$\boldsymbol{\omega}_{ig}^{g} = \boldsymbol{\omega}_{ip}^{p}$$

因此，平台坐标系旋转角速度与各轴陀螺的不确定力矩相关，即

$$\boldsymbol{\omega}_{ip}^{p} = -\left\{\frac{(u)M_x}{H_x}, \frac{(u)M_y}{H_y}, \frac{(u)M_z}{H_z}\right\} \tag{6-18}$$

注意，为简化分析，将陀螺坐标系表示符号中的下角标 x_g, y_g, z_g 替换为 x, y, z。这种简化方法不会引起混淆，因为器件不确定性 $(u)\boldsymbol{M}$ 必须指代到器件的某一敏感轴上。读者可能会产生疑问，如果陀螺力矩得到补偿，平台的惯性旋转角速度为何正比于 $(u)\boldsymbol{M}$，$(u)\boldsymbol{M}$ 是式（5-19）表示的未补偿陀螺输出轴误差力矩。采用这种陀螺误差处理方法的主要原因是可以保证误差分析的普遍性，从而可以使相关误差分析结果用于分析其他类型的陀螺误差，例如安装误差、质量失衡误差以及非弹性误差等。此外，即使陀螺的误差系数以及补偿力矩都给定，这些系数一定也会存在漂移。

将式（6-18）中的各系数代入确切表达式，即 $(u)\omega_k = -(u)M_k/H_k\ (k = x, y, z)$，则平台的惯性旋转角速度可以表示为

$$\boldsymbol{\omega}_{ip}^{p} = -\{(u)\omega_x, (u)\omega_y, (u)\omega_z\} = (u)\boldsymbol{\omega}^{p} \tag{6-19}$$

如果平台角速度如式（6-19）所示，则平台与惯性空间之间的方向余弦矩阵由式（2-14）给出：

$$\dot{\boldsymbol{C}}_p^i = \boldsymbol{C}_p^i \boldsymbol{\Omega}_{ip}^p$$

初始条件为

$$\boldsymbol{C}_p^i(0) = \boldsymbol{C}_{p_0}^i$$

其中，符号 p_0 表示在 $t=0$ 时刻的坐标系。

综合上述方程，得到如下解：

$$\boldsymbol{C}_p^i = \boldsymbol{C}_{p_0}^i(\boldsymbol{I} + \boldsymbol{D}^p) \tag{6-20}$$

其中，忽略了误差量，且

$$\boldsymbol{D}^p = \begin{bmatrix} 0 & -\int(u)\omega_z \mathrm{d}t & \int(u)\omega_y \mathrm{d}t \\ \int(u)\omega_z \mathrm{d}t & 0 & -\int(u)\omega_x \mathrm{d}t \\ -\int(u)\omega_y \mathrm{d}t & \int(u)\omega_x \mathrm{d}t & 0 \end{bmatrix}$$

$\boldsymbol{D}^p$ 中每一个元素都表示一个小角度，矩阵 $(\boldsymbol{I} + \boldsymbol{D}^p)$ 表示实时平台坐标系与在 $t=0$ 时刻的平台坐标系之间的小角度转换，即

$$C_p^{p_0} = (I + D^p) \tag{6-21}$$

6.3.1.2 比力测量误差

加速度计误差模型取决于仪表的设计结构。与陀螺误差的分析过程一样，分析要尽可能通用化，以便于分析结果能应用于更多类型的系统来建立误差敏感方程。为此，三个加速度计的输出可以写成如下向量形式：

$$\tilde{f}^a = f^a + (u)f^a \tag{6-22}$$

式中：$\tilde{f}^a$为比力量测值；$(u)f^a$为加速度计测量误差。

加速度计的不确定性误差由固定偏置项、标量因数误差和随机误差组成，即

$$(u)f^a = b^a + A^a f^a + w^a \tag{6-23}$$

式中：$b^a = \{b_x, b_y, b_z\}$为加速度计偏置；$w^a = \{\omega_x, \omega_y, \omega_z\}$为加速度计随机误差；$A^a$ 为加速度计标定因数误差矩阵，标定因数误差矩阵由下式给出：

$$A^a = \begin{bmatrix} a_x & 0 & 0 \\ 0 & a_y & 0 \\ 0 & 0 & a_z \end{bmatrix}$$

式中：$a_k(k = x, y, z)$为 k 轴加速度计的标定因数误差，由两个数字的比值来表示，与陀螺的表达方式一致，加速度计的角标符号也简化为 x, y, z。

6.3.1.3 加速度计安装误差

根据第 3 章所述，加速度计的敏感轴构成了一个非正交坐标系。仪器敏感轴在正交化中的失调角可以通过加速度计标定过程确定，并采用式(3-34)的方向余弦矩阵描述，该计算转化过程有扰动，见 2.5.1.3 节。然而，补偿加速度计非正交化过程引起的误差构成二阶量，这里假设此项在误差分析过程中被忽略。因此，为了建立加速度计非正交误差敏感方程，非正交加速度计坐标系可以不采用任何补偿手段。如果加速度计的输出坐标系与平台坐标系一致，则有

$$\hat{C}_a^p = I \tag{6-24}$$

那么，量测比力信息可以由式(3-39)所得。

6.3.1.4 系统对准误差

如前所说，系统导航过程中计算从平台坐标系到惯性坐标系之间转换矩阵的过程是必不可少的。由于该平台理想惯性不旋转，因此校准矩阵$\hat{C}_a^p$ 是常数矩阵，但在第 9 章中将主要讨论系统校准方法。不论使用哪种方法(陀螺罗经法、光学法，或者两者结合使用)，对准矩阵都不会无误差。计算转换矩阵记为

$$\hat{C}_p^i = (I - Z^i) C_{p_0}^i \tag{6-25}$$

其中，$\boldsymbol{Z}^i$ 为由失准角误差构成的反对称矩阵，即

$$\boldsymbol{Z}^i = \begin{bmatrix} 0 & -\zeta_z & \zeta_y \\ \zeta_z & 0 & -\zeta_x \\ -\zeta_y & \zeta_x & 0 \end{bmatrix}$$

其中，误差角 $\zeta_k(k = x, y, z)$ 表示相对于第 k 个惯性主轴的正向小旋转误差角。

6.3.1.5 重力场计算误差

重力场的计算要应用6.2.3 节的式(6-12)。如果用来计算重力场矢量的数值都精确已知，那么式(6-12)是一个只与参考椭球面有关的重力场矢量 $\boldsymbol{G}_e^i$。由于误差的影响，式(6-12)可以记为

$$\hat{\boldsymbol{G}}^i = \boldsymbol{G}_e^i + \delta\boldsymbol{G}^i \tag{6-26}$$

式中：$\boldsymbol{G}_e^i$ 为与参考椭球相关的重力场；$\delta\boldsymbol{G}^i$ 为重力场计算误差。

为确定 $\delta\boldsymbol{G}^i$ 的表达式，分别对式(6-9)和式(6-10)表示两个位置矢量大小的 r_i 和 r_a 施加扰动，得

$$\hat{r}_k = r_k + \delta r_k \quad k = x, y, z \tag{6-27}$$

$$\hat{r}_a = r_a + \delta r_a, \tilde{h} = h + \delta h_a \tag{6-28}$$

式中：δh_a 为相对于参考椭球面的量测高度误差。

因为

$$\hat{r}_i = r + \frac{(\boldsymbol{r}^i)^{\mathrm{T}}\delta\boldsymbol{r}^i}{r} \tag{6-29}$$

$$\hat{r}_a = r + \delta h_a \tag{6-30}$$

其中，因为高阶误差项和与地球椭球 e 有关的误差都较小，因此忽略了这些误差项。

将式(6-12)代入式(6-27)、式(6-29)和式(6-30)，得到计算重力场误差的理想表达式为

$$\delta\boldsymbol{G}^i = \frac{\mu}{r^3}\left[\frac{\kappa\boldsymbol{r}^i\delta h_a}{r} + (3-\kappa)\frac{(\boldsymbol{r}^i)^{\mathrm{T}}\delta\boldsymbol{r}^i\boldsymbol{r}^i}{r^2} - \delta\boldsymbol{r}^i\right] \tag{6-31}$$

其中，$\delta\boldsymbol{r}^i = \{\delta r_x, \delta r_y, \delta r_z\}$。

6.3.1.6 相对惯性坐标系加速度误差

计算加速度误差分别在式(6-24)、式(6-22)、式(6-25)、式(6-26)依次用 $\hat{\boldsymbol{C}}_a^p$, $\tilde{\boldsymbol{f}}_a$, $\hat{\boldsymbol{C}}_p^i$ 和 $\hat{\boldsymbol{G}}^i$ 代替过程中表示出，即

$$\ddot{\hat{\boldsymbol{r}}}^i = [\boldsymbol{I} - \boldsymbol{Z}^i + \boldsymbol{C}_{p_0}^i(\Delta\boldsymbol{C}_a^p)\boldsymbol{C}_i^{p_0}]\boldsymbol{C}_{p_0}^i\boldsymbol{f}^p + \boldsymbol{C}_{p_0}^i(u)\boldsymbol{f}^a + \boldsymbol{G}_e^i + \delta\boldsymbol{G}^i \tag{6-32}$$

其中，根据式(3-32)可知 $\boldsymbol{f}^a = [\boldsymbol{I} + (\Delta\boldsymbol{C}_a^p)^{\mathrm{T}}]\boldsymbol{f}^p$，产生的小误差量和其他小量(例

如$(\Delta\boldsymbol{C}_a^p)^{\mathrm{T}}$)都是可以被忽略的，且都被忽略了。

由式$\boldsymbol{f}^p=\boldsymbol{C}_i^p\boldsymbol{f}^i$知，陀螺不确定性引入到式(6-32)中并且对系统产生影响。而通过式(6-20)中$\boldsymbol{C}_i^p=(\boldsymbol{I}-\boldsymbol{D}^p)\boldsymbol{C}_i^{p_0}$，得到

$$\boldsymbol{f}^p=(\boldsymbol{I}-\boldsymbol{D}^p)\boldsymbol{C}_i^{p_0}\boldsymbol{f}^i \tag{6-33}$$

计算式(6-33)，并引入加速度扰动，有

$$\hat{\ddot{\boldsymbol{r}}}^i=\ddot{\boldsymbol{r}}^i+\delta\ddot{\boldsymbol{r}}^i$$

将其代入式(6-32)中，且$\boldsymbol{f}^i=\boldsymbol{r}^i-\boldsymbol{G}^i$，则

$$\delta\ddot{\boldsymbol{r}}^i=\boldsymbol{G}_e^i-\boldsymbol{G}^i+\delta\boldsymbol{G}^i-[\boldsymbol{Z}^i+\boldsymbol{C}_p^i\boldsymbol{D}^p\boldsymbol{C}_i^p-\boldsymbol{C}_p^i(\Delta\boldsymbol{C}_a^p)^{\mathrm{T}}\boldsymbol{C}_i^p]\boldsymbol{f}^i+\boldsymbol{C}_p^i(u)\boldsymbol{f}^a \tag{6-34}$$

注意，下标p_0被p代替，虽然两者之间有个小角度转换，但该误差在误差项中已经考虑。

最后由式(4-18)得到：

$$\boldsymbol{G}^i=\boldsymbol{G}_e^i+\boldsymbol{C}_n^i\Delta\boldsymbol{G}^n \tag{6-35}$$

其中，列矩阵$\Delta\boldsymbol{G}^n$包含了垂直偏差和重力异常项，即

$$\Delta\boldsymbol{G}^n=\{\xi g,-\eta g,\Delta g\}$$

因此，分别将式(6-35)和式(6-31)中的$\boldsymbol{G}^i$和$\delta\boldsymbol{G}^i$代入式(6-34)，式(6-34)变为

$$\delta\ddot{\boldsymbol{r}}^i+\frac{\mu}{r^3}\left[(\kappa-2)\boldsymbol{I}+(\kappa-3)\frac{\boldsymbol{R}^i\boldsymbol{R}^i}{r^2}\right]\delta\boldsymbol{r}^i$$

$$=\boldsymbol{C}_p^i(u)\boldsymbol{f}^a-\boldsymbol{C}_n^i\Delta\boldsymbol{G}^n+\kappa\frac{\mu}{r^4}\boldsymbol{r}^i\delta h_a-[\boldsymbol{Z}^i+\boldsymbol{C}_p^i\boldsymbol{D}^p\boldsymbol{C}_i^p-\boldsymbol{C}_p^i(\Delta\boldsymbol{C}_a^p)^{\mathrm{T}}\boldsymbol{C}_i^p]\boldsymbol{f}^i \tag{6-36}$$

为了配合式(6-36)，引入式(2-13)中的向量定义，即

$$(\boldsymbol{r}^i)^{\mathrm{T}}\delta\boldsymbol{r}^i\boldsymbol{r}^i=\boldsymbol{R}^i\boldsymbol{R}^i\delta\boldsymbol{r}^i+r^2\delta\boldsymbol{r}^i$$

式中：$\boldsymbol{R}^i$为$\boldsymbol{r}^i$的反对称阵。

方程(6-36)是一个带有时变系数的二阶线性矢量微分方程，它表示了不同原理误差。

6.3.1.7 纬度、经度和高度误差

式(6-36)的解本身会造成位置误差，然而为了与其他系统机理对比，在纬度误差、精度误差、高度误差的形式下能更方便地写出误差矢量$\delta\boldsymbol{r}^i$，只要对6.2.5节中推导的表达式加扰动即可。特别是式(6-14)中的纬度表达式，式(6-16)中的地球经度表达式，式(6-17)中的高度表达式和式(6-15)中的地心位置矢量的大小，都通过引入地心矢量大小推导过程中的高度扰动法来得到惯性地心位置矢量的大小和计算位置矢量的表达式，具体形式如下：

$$\hat{r}_a=r+\delta h_a \tag{6-30}$$

$$\hat{r}_i = r + \frac{(\boldsymbol{r}^i)^{\mathrm{T}}\delta\boldsymbol{r}^i}{r} \tag{6-29}$$

$$\hat{r}_k = r_k + \delta r_k \quad k = x, y, z \tag{6-27}$$

纬度误差由下式给出：

$$\delta L = (\alpha - 1)\sin L\left(\cos\lambda\,\frac{\delta r_x}{r} + \sin\lambda\,\frac{\delta r_y}{r}\right) + \cos L(1 + \alpha\tan^2 L)\frac{\delta r_z}{r} - \alpha\,\frac{\delta h_a}{r}\tan L \tag{6-37}$$

同时，经度误差表达式为

$$\delta l = \frac{\sec L}{r}(-\sin\lambda\,\delta r_x + \cos\lambda\,\delta r_y) \tag{6-38}$$

注意，在式(6-38)中惯性误差 δl_0 被忽略了。此外，通常情况下，在建立误差方程时要考虑初始条件误差。高度误差表达式为

$$\delta h = (1-\alpha)(\delta r_x\cos L\cos\lambda + \delta r_y\cos L\sin\lambda + \delta r_z\sin L) + \alpha\delta h_a \tag{6-39}$$

注意，在计算地心矢量大小时，利用了所有的惯性信息，此时 $\alpha = 0, \hat{r} = \hat{r}_i$。通过下式可知导航误差与地心位置误差矢量有关：

$$\begin{bmatrix} r\delta L \\ r\delta l\cos L \\ -\delta h \end{bmatrix} = \boldsymbol{C}_i^n\delta\boldsymbol{r}^i \triangleq \delta\boldsymbol{n} \quad \alpha = 0 \tag{6-40}$$

另一方面，如果所有的外部或者高度计信息都被用来计算地心位置矢量大小，此时 $\alpha = 1, \hat{r} = \hat{r}_a$。则有

$$\begin{bmatrix} r\delta L \\ r\delta l\cos L \\ -\delta h \end{bmatrix} = \begin{bmatrix} 0 & 0 & \sec L & -\tan L \\ -\sin\lambda & \cos\lambda & 0 & 0 \\ 0 & 0 & 0 & -1 \end{bmatrix}\begin{bmatrix} \delta r_x \\ \delta r_y \\ \delta r_z \\ \delta h_a \end{bmatrix} \quad \alpha = 1 \tag{6-41}$$

显而易见，权重因子 α 的选取方式不同将导致变量之间的关系不同。关键点在于经度、纬度和高度的计算方法会影响误差精度。然而这一点在惯性导航系统沿参考系的计算过程中总是被忽略。在确定环境下，这个特性有很大优势，例如取 $\alpha = 1$，纬度误差则可以完全与另外两个通道解耦。

为了更详细的探索这一点，回顾前文提到的“经度、纬度和高度是直接从计算地心位置向量中得到”这一前提：

$$\boldsymbol{r}^i = \{r_x, r_y, r_z\} = \{r\cos L_c\cos\lambda, r\cos L_c\sin\lambda, r\sin L_c\} \tag{4-1}$$

利用式(4-1)可以证明沿惯性参考系投影的位置分量和经度、纬度和位置矢量大小之间存在多种关系。例如，纬度既可以由式(6-14)推导得到，又可以由下式的三角关系得到：

$$\hat{L} = \frac{\cos^{-1}(\hat{r}_x^2 + \hat{r}_y^2)^{\frac{1}{2}}}{\hat{r}} + e\sin 2\hat{L} \tag{6-14a}$$

同理，可以由下式代替式(6–16)：

$$\hat{l}=\hat{l}_0+\sin^{-1}\frac{\hat{r}_y}{(\hat{r}^2+\hat{r}_z^2)^{\frac{1}{2}}}-\omega_{ie}t \tag{6–16a}$$

显然，对于位置信息，其他计算方案也是可行的。

我们期望上述两式产生的结果与式(6–14)和式(6–16)完全相同。然而，正如下文所述，只有当 $\alpha=0$ 时，这些独立计算方案结果才一样。该结果可以通过对式(6–14a)和式(6–16a)加扰动获解得：

$$\delta L=-(\sin L+\alpha\cos^2 L\csc L)\left(\cos\lambda\frac{\delta r_x}{r}+\sin\lambda\frac{\delta r_y}{r}\right)+(1-\alpha)\cos L\frac{\delta r_z}{r}+\alpha\frac{\delta h_a}{r}\cot L \tag{6–37a}$$

和

$$\delta l=\frac{\sec L}{r}[-(1-\alpha)\sin\lambda\delta r_x+(\cos\lambda+\alpha\sin\lambda\tan\lambda)\delta r_y+\alpha\tan L\tan\lambda\delta r_z-\delta\sec L\tan\lambda\delta h_a] \tag{6–38a}$$

从而得知，除非所有的惯性推导信息都用于通过地心位置矢量解算经度和纬度，否则误差响应将依赖于 α 取值和计算方案的选择。

地心位置误差和高度计误差与经度误差，纬度误差和高度误差之间的关系的通用表达式由式(6–37)、式(6–38)、式(6–39)直接给出：

$$\begin{bmatrix} r\delta L \\ r\delta l\cos L \\ -\delta h \end{bmatrix}=\boldsymbol{M}_1\boldsymbol{C}_i^n\delta\boldsymbol{r}^i+\boldsymbol{k}_1\delta h_a \tag{6–42}$$

其中

$$\boldsymbol{M}_1=\begin{bmatrix} 1 & 0 & -\alpha\tan L \\ 0 & 1 & 0 \\ 0 & 0 & 1-\alpha \end{bmatrix} \qquad \boldsymbol{k}_1=\begin{bmatrix} -\alpha\tan L \\ 0 \\ -\alpha \end{bmatrix}$$

从上述 $\boldsymbol{M}_1$ 矩阵的表达式可知，矩阵 $\boldsymbol{M}_1$ 的逆在 $\alpha=1$ 处存在奇点，因此将矢量 $\delta\boldsymbol{r}^i$ 化为 δL，δl 和 δh 的显函数是不可能的。由于式(6–42)给出的关系不能被转化为逆阵的形式，因此 δr_x 和 δr_y 可以被单独定义。如果变量 δh 写作惯性解算的高度误差 δh_i 和 δh_a 的函数，则可以有效避免这一问题。高度计算公式的惯性推导由式(4–8)定义：

$$\hat{h}_i=\hat{r}_i-\hat{r}_0 \tag{6–43}$$

其中，$\hat{r}_i$ 和 $\hat{r}_0$ 分别由式(6–9)和式(6–11)给出，但是在式(6–29)中 $\hat{r}_i=r+(\boldsymbol{r}^i)^{\mathrm{T}}\boldsymbol{r}^i/r$，如果忽略二阶量，$\hat{r}_0=r_0$，则

$$\delta h_i=\frac{(\boldsymbol{r}^i)^{\mathrm{T}}\delta\boldsymbol{r}^i}{r} \tag{6–44}$$

式中：$\delta h_i = \hat{h}_i - h$ 为在参考椭球下计算值的惯性高度误差。

将式(6-44)代入式(6-39)中，得

$$\delta h = (1 - \alpha)\delta h_i + \alpha\delta h_a \tag{6-45}$$

用式(6-45)代替式(6-42)中的 δh，得

$$\delta \boldsymbol{n}_i \triangleq \begin{bmatrix} r\delta L \\ r\delta l \quad \cos L \\ -\delta h_i \end{bmatrix} = \boldsymbol{M}_2 \boldsymbol{C}_i^2 \delta \boldsymbol{r}^i + \boldsymbol{k}_2 \delta h_a \tag{6-46}$$

其中

$$\boldsymbol{M}_2 = \begin{bmatrix} 1 & 0 & -\alpha\tan L \\ 0 & 1 & 0 \\ 0 & 0 & 1 \end{bmatrix} \qquad \boldsymbol{k}_2 = \begin{bmatrix} -\alpha\tan L \\ 0 \\ 0 \end{bmatrix}$$

6.3.1.8 地球参考速度误差

速度计算误差可以直接由式(6-13)计算得到：

$$\hat{\boldsymbol{v}}^n = \boldsymbol{v}^n + \boldsymbol{v}^n, \dot{\hat{\boldsymbol{r}}}_i = \dot{\boldsymbol{r}}^i + \delta\dot{\boldsymbol{r}}^i, \hat{\boldsymbol{r}}^i = \boldsymbol{r}^i + \delta\boldsymbol{r}^i, \boldsymbol{\Omega}_{ie}^e = \boldsymbol{\Omega}_{ie}^e$$

根据式(2-16)，有

$$\hat{\boldsymbol{C}}_i^n = (\boldsymbol{I} - \boldsymbol{N}^i)\boldsymbol{C}_i^n$$

从而速度误差为

$$\delta\boldsymbol{v}^n = \boldsymbol{C}_i^n(\delta\dot{\boldsymbol{r}}^i - \boldsymbol{\Omega}_{ie}^i\delta\boldsymbol{r}^i) - \boldsymbol{N}^n\boldsymbol{v}^n \tag{6-47}$$

式(6-47)是速度误差矢量与导航误差 $\delta\dot{\boldsymbol{r}}^i$，$\delta\boldsymbol{r}^i$ 和 $\boldsymbol{N}^i$ 相关的关系式。在计算导航误差时，若考虑 $\alpha = 0$ 的情况，则式(6-40)为

$$\delta\boldsymbol{r}^i = \boldsymbol{C}_n^i\delta\boldsymbol{n} = \boldsymbol{C}_n^i\{r\delta L, \delta l\cos L, -\delta h\}$$

由式(4-51)有

$$\boldsymbol{v}^n = \{(r_L + h)\dot{L}, (r_l + h)\dot{l}\cos L, -\dot{h}\}$$

最后，$\boldsymbol{N}^n$ 的各项元素由式(2-17)给出，如下：

$$\boldsymbol{\nu}^n = \{\nu_N, \nu_E, \nu_D\} = \{\delta l\cos L, -\delta L, -\delta l\sin L\}$$

注意，如果忽略惯性初始条件，则 $\delta l = \delta\lambda$。将上式中的 $\delta\boldsymbol{r}^i$，$\boldsymbol{v}^n$，$\boldsymbol{\nu}^n$ 代入式(6-47)中，并忽略一些二阶项，则表达式为

$$\begin{bmatrix} \delta v_N \\ \delta v_E \\ \delta v_D \end{bmatrix} = \begin{bmatrix} rp & 0 & L \\ -r\dot{l}\sin L & r\cos Lp & \dot{l}\cos L \\ 0 & 0 & -p \end{bmatrix} \begin{bmatrix} \delta L \\ \delta l \\ \delta h \end{bmatrix} \qquad \alpha = 0 \tag{6-48}$$

其中，这里用到了微分算子 $p = \mathrm{d}/\mathrm{d}t$。在大多数应用中，上式在精度足够高的情况下可以写为三个独立方程：

$$\delta v_N \approx r\delta\dot{L}$$

$$\delta v_E \approx r\delta\dot{l}\cos L$$

$$\delta v_D \approx -\delta\dot{h}$$

注意，在 $\alpha=1$ 时，速度误差表达式不能写成 $\delta L,\delta l,\delta h$ 的显函数。该问题在式(6-42)中的 $\boldsymbol{M}_1$ 矩阵形式中特别提到过。

式(6-46)中的替换表达式可以建立与速度误差和 $\delta L,\delta l,\delta h_i$ 相关的关系式，将式(6-46)代入式(6-47)中，得

$$\delta\boldsymbol{v}^n=(\boldsymbol{\Omega}_{en}^n\boldsymbol{M}_2^{-1}+\dot{\boldsymbol{M}}_2^{-1})(\delta\boldsymbol{r}_i^n-\boldsymbol{k}_2\delta h_a)+\boldsymbol{M}_2^{-1}(\delta\dot{\boldsymbol{r}}_i^n-\dot{\boldsymbol{k}}_2\delta h_a-\boldsymbol{k}_2\delta\dot{h}_a)-\boldsymbol{N}^n\boldsymbol{v}^n \tag{6-49}$$

将上式展开，得

$$\begin{bmatrix}\delta v_N\\ \delta v_E\\ \delta v_D\end{bmatrix}=\begin{bmatrix}rp & 0 & (1-\alpha\sec^2L)\dot{L}-\tan Lp\\ -r\dot{l}\sin L & r\cos Lp & (1+\tan^2L)\dot{l}\cos L\\ 0 & 0 & -p-\alpha\dot{L}\tan L\end{bmatrix}\begin{bmatrix}\delta L\\ \delta l\\ \delta h_i\end{bmatrix}+\alpha\begin{bmatrix}\dot{L}\sec^2L+\tan Lp\\ -\dot{l}\sin^2L\sec L\\ \dot{L}\tan L\end{bmatrix}\delta h_a \tag{6-50}$$

比较式(6-50)和式(6-48)可知，在 $\alpha=0$ 时，上述关系式等价；在 $\alpha=1$ 时，经度通道、纬度通道和惯性高度通道之间存在交叉耦合。

6.3.1.9 姿态误差（水平误差和方位误差）

在空间稳定型系统中，系统的地心位置矢量可以在地心惯性坐标系下计算。在已知信息和时间的情况下可以计算经度和纬度，从而，通过式(3-10)的转换关系式得到地理坐标系到惯性坐标系之间的转换矩阵。由此可知，垂直方向和北向信息已包含在该转移矩阵中。该过程直接把水平误差及方位误差与误差矩阵中的元素联系起来，即由式(3-10)加扰动后得到式(2-17)。这种不完全联系将由下例阐明。

为了修正一些理论，假设平台作为一个稳定参考系来量测物理量(如比力)。航空重力仪的原理作为应用实例进行分析。对于航空重力仪一般的陆地导航系统的机理是这一应用的一个范例，沿当地地理参考系计算的各物理量测值是合理的，并且选择当地地理坐标系作为参考系也是最合适的。沿地理坐标系的量测比力如下：

$$\hat{\boldsymbol{f}}^n=\hat{\boldsymbol{C}}_i^n\hat{\boldsymbol{C}}_p^i\hat{\boldsymbol{C}}_a^p\tilde{\boldsymbol{f}}^a$$

把式(2-16)中的 $\hat{\boldsymbol{C}}_i^n$，式(6-25)中的 $\hat{\boldsymbol{C}}_p^i$，式(3-30)中的 $\hat{\boldsymbol{C}}_a^p$，式(6-21)中的

$\hat{C}_p^{p_0}$ 代入上式,得

$$\hat{f}^n = [I - N^n - C_{p_0}^n D^p C_n^{p_0} - C_i^n Z^i C_n^i] C_p^n \tilde{f}^a \tag{6-51}$$

其中

$$C_{p_0}^i = C_p^i C_{p_0}^p$$

可以看出式(6-51)是关于载体坐标系到地理坐标系之间的转换误差多项式。进一步可看出,其中 N^n 和 D^p 是时变矩阵,矩阵 N^n 依赖于经度和纬度误差,矩阵 D^p 依赖于陀螺不确定误差。由于陀螺不确定性会导致经度和纬度误差,因此 N^n 是 D^p 的函数。括号内的其他元素表示系统常值对准误差。

从上例可以看出,把姿态误差(水平误差和方位误差)沿地理坐标系的投影看作是平台坐标系到地理坐标系之间的正交转换矩阵误差是合理的。将系统非校准误差常量视为惯性姿态误差初始条件,则

$$E^n = N^n + C_p^n D^p C_n^p + C_i^n Z^i C_n^i \tag{6-52}$$

由于 $D^p(0) = 0$,初始条件为

$$E^n(0) = C_i^n Z^i C_n^i + N^n(0) \tag{6-53}$$

其中,姿态误差形式如下:

$$E^n = \begin{bmatrix} 0 & -\varepsilon_D & \varepsilon_E \\ \varepsilon_D & 0 & -\varepsilon_N \\ -\varepsilon_E & \varepsilon_N & 0 \end{bmatrix} \tag{6-54}$$

强调一点,由式(6-52)定义的姿态误差与此结构的传统平台误差角是不一样的。同时也要注意,加速度计的非正交性误差不包含在上述定义中,由于非正交性误差是量测误差,它与转移误差相反。这并不是说加速度计正交性误差不会对姿态误差造成影响,它与所有的误差源一样,都会对姿态误差产生影响,只不过要被单独处理。式(6-52)的向量形式如下:

$$\varepsilon^n - \nu^n = C_p^n d^p + C_i^n \zeta^i \tag{6-55}$$

其中

$$\varepsilon^n = \{\varepsilon_N, \varepsilon_E, \varepsilon_D\}$$

$$\nu^n = \{\delta l \cos L,\ -\delta L,\ -\delta l \sin L\}$$

$$d^p = \left\{\int (u)\omega_x \mathrm{d}t, \int (u)\omega_y \mathrm{d}t, \int (u)\omega_z \mathrm{d}t\right\}$$

$$\zeta^i = \{\zeta_x, \zeta_y, \zeta_z\}$$

6.3.2 误差方程的典型形式

正如前面提到过的,式(6-36)自身求解的结果会在惯性坐标系下产生位置

误差。其中式(6-42)和式(6-46)计算相应的经度、纬度和高度误差,式(6-47)计算速度误差,式(6-52)计算水平和方位误差角。这是参考文献[7]中使用的基本方法。此处采用这些方程组合的方法,从而获得由姿态和位置误差组成的误差状态向量,即

$$\boldsymbol{x}=\{\varepsilon_N,\varepsilon_E,\varepsilon_D,\delta L,\delta l,\delta h\}$$

速度误差可以通过式(6-48)计算的状态向量来提取。上述状态向量的提出是对式(6-36)解算表达式 $\delta\boldsymbol{r}^i=\{\delta r_x,\delta r_y,\delta r_z\}$ 和包含速度误差的一个相对复杂公式的折中处理,因为速度和位置误差仅仅与式(6-48)有关。

请注意,向量 $\boldsymbol{x}$ 不是通常意义上的状态向量,因为解算 $\boldsymbol{x}$ 需要九个初始条件。由于描述 $\delta L,\delta l,\delta h$ 的微分方程是二阶的,因此需要三个附加的初始条件。

通过式(6-40)给出的惯性参考位置误差和导航误差之间的关系,可以计算出系统方程的典型形式。注意,正如前面6.3.1.8节中讨论的,在 $\alpha=1$ 时,误差方程不能写成独立变量 $\delta L,\delta l,\delta h$ 的单值函数。

因此式(6-38)可以通过式(6-40)写成关于 δr^n 的函数:

$$\delta\boldsymbol{n}=\begin{bmatrix} r\delta L \\ r\delta l\cos L \\ -\delta h \end{bmatrix}=\boldsymbol{C}_i^n\delta\boldsymbol{r}^i \quad \alpha=0 \tag{6-40}$$

式(6-36)首先乘以 $\boldsymbol{C}_i^n$,如果对式(6-40)进行两次微分,则有

$$\delta\ddot{\boldsymbol{r}}^i=\boldsymbol{C}_n^i(\delta\ddot{\boldsymbol{n}}+2\boldsymbol{\Omega}_{in}^n\delta\dot{\boldsymbol{n}}+\dot{\boldsymbol{\Omega}}_{in}^n\delta\boldsymbol{n}+\boldsymbol{\Omega}_{in}^n\boldsymbol{\Omega}_{in}^n\delta\boldsymbol{n})$$

因此式(6-36)变为

$$\delta\ddot{\boldsymbol{n}}+2\boldsymbol{\Omega}_{in}^n\delta\dot{\boldsymbol{n}}+\dot{\boldsymbol{\Omega}}_{in}^n\delta\boldsymbol{n}+\boldsymbol{\Omega}_{in}^n\boldsymbol{\Omega}_{in}^n\delta\boldsymbol{n}+\frac{\mu}{r^3}\boldsymbol{C}_i^n\left[(\kappa-2)\boldsymbol{I}+(\kappa-3)\frac{\boldsymbol{R}^i\boldsymbol{R}^i}{r^2}\right]\boldsymbol{C}_n^i\delta\boldsymbol{n}=$$

$$\boldsymbol{C}_p^n(u)\boldsymbol{f}^a-\Delta\boldsymbol{G}^n+\kappa\frac{\mu}{r^4}\boldsymbol{r}^n\delta\boldsymbol{h}_a-[\boldsymbol{C}_i^n\boldsymbol{Z}^i\boldsymbol{C}_n^i-\boldsymbol{C}_p^n\boldsymbol{D}^p\boldsymbol{C}_n^p-\boldsymbol{C}_p^n(\Delta\boldsymbol{C}_a^p)^{\mathrm{T}}\boldsymbol{C}_n^p]\boldsymbol{f}^n \tag{6-56}$$

合理化简式(6-56)的左式,即应用式(2-11)中表示重力效应的等效项:

$$\boldsymbol{R}^i\boldsymbol{R}^i=\boldsymbol{r}^i(\boldsymbol{r}^i)^{\mathrm{T}}-(\boldsymbol{r}^i)^{\mathrm{T}}\boldsymbol{r}^i\boldsymbol{I}$$

此时,有

$$\boldsymbol{C}_i^n\left[(\kappa-2)\boldsymbol{I}+(\kappa-3)\frac{\boldsymbol{R}^i\boldsymbol{R}^i}{r^2}\right]\boldsymbol{C}_n^i=\begin{bmatrix} 1 & 0 & 0 \\ 0 & 1 & - \\ 0 & 0 & \kappa-2 \end{bmatrix} \tag{6-57}$$

为了得到式(6-57),忽略了地球椭圆 e 和误差变量的乘积小量。通过式(6-57)的简化结果可以看出,δn_N 和 δn_E 这两个相同的回路都拥有舒勒反馈回路,此外,只有方位通道依赖于重力权重因数 κ。因为回路间的交叉耦合现

象，水平通道回路也会被权重因数影响。

将式(6-52)和式(6-53)所定义的姿态误差表达式代入到式(6-56)的右边，得到：

$$\boldsymbol{C}_i^n \boldsymbol{Z}^i \boldsymbol{C}_n^i + \boldsymbol{C}_p^n \boldsymbol{D}^p \boldsymbol{C}_n^p = \boldsymbol{E}^n - \boldsymbol{N}^n$$

把所得表达式结果代入方程的左边，如下所示：

$$\delta \ddot{\boldsymbol{n}} + 2\boldsymbol{\Omega}_{in}^n \delta \dot{\boldsymbol{n}} + \left\{ \dot{\boldsymbol{\Omega}}_{in}^n + \boldsymbol{\Omega}_{in}^n \boldsymbol{\Omega}_{in}^n + \frac{\mu}{r^3} \begin{bmatrix} 1 & 0 & 0 \\ 0 & 1 & 0 \\ 0 & 0 & \kappa - 2 \end{bmatrix} \right\} \delta \boldsymbol{n} + (\boldsymbol{E}^n - \boldsymbol{N}^n) \boldsymbol{f}^n$$

$$= \boldsymbol{C}_p^n(u) \boldsymbol{f}^a - \Delta \boldsymbol{G}^n + \kappa \frac{\mu}{r^4} \boldsymbol{r}^n \delta h_a + \boldsymbol{C}_p^n (\Delta \boldsymbol{C}_a^p)^{\mathrm{T}} \boldsymbol{C}_n^p \boldsymbol{f}^n \tag{6-58}$$

在上述方程中，$\delta \boldsymbol{n}$ 由式(6-40)给出，$\boldsymbol{\omega}_{in}^n$ 由式(3-8)给出。将这些表达式代入式(6-58)中，并在必要时进行微分和矩阵代数计算。另外，由式(2-17)给出的 $\boldsymbol{N}^n$ 和由式(4-53)给出的 $\boldsymbol{f}^n$ 解析表达式将在代数运算中使用。式(6-59)的结果如下：

$$\begin{bmatrix} 0 & f_D & -f_E & \begin{matrix} rp^2 + 2hp + \\ r\dot{l}(\dot{l} + 2\omega_{ie})\cos 2L \end{matrix} & r\dot{\lambda}\sin Lp & 2Lp + L + \frac{1}{2}\dot{l}(\dot{l} + 2\omega_{ie})\sin 2L \\ -f_D & 0 & f_N & \begin{matrix} -2r\dot{\lambda}\sin Lp - r\ddot{l}\sin L - \\ 2\dot{h}\dot{\lambda}\sin L - 2r\dot{L}\dot{\lambda}\cos L \end{matrix} & r\cos L\left[p^2 + 2\left(\frac{\dot{h}}{r} - \dot{L}\tan L\right)p\right] & 2r\dot{\lambda}\cos Lp + \ddot{l}\cos L - 2\dot{L}\dot{\lambda}\sin L \\ f_E & -f_N & 0 & 2r\dot{L}p - r\dot{l}(\dot{l} + 2\omega_{ie})\sin 2L & 2r\dot{\lambda}\cos^2 Lp & -[p^2 + (\kappa - 2)\omega_s^2] + \dot{L}^2 + \dot{l}(\dot{l} + 2\omega_{ie})\cos^2 L \end{bmatrix} \begin{bmatrix} \varepsilon_N \\ \varepsilon_E \\ \varepsilon_D \\ \delta L \\ \delta l \\ \delta h \end{bmatrix}$$

$$= \boldsymbol{C}_p^n(u) \boldsymbol{f}^a - \Delta \boldsymbol{G}^n + \kappa \omega_s^2 \frac{\boldsymbol{r}^n}{r} \delta h_a + \boldsymbol{C}_p^n (\Delta \boldsymbol{C}_a^p)^{\mathrm{T}} \boldsymbol{C}_n^p \boldsymbol{f}^n \tag{6-59}$$

为了获得式(6-59)，引入了舒勒频率的定义，即

$$\omega_s = \sqrt{g/r} \approx \sqrt{\mu/r^3}$$

注意，出现在式(6-59)中的误差项是 2.5 节中讨论的一阶误差项，即包含地球椭圆率 e，或者由地球自转产生的向心加速度项，这两项在分别乘以误差变量后成为二阶小量，因此可以被忽略。一般来说，误差方程近似处理中的误差与导航加速度计敏感到的误差约在 $2 \times 10^{-5} g$ 数量级。由于误差方程的系数是关于系统运动的函数，因此 $2 \times 10^{-5} g$ 这一标准只能够在遇到载体超声速运行中应用[7]。如果应用于超高声速滑翔机，必须修改方程使之包含二阶影响项来维持指定精度。另一方面，对于一个再入式飞行器应用，其飞行时间非常短以至于使违反了 $2 \times 10^{-5} g$ 标准的误差结果不明显。因此，在任何一种应用环境中，都需要确定上述方程的适应性及足够精度。

式(6-59)是由六个未知量组成的三个方程，为了求解方程组，另外三个必不可少的方程是用来描述姿态误差的。姿态误差的微分方程由式(6-55)预先乘以 $\boldsymbol{C}_n^p$，得到一个关于时间的微分方程：

$$\dot{\boldsymbol{C}}_n^p(\boldsymbol{\varepsilon}^n-\boldsymbol{\nu}^n)+\boldsymbol{C}_n^p(\boldsymbol{\varepsilon}^n-\boldsymbol{\nu}^n)=\dot{\boldsymbol{d}}^p$$

但是,由于 $\boldsymbol{C}_p^i$ 是近似常量,$\dot{\boldsymbol{C}}_n^p \approx \boldsymbol{C}_i^p\dot{\boldsymbol{C}}_n^i=\boldsymbol{C}_i^p\boldsymbol{C}_n^i\boldsymbol{\Omega}_{in}^n$,上述方程可写为

$$\dot{\boldsymbol{\varepsilon}}^n-\dot{\boldsymbol{\nu}}^n+\boldsymbol{\Omega}_{in}^n(\boldsymbol{\varepsilon}^n-\boldsymbol{\nu}^n)=\boldsymbol{C}_p^n\dot{\boldsymbol{d}}^p$$

根据式(3-8),有

$$\boldsymbol{\omega}_{in}^n=\{\dot{\lambda}\cos L,\ -\dot{L},\ -\lambda\sin L\}$$

又由式(2-17)有

$$\boldsymbol{\nu}^n=\{\delta l\cos L,\ -\delta L,\ -\delta l\sin L\}$$

因此

$$-\dot{\boldsymbol{\nu}}^n-\boldsymbol{\Omega}_{in}^n\boldsymbol{\nu}^n=\begin{bmatrix}\dot{\lambda}\sin L & -\cos Lp\\ p & 0\\ \lambda\sin L & \sin Lp\end{bmatrix}\begin{bmatrix}\delta L\\ \delta l\end{bmatrix}\tag{6-60}$$

姿态误差的微分方程为

$$\dot{\boldsymbol{\varepsilon}}^n+\boldsymbol{\Omega}_{in}^n\boldsymbol{\varepsilon}^n=\begin{bmatrix}\dot{\lambda}\sin L & -\cos Lp\\ p & 0\\ \lambda\sin L & \sin Lp\end{bmatrix}\begin{bmatrix}\delta L\\ \delta l\end{bmatrix}=\boldsymbol{C}_p^n(u)\boldsymbol{\omega}^p\tag{6-61}$$

其中

$$(u)\boldsymbol{\omega}^p=\dot{\boldsymbol{d}}^p=\{(u)\omega_x,(u)\omega_y,(u)\omega_z\}$$

式(6-61)和式(6-59)为空间稳定型惯性导航系统的标准形式误差微分方程,并且方程组的机械编排设计是有效的,如图6.2所示。式(6-61)和式(6-59)可写为下列形式:

$$\boldsymbol{\Lambda x}=\boldsymbol{Q}_i\tag{6-62}$$

其中,状态稳定系统的限制函数如下:

$$\boldsymbol{Q}_i=\begin{bmatrix}\boldsymbol{C}_p^n\begin{bmatrix}(u)\omega_x\\(u)\omega_y\\(u)\omega_z\end{bmatrix}\\ \boldsymbol{C}_p^n\begin{bmatrix}(u)f_x\\(u)f_y\\(u)f_z\end{bmatrix}+\begin{bmatrix}-\xi g\\ \eta g\\ -\Delta g\end{bmatrix}+\begin{bmatrix}0\\0\\-\kappa\omega_s^2\delta h_a\end{bmatrix}+\boldsymbol{C}_p^n(\Delta\boldsymbol{C}_a^p)^{\mathrm{T}}\boldsymbol{C}_n^p\boldsymbol{f}^n\end{bmatrix}\tag{6-63}$$

特征矩阵 $\boldsymbol{\Lambda}$ 如下:

$$
\boldsymbol{\Lambda}=\begin{bmatrix}
p & \dot{\lambda}\sin L & -\dot{L} & \dot{\lambda}\sin L & -\cos L p & 0 \\
-\dot{\lambda}\sin L & p & -\dot{\lambda}\cos L & p & 0 & 0 \\
\dot{L} & \dot{\lambda}\cos L & p & \dot{\lambda}\cos L & \sin L p & 0 \\
0 & f_D & -f_E & r\left[p^2+2\frac{\dot{h}}{r}p+\dot{l}\,(\dot{l}+2\omega_{ie})\cos 2L\right] & r\dot{\lambda}\sin 2L p & 2\dot{L}p+\ddot{L}+\frac{1}{2}\dot{l}\,(\dot{l}+2\omega_{ie})\sin 2L \\
-f_D & 0 & f_N & -r\sin L\left[2\dot{\lambda}p+\ddot{l}+2\frac{\dot{h}}{r}\dot{\lambda}+2\dot{L}\dot{\lambda}\cot L\right] & r\cos L\left[p^2+2\left(\frac{\dot{h}}{r}-\dot{L}\tan L\right)p\right] & 2\dot{\lambda}\cos L p+\ddot{l}\cos L-2\dot{L}\dot{\lambda}\sin L \\
f_E & -f_N & 0 & r[2\dot{L}p-\dot{l}\,(\dot{l}+2\omega_{ie})\sin 2L] & 2r\dot{\lambda}\cos^2 L p & -[p^2+(\kappa-2)\omega_s^2]+\dot{L}^2+\dot{l}\,(\dot{l}+2\omega_{ie})\cos^2 L
\end{bmatrix}
$$ ①

① 原书中本公式按图处理，图号为图 6.3，本书将其作为公式处理，故后面图的图号顺应改正，例如图 6.4 变为图 6.3，其余顺改，译者注。

误差状态向量如下：

$$\boldsymbol{x} = \{\epsilon_N \quad \epsilon_E \quad \epsilon_D \quad \delta L \quad \delta l \quad \delta h\}$$

因为式(6-62)仅在 $\alpha=0$ 时有效，所以上述表达式中的变量 δh 可以由 δh_i 代替。

6.3.3 对陀螺常值漂移的处理[6]①

式(6-62)的解可用在陀螺常值漂移和地球经度速率常值的情况，其导航误差 $\delta\boldsymbol{r}^i$ 在惯性坐标系下的表达式由附录 A 中的式(A-18)给出。对应的经纬度误差由式(6-40)得到：

$$\delta\boldsymbol{n} = \boldsymbol{C}_i^n \delta\boldsymbol{r}^i \tag{6-40}$$

上述运算在参考文献[6]中已经仿真验证，其结果如图 6.3 和图 6.4 所示，图中假设三轴陀螺漂移相等，即

$$\omega_x = \omega_y = \omega_z = \omega = 常值$$

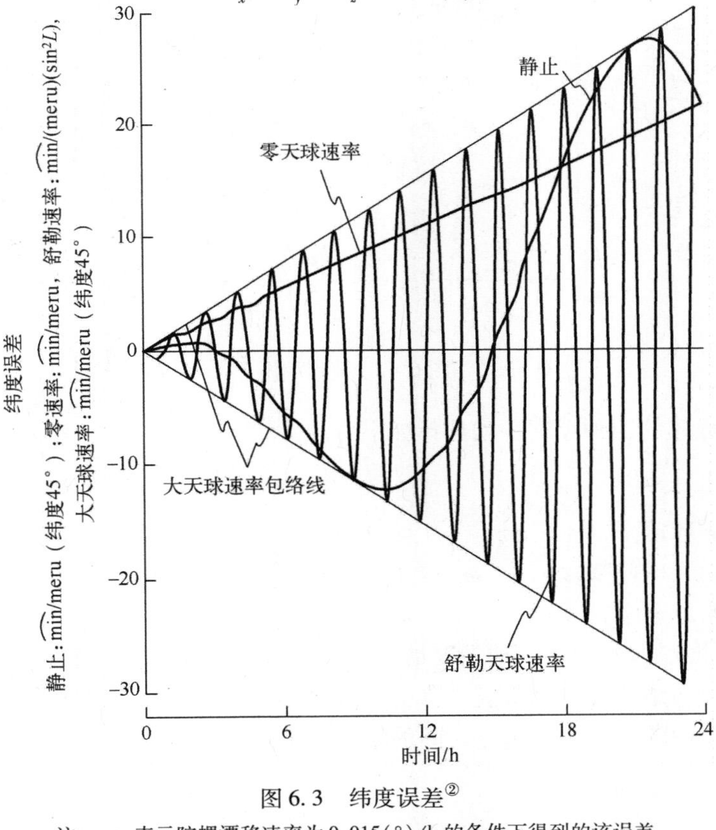

图 6.3 纬度误差②

注：meru 表示陀螺漂移速率为 0.015(°)/h 的条件下得到的该误差。

---

① 原书为 6.3.2 节有误，应为 6.3.3 节，译者注。

② 原书图号为图 6.4，现改为图 6.3，其余图号顺改，译者注。

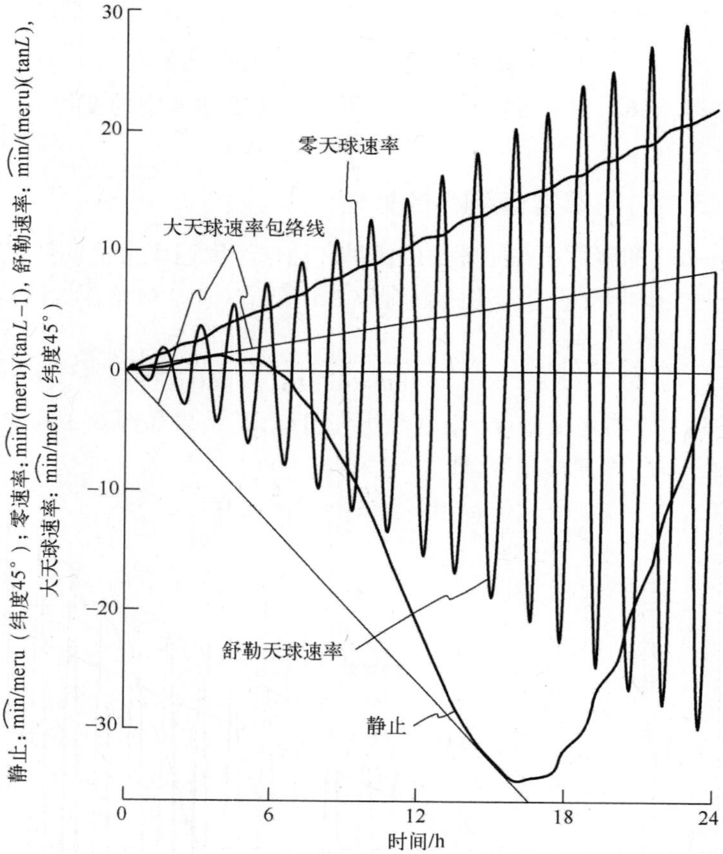

图 6.4　经度误差

假设载体的四种经度运动选择如下：

- 静止，$\dot{l}=0$；
- 零天球速率，$\dot{l}=-\omega_{ie}$；
- 舒勒天球速率，$i=\omega_s-\omega_{ie}$；
- 大天球速率，$i\gg\omega_s$。

需要注意的是，在大天球经度情况下，由于经度率是没有明确给定的，会显示出错误的包络线。陀螺常值漂移会导致经度误差和纬度误差线性增长，并且这些误差将由漂移速率和运行时间的乘积给定一个上界。

第 7 章

当地水平型地面导航系统

当地水平型地面导航系统安装在当地地理坐标系上。在该类型系统的机械编排中，通过对准过程使系统平台指向北－东－地方向。因此，可以认为三个加速度计测量比力沿地理系轴向。在许多应用中，并不需要垂直方向的导航，因此垂直方向的加速度计可以省略。然而，为了与其他机械编排作比较，必须考虑垂直通道。当然所感兴趣的导航参数还是系统的位置和对地参考速度。在此同样认为一个合适的数据处理器对导航计算十分重要。

7.1 系统描述

这个系统的设计始于比力信息沿地理系投影的表达式，即

$$\boldsymbol{f}^n = \boldsymbol{C}_i^n[\ddot{\boldsymbol{r}}^i - \boldsymbol{G}^i]$$

如第 4 章所示，上式可以方便地写为地球参考速度的函数：

$$\boldsymbol{f}^n = \begin{bmatrix} \dot{v}_N + v_E(\dot{l} + 2\omega_{ie})\sin L - \dot{L}_{vD} - \xi g \\ \dot{v}_E - v_N(\dot{l} + 2\omega_{ie})\sin L - v_D(\dot{l} + 2\omega_{ie})\cos L + \eta g \\ \dot{v}_D + v_E(\dot{l} + 2\omega_{ie})\cos L + \dot{L}v_N - g \end{bmatrix} \tag{4-48}$$

其中

$$\boldsymbol{v}^n = \{(r_L + h)\dot{L}, (r_l + h)\dot{l}\cos L, -h\} \tag{4-51}$$

式中：r_L 和 r_l 为子午面曲率半径和主曲率半径，在第 4 章已定义。

如果提供速度交叉耦合和重力补偿，如式(4-48)中所述，$\boldsymbol{f}^n$可以较容易获得，因此

$$
\boldsymbol{f}^n \Rightarrow \begin{bmatrix} \dot{v}_N - \xi g \\ \dot{v}_E + \eta g \\ \dot{v}_D \end{bmatrix} \tag{4-51}
$$

通过上述方程与合适的初始条件就能够得到 $\boldsymbol{v}^n$ 的估计。通过对上述方程(4-51)进行时间积分,可获得系统的经度、纬度和高度。

由式(4-51)和式(3-8)分别提供的 $\boldsymbol{v}^n$ 和 $\boldsymbol{\omega}_{in}^n$ 之间的关系可得到平台的控制指令。具体地说,理想的平台角速度由式(3-8)给出:

$$
\boldsymbol{\omega}_{in}^n = \{\dot{\lambda}\cos L, -\dot{L}, -\dot{\lambda}\sin L\} \tag{3-8}
$$

其中

$$
\dot{\lambda} = \dot{l} + \omega_{ie}
$$

当地水平型惯导系统的功能框图如图 7.1 所示,该系统计算过程中需要高度计算。此外,计算稳定性将在误差分析中研究讨论。

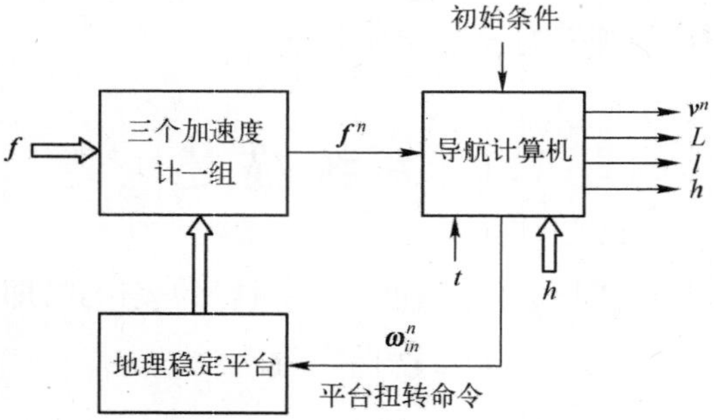

图 7.1 当地水平型惯性导航系统

本书描述的机械系统是惯性导航系统中的一种,这些惯性导航系统有一个共同特征,即在导航过程中要维持其中两个加速度计在参考水平面内,第三个加速度计垂直于参考椭球面。对于本书所述的沿当地地理坐标系安装的惯性导航系统,毫无疑问是所有类型导航系统中是最成功的。因此,当地水平型惯性导航系统也是目前最主要的惯性导航系统。

自由方位型系统相对于当地水平导航系统有一个变化,即其平台在方位上空间稳定,这个使平台稳定的指令是通过消除陀螺仪方位或垂直的扭转获得的。自由方位系统很明显的优势是对垂直陀螺扭转不敏感,但是导航计算因此变得稍微有些复杂(因为需要额外计算一个从平台坐标系到地理坐标系的坐标变换矩阵)。

旋转方位型惯性导航系统[1]是当地水平型系统的另一类演变系统，它的方位陀螺以一个相当高的角速度旋转，一般是3～6(°)/s。旋转方位型系统具有以下优点，即系统对误差源的响应和低通滤波器一样。因此，与水平陀螺仪和加速度计相关的常值偏差或缓慢变化的误差将在方位旋转过程中被调制，进而减小了它们对系统误差的影响。对于仪器的常值不确定性误差，误差灵敏度通过舒勒周期和方位旋转周期之间的比率关系而减少[27]。在旋转方位系统中，通常需要一个精确的平衡角解析器来确定旋转平台和基准框架之间的相对方向。虽然这个解析器的不确定性成为系统中一个附加误差源，但使用解析器可以去除高速旋转时对方位陀螺精确旋转的要求。

7.2 机械编排方程

当地水平型导航系统的机械编排方程如下。

7.2.1 平台控制

利用式(3-8)可以得到地理坐标系相对于惯性坐标系的旋转角速度，该角速度就是施加给平台的平台控制指令。然而，由于以下两个因素使上述情况变得复杂：首先是陀螺补偿和陀螺安装的非正交性。陀螺补偿是利用陀螺误差模型和校准程序确定的误差补偿系数(详见第5章)，其中忽略陀螺补偿中的二阶误差小量。其次，在陀螺漂移误差模型中考虑了陀螺误差模型系数的漂移。当不测量六个误差角时，则需要考虑陀螺输入轴的非正交性，如3.8.4.3节所讨论。

因此，控制平台的角速度由方程(3-8)给出：

$$\hat{\boldsymbol{\omega}}_{in}^{n}=\begin{bmatrix}\dot{\lambda}\cos\hat{L}\\-\dot{\hat{L}}\\-\dot{\lambda}\sin L\end{bmatrix}\tag{7-1}$$

式中：$\hat{\boldsymbol{\omega}}_{in}^{n}$为计算平台角速度。

7.2.2 比力计算

对于当地水平机械编排的惯性导航系统，假定陀螺和加速度计坐标系与理想平台坐标系对齐，进而与当地地理坐标系对齐，并且比力测量值并没有因为加速度计输入轴的非正交性而进行补偿。因为假设平台系与地理坐标系对齐，因此不需要对准矩阵。那么，沿地理坐标系下的比力由式(7-2)给出：

$$\hat{\boldsymbol{f}}^{n}=\hat{\boldsymbol{f}}^{a}=\hat{\boldsymbol{C}}_{p}^{n}\hat{\boldsymbol{C}}_{a}^{p}\tilde{\boldsymbol{f}}^{a}\tag{7-2}$$

其中，$\hat{\boldsymbol{C}}_p^n = \hat{\boldsymbol{C}}_a^p = \boldsymbol{I}$。

相对于地理坐标系的平台坐标系初始对准是通过自对准（如水平和陀螺罗经）和设备辅助对准过程（如光学对准）来实现的。

7.2.3 地球参考速度

通过补偿后的比力数据进行积分，就可以获得地球参考速度的估计值。再通过式（4-48）给出的比力与速度之间的关系，可以得到速度随时间变化结果，如下式：

$$\dot{\hat{\boldsymbol{v}}}^n = \begin{bmatrix} \dot{\hat{v}}_N \\ \dot{\hat{v}}_N \\ \dot{\hat{v}}_N \end{bmatrix} = \begin{bmatrix} \hat{f}_N - \hat{v}_E(\dot{\hat{l}} + 2\omega_{ie})\sin\hat{L} + \dot{\hat{L}}\hat{v}_D \\ \hat{f}_E + \hat{v}_N(\dot{\hat{l}} + 2\omega_{ie})\sin\hat{L} + \hat{v}_D(\dot{\hat{l}} + 2\omega_{ie})\cos\hat{L} \\ \hat{f}_D - \hat{v}_E(\dot{\hat{l}} + 2\omega_{ie})\cos\hat{L} - \dot{\hat{L}}\hat{v}_N + \hat{g} \end{bmatrix} \tag{7-3}$$

因此，速度计算公式为

$$\hat{\boldsymbol{v}}^n = \int \dot{\hat{\boldsymbol{v}}}^n \mathrm{d}t + \hat{\boldsymbol{v}}^n(0)$$

7.2.4 重力计算

由式（7-3）可知，在进行垂直通道计算时要求精确计算地球重力矢量的大小 g。基于参考椭球模型，重力矢量大小的解析式已经在 4.5.1 节中给出。

$$g_e = \frac{u}{r^2}\left[1 - \frac{3}{4}J_2(1 - 3\cos 2L)\right] - r\omega_{ie}^2\cos L\cos L_c \tag{4-43}$$

根据式（4-43）可以看出，式中仍然存在地心矢量 $\boldsymbol{r}$ 计算方法的选取问题。这里将再次引入权重因子 $\boldsymbol{\kappa}$ 的方法，以获得外部高度信息和惯性推导高度信息的融合结果，因此

$$\hat{r}^2 = (\hat{r}_a)^{\kappa}(\hat{r}_i)^{2-\kappa} \tag{7-4}$$

同时，重力矢量的计算值由下式给出：

$$\hat{g}_e = \frac{u}{(\dot{r}_a)^{\kappa}(\hat{r}_i)^{2-\kappa}}\left[1 - \frac{3}{4}J_2(1 - 3\cos 2\hat{L})\right] - \hat{r}_a\omega_{ie}^2\cos\hat{L}\cos\hat{L}_c \tag{7-5}$$

其中，根据第 6 章可知

$$\dot{r}_a = r_0 + \tilde{h} \tag{6-10}$$

且

$$\hat{r}_0 = r_e(1 - e\sin^2\hat{L}_c) \tag{6-11}$$

根据式（4-8）有

$$\hat{r}_i = \hat{r}_0 + \hat{h}_i \tag{7-6}$$

式中：$\hat{h}_i$ 为基于惯性系的高度计算值。

此外，因为式(7-5)中的向心加速度计算是二阶项，因此权重因子并没有引入到向心加速度的计算中。

7.2.5 经度、纬度和高度

经度、纬度和高度可以通过式(4-51)与地球参考速度来建立相应的关系，这在7.1节已经有所提及。因此，有

$$\dot{\hat{L}} = \frac{\hat{u}_N}{(\hat{r}_L + \hat{h})}$$

$$\dot{\hat{l}} = \frac{\hat{v}_E}{(\hat{r}_l + \hat{h})\cos\hat{L}}$$

$$\dot{\hat{h}}_i = -\hat{v}_D$$

在计算纬度和经度时，与曲率半径相关的高度信息需要通过引入第二个权重因子 α 来融合高度计外侧信息和惯性导航解算的高度信息，即

$$\hat{h} = (\tilde{h})^{\alpha}(h_i)^{1-\alpha} \tag{7-7}$$

所以，式(7-7)变为

$$\dot{\hat{L}} = \frac{\hat{v}_N}{[\hat{r}_L + (\tilde{h})^{\alpha}(\hat{h}_i)^{1-\alpha}]} \tag{7-8}$$

$$\dot{\hat{l}} = \frac{\hat{v}_N}{[\hat{r}_l + (\tilde{h})^{\alpha}(\hat{h}_i)^{1-\alpha}]\cos\hat{L}} \tag{7-9}$$

$$\dot{\hat{h}}_i = -\hat{v}_D \tag{7-10}$$

通过对上述方程积分，并赋以适当的初始条件就可获得经度、纬度和高度计算结果：

$$\hat{L} = \int \dot{\hat{L}}\mathrm{d}t + \hat{L}(0) \tag{7-11}$$

$$\hat{l} = \int \dot{\hat{l}}\mathrm{d}t + \hat{l}(0) \tag{7-12}$$

$$\hat{h}_i = \int \dot{\hat{h}}_i\mathrm{d}t + \hat{h}_i(0) \tag{7-13}$$

7.2.6 机械编排框图

机械编排方程框图如图7.2所示。图中取 $\alpha=0$ 的情况，即只用惯性信息来计算系统高度。此外需要注意的是图中所有的反馈通道均未标记出。

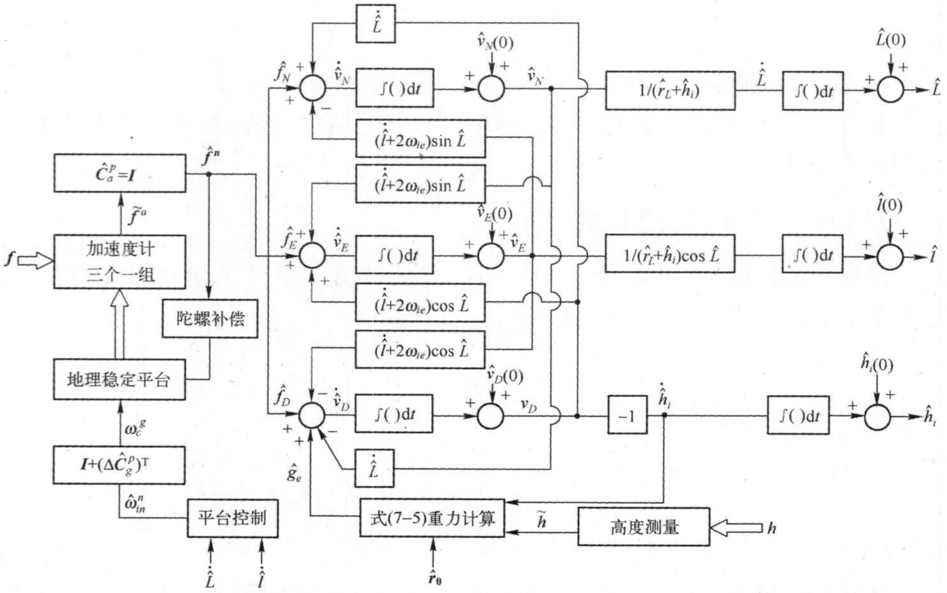

图 7.2　当地水平型惯导系统机械编排框图

7.3　误差分析

当地水平型惯性导航系统的误差分析与第 6 章中的空间稳定型系统的误差分析方法完全相同。但是,该类型系统在误差分析时,由于陀螺必须以某一角速度进行扭转,而这一角速度是与地理坐标系相对惯性坐标系的旋转角速度成比例的,因此必须考虑由于陀螺仪旋转的不确定性而引入的附加误差源。同理,陀螺仪的非正交误差为当地水平型惯性导航系统的第二个附加误差源(详见 3.8.4.2 节)。

因此,在 6.3 节已列出的误差源的基础上,当地水平型惯性导航系统还需要补充两类误差源:

- 陀螺仪扭转误差;
- 陀螺仪对准误差。

7.3.1　误差方程推导

当地水平型惯性导航系统误差方程通过采用 7.2 节中的方程推导过程中应用的扰动法获得。

7.3.1.1　平台旋转误差

相对于惯性系统的平台旋转角速度为指令角速度与陀螺不确定性引起的角速度之和,其中指令角速度由式(7-1)给出,陀螺不确定性角速度由式(6-19)给出。由式(6-19)有

$$(u)\boldsymbol{\omega}^p = \{(u)\omega_x, (u)\omega_y, (u)\omega_z\} \tag{7-14}$$

式中：$(u)\boldsymbol{\omega}^p$ 为由于陀螺不确定性导致的平台惯性角速度。

应用角速度控制平台有三类误差源：①由于导航误差，使得利用式(7-1)计算得到的分量$\hat{\boldsymbol{\omega}}_{in}^n$不准确；②由于陀螺力矩标定结果的不准确性，力矩不能精确地施加到陀螺上；③如3.4.8.2节所述，指令角速度被施加到一系列非正交坐标系中。

综合考虑上述原因，由式(7-1)、式(7-14)和式(3-24)所得的该惯性平台旋转角速度为

$$\boldsymbol{\omega}_{ip}^p = [\boldsymbol{I} + \boldsymbol{T}^p + \Delta\boldsymbol{C}_g^p]\hat{\boldsymbol{\omega}}_{in}^n + (u)\boldsymbol{\omega}^p \tag{7-15}$$

式中：$\boldsymbol{T}^p$为陀螺力矩标定因数不确定性矩阵，且有

$$\boldsymbol{T}^p = \begin{bmatrix} \tau_x & 0 & 0 \\ 0 & \tau_y & 0 \\ 0 & 0 & \tau_z \end{bmatrix}$$

$\tau_k(k = x, y, z)$为轴陀螺的标定因数不确定性；$\Delta\boldsymbol{C}_g^p$ 为描述陀螺非正交性的小误差角矩阵，如3.8.4.2节中所定义。

将表达式$\hat{L} = L + \delta L$ 和$\hat{\lambda} = \lambda + \delta\lambda$ 代入到式(7-1)中，得到$\hat{\omega}_{in}^n$加扰动的形式为

$$\hat{\boldsymbol{\omega}}_{in}^n = \boldsymbol{\omega}_{in}^n + \delta\boldsymbol{\omega}_{in}^n \tag{7-16}$$

其中

$$\delta\boldsymbol{\omega}_{in}^n = \begin{bmatrix} -\dot{\lambda}\sin L & \cos Lp \\ -p & 0 \\ -\dot{\lambda}\cos L & -\sin Lp \end{bmatrix}\begin{bmatrix} \delta L \\ \delta l \end{bmatrix}$$

注意，上式引入了时间微分算子 $p = \mathrm{d}/\mathrm{d}t$，其中$\dot{\lambda} = \dot{l} + \omega_{ie}$，$p\delta l = p\delta\boldsymbol{\lambda}$。

把式(7-16)带入式(7-15)中得到平台误差角速度方程，需要注意的是，平台理想角速度由 ω_{in}^n给出。所以

$$\delta\boldsymbol{\omega}_{ip}^p = (\boldsymbol{T}^p + \Delta\boldsymbol{C}_n^p)\boldsymbol{\omega}_{in}^n + \delta\boldsymbol{\omega}_{in}^n + (u)\boldsymbol{\omega}^p \tag{7-17}$$

式中：$\delta\boldsymbol{\omega}_{ip}^p$为平台误差角速度。

7.3.1.2 比力测量误差

当地水平型惯性导航系统的加速度计误差模型与空间稳定型系统的相同，即

$$\tilde{\boldsymbol{f}}^a = \boldsymbol{f}^a + (u)\boldsymbol{f}^a \tag{6-22}$$

其中

$$(u)\boldsymbol{f}^a = \boldsymbol{b}^a + \boldsymbol{A}^a\boldsymbol{f}^a + \boldsymbol{w}^a \tag{6-23}$$

变量定义和6.3.1.2节相同。

7.3.1.3 加速度计对准误差

如果认为加速度计输出值之间是正交的，那么不需要将输出值从加速度计

坐标系到平台坐标系之间的转换计算过程。因此

$$\hat{\boldsymbol{C}}_a^p = \boldsymbol{I} \tag{7-18}$$

加速度计沿其坐标系测量值与比力在平台坐标系投影的关系由式(3-32)给出:

$$\boldsymbol{f}^a = [\boldsymbol{I} + (\Delta \boldsymbol{C}_a^p)^{\mathrm{T}}]\boldsymbol{f}^p \tag{7-19}$$

7.3.1.4 姿态角误差

姿态角误差的定义和空间稳定型系统的定义形式完全相同,即由平台坐标系和地理坐标系产生的正交转换误差沿地理坐标系投影。对于当地水平型系统,假定平台坐标系与当地地理坐标系对齐。因此姿态误差和7.3.1.1节定义的平台误差相同。

姿态误差的微分方程由两个坐标系之间的方向余弦矩阵随时间的变化率和两个坐标系之间的相对角速度的乘积给出。因此,式(2-4)应用于此,有

$$\dot{\boldsymbol{C}}_p^n = \boldsymbol{C}_p^n \boldsymbol{\Omega}_{np}^p \tag{7-20}$$

其中

$$\boldsymbol{C}_p^n = \boldsymbol{I} + \boldsymbol{E}^n \tag{7-21}$$

姿态误差矩阵 $\boldsymbol{E}^n$ 由式(6-54)给出:

$$\boldsymbol{E}^n = \begin{bmatrix} 0 & -\varepsilon_D & \varepsilon_E \\ \varepsilon_D & 0 & -\varepsilon_N \\ -\varepsilon_E & \varepsilon_N & 0 \end{bmatrix} \tag{6-54}$$

平台坐标系相对于地理坐标系的旋转角速度为

$$\boldsymbol{\omega}_{np}^p = \boldsymbol{\omega}_{ip}^p - \boldsymbol{\omega}_{in}^p$$

其中,$\boldsymbol{\omega}_{ip}^p$ 由式(7-15)给出:

$$\boldsymbol{\omega}_{in}^p = \boldsymbol{C}_n^p \boldsymbol{\omega}_{in}^n = \boldsymbol{\omega}_{in}^n - \boldsymbol{E}^n \boldsymbol{\omega}_{in}^n$$

所以

$$\boldsymbol{\omega}_{np}^p = \delta \boldsymbol{\omega}_{ip}^p + \boldsymbol{E}^n \boldsymbol{\omega}_{in}^n \tag{7-22}$$

其中,$\boldsymbol{\omega}_{ip}^p$ 由式(7-17)给出。

把式(7-22)和式(7-21)代入式(7-20)中,经过一系列代数运算,并忽略二阶小量,得

$$\dot{\boldsymbol{\varepsilon}}^n + \boldsymbol{\Omega}_{in}^n \boldsymbol{\varepsilon}^n = \delta \boldsymbol{\omega}_{ip}^p \tag{7-23}$$

其中,$\boldsymbol{\varepsilon}^n$ 为误差角反对称矩阵的矢量形式,$\delta \boldsymbol{\omega}_{ip}^p$ 的解析表达式由式(7-17)给出。

7.3.1.5 系统定位误差

对于当地水平型惯性导航系统,假定采用陀螺罗经法或光学方法的初始对准已经使平台坐标系与地理坐标系初步对齐。则初始平台失准角可以用常数矩

阵表示：

$$C_{p_0}^n = I + E^n(0) \tag{7-24}$$

式中：p_0 为在 $t=0$ 时刻的平台坐标系；$E^n(0)$ 为上一节阐述姿态误差矩阵的初始值。

7.3.1.6 地球参考速度误差

地球参考速度误差公式可以通过对式(7-3)的速度方程加扰动得到：

$$\dot{\hat{v}}^n = \hat{f}^n - (\hat{\Omega}_{en}^n + 2\hat{\Omega}_{ie}^n)\hat{v}^n + \hat{g}^n \tag{7-25}$$

因此，如果采用以下公式替换：

$$\hat{v}^n = v^n + \delta v^n$$

$$\hat{f}^n = f^n + \delta f^n$$

$$\hat{\Omega}_{en}^n = \Omega_{en}^n + \delta\Omega_{en}^n$$

$$\hat{\Omega}_{ie}^n = \Omega_{ie}^n + \delta\Omega_{ie}^n$$

$$\hat{g}^n = g^n + \delta g^n$$

则式(7-25)变为

$$\delta\dot{v}^n + (\Omega_{en}^n + 2\Omega_{ie}^n)\delta v^n - v^n(\delta\Omega_{en}^n + 2\delta\Omega_{ie}^n) = \delta g^n + \delta f^n \tag{7-26}$$

式中：V^n 为速度矢量的反对称矩阵形式。

$$\Omega_{en}^n + 2\Omega_{ie}^n = \begin{bmatrix} 0 & (\dot{l} + 2\omega_{ie})\sin L & -\dot{L} \\ -(\dot{l} + 2\omega_{ie})\sin L & 0 & -(\dot{l} + 2\omega_{ie})\cos L \\ \dot{L} & (\dot{l} + 2\omega_{ie})\cos L & 0 \end{bmatrix}$$

$$\delta\Omega_{en}^n + 2\delta\Omega_{ie}^n = \begin{bmatrix} -(\dot{l} + 2\omega_{ie})\sin L & \cos Lp \\ -p & 0 \\ -(\dot{l} + 2\omega_{ie})\cos L & -\sin Lp \end{bmatrix} \begin{bmatrix} \delta L \\ \delta l \end{bmatrix}$$

地球参考扰动比力 δf^n 表示为与测量值和导航误差相关的函数，通过对比力计算公式加扰动，得

$$\hat{f}^n = f^n + \delta f^n \tag{7-27}$$

但由式(6-22)$\tilde{f}^a = f^a + (u)f^a$ 和式(7-19)$f^a = [I + (\Delta C_p^a)^{\mathrm{T}}]f^p$，可得

$$\hat{f}^n = f^p + (\Delta C_a^p)^{\mathrm{T}} f^p + (u) f^a \tag{7-28}$$

根据式(7-21)的姿态矩阵 $C_n^p = I - E^n$ 可以将沿平台坐标系的比例信息表示为沿地理坐标系的比力信息。将式(7-21)和式(7-28)代入式(7-27)中，并忽略二次项后得到比力信息扰动为

$$\delta \boldsymbol{f}^{n} = -\boldsymbol{E}^{n}\boldsymbol{f}^{n} + (\Delta \boldsymbol{C}_{a}^{p})^{\mathrm{T}}\boldsymbol{f}^{p} + (u)\boldsymbol{f}^{a} \tag{7-29}$$

7.3.1.7 重力场计算误差

重力场计算是在假设垂线偏差和重力异常不补偿的情况下进行的，所以：

$$\hat{\boldsymbol{g}}^{n} = \{0, 0, \hat{g}_{e}\} \tag{7-30}$$

其中，重力场大小 g_e 与参考椭球相关，由式(7-5)计算所得。$\hat{g}_e$ 的表达式由对式(7-5)加扰动得到，其中，$\hat{r}_a = \hat{r}_0 + \tilde{h}$，$\hat{r}_i = \hat{r}_0 + \hat{h}_i$，$\hat{L}_c = L_c + \delta L_c$，$L = L + \delta L$，$\tilde{h} = h + \delta h_a$，$\hat{h}_i = h + \delta h_i$。如果二阶量相比于其他量可以忽略，则忽略二阶项，有

$$\hat{g}_e = g_e + (\kappa - 2)\frac{\mu}{r^3}\delta h_i - \kappa\frac{\mu}{r^3}\delta h_a$$

重力场计算误差由 $\delta\hat{\boldsymbol{g}}^n = \hat{\boldsymbol{g}}^n - \boldsymbol{g}^n$ 给出，$\boldsymbol{g}^n$ 的解析表达式由式(4-36)给出，因此：

$$\delta \boldsymbol{g}^{n} = \{-\varepsilon g, \eta g, (\kappa - 2)\frac{\mu}{r^3}\delta h_i - \kappa\frac{\mu}{r^3}\delta h_a - \Delta g\} \tag{7-31}$$

7.3.1.8 经度纬度和姿态角误差

经度、纬度、高度误差与速度误差之间的关系由对式(7-7)、式(7-8)、式(7-9)和式(7-10)加扰动并代入数值$\hat{L} = L + \delta L$，$\hat{l} = l + \delta l$，$\hat{h}_i = h + \delta h_i$，$\hat{v}^n = \boldsymbol{v}^n + \delta\boldsymbol{v}^n$，$\tilde{h} = h + \delta h_a$，$\hat{r}_L = r_L + \delta r_L$，$\hat{r}_l = r_l + \delta r_l$，$\hat{h} = h + \delta h$ 得到。

根据式(7-7)得到的表达式关系与空间稳定型系统中所获得的一样，即

$$\delta h = (1 - \alpha)\delta h_i + \alpha\delta h_a \tag{6-45}$$

根据式(7-8)得

$$\delta v_N = rp\delta L + (1 - \alpha)\dot{L}\delta h_i + \alpha\dot{L}\delta h_i \tag{7-32}$$

根据式(7-9)得

$$\delta v_E = r\cos Lp\delta l - r\dot{l}\sin L\delta L + (1 - \alpha)\dot{l}\cos L\delta h_i + \alpha\dot{l}\cos L\delta h_a \tag{7-33}$$

根据式(7-10)得

$$\delta v_D = -p\delta h_i \tag{7-34}$$

为了得到上述公式，同样忽略二阶项，例如 δr_L 和 δr_l。同时，上述表达式中还要注意：

$$(r_L + h) \approx (r_l + h) \approx r$$

因此，上述的三个方程可写成如下矩阵形式：

$$\begin{bmatrix} \delta v_N \\ \delta v_E \\ \delta v_D \end{bmatrix} = \begin{bmatrix} rp & 0 & (1-\alpha)\dot{L} \\ -r\dot{l}\sin L & r\cos Lp & (1-\alpha)\dot{l}\cos L \\ 0 & 0 & -p \end{bmatrix} \begin{bmatrix} \delta L \\ \delta l \\ \delta h_i \end{bmatrix} + \begin{bmatrix} \alpha\dot{L} \\ \alpha\dot{l}\cos L \\ 0 \end{bmatrix}\delta h_a \tag{7-35}$$

注意，垂直通道可以通过式(6-45)进行修改，从而消去式(7-35)中的 h_i。修改后，式(7-35)变为

$$\begin{bmatrix}\delta v_N\\ \delta v_E\\ \delta v_D\end{bmatrix}=\begin{bmatrix}rp & 0 & \dot{L}\\ -r\,\dot{l}\sin L & r\cos Lp & \dot{l}\cos L\\ 0 & 0 & -\dfrac{1}{1-\alpha}p\end{bmatrix}\begin{bmatrix}\delta L\\ \delta l\\ \delta h_i\end{bmatrix}+\begin{bmatrix}0\\ 0\\ \dfrac{\alpha}{1-\alpha}p\end{bmatrix}\delta h_a \tag{7-36}$$

注意，当 δh 接近 δh_a 时，则 α 接近为于 1，此时，式(7-36)中引入了一个奇点。因此，将使用式(7-35)，因为它对所有的 α 值都有效。

将式(7-35)与与其对应在空间稳定型系统中的式(6-50)对比，可以看出只有当 $\alpha=0$ 时两个公式相同。

7.3.2 误差方程的典型形式

将 7.3.1 节的误差方程合成为一个(包含了姿态和位置误差)误差状态向量形式：

$$\boldsymbol{x}=\{\varepsilon_N,\varepsilon_E,\varepsilon_D,\delta L,\delta l,\delta h_i\}$$

状态向量中的速度误差从式(7-35)中提取，如果需要，高度误差可以利用式(6-45)惯性解算高度 h_i 和高度表计算高度 h_a 加权组合得到。

标准误差方程由两个步骤推导得到。首先，式(7-23)得到姿态误差方程，获取五个状态变量表达式中的三个方程：ε^n，δL 和 δl。然后由式(7-26)得到速度误差方程，作为六个状态变量的第二组的三个方程：ε^n，δL，δl 和 δh_i。

可以根据式(7-17)等式右侧的 $\delta\omega_{ip}^p$ 表达形式，以及式(7-16)中的 $\delta\omega_{in}^n$ 形式将式(7-23)形式变换，代入结果为

$$\begin{bmatrix}p & \dot{\lambda}\sin L & -\dot{L} & \dot{\lambda}\sin L & -\cos Lp\\ -\dot{\lambda}\sin L & p & -\dot{\lambda}\cos L & p & 0\\ \dot{L} & \dot{\lambda}\cos L & p & \dot{\lambda}\cos L & \sin Lp\end{bmatrix}\begin{bmatrix}\varepsilon_N\\ \varepsilon_E\\ \varepsilon_D\\ \delta L\\ \delta l\end{bmatrix}=(\boldsymbol{T}^p+\Delta\boldsymbol{C}_g^p)\omega_{in}^n+(u)\boldsymbol{\omega}^p \tag{7-37}$$

通过速度误差方程(7-26)、式(7-31)给出的 δg_n 以及式(7-29)给出的 δf_n 可以得到其他三个必要方程。利用式(7-35)代替 δv^n，得到式(4-51)的化简形式，统一的一阶误差解析式为

$$\boldsymbol{v}^n=\{r\dot{L},r\dot{l}\cos L,-\dot{h}\}$$

该式用于式(7-38)后面的复杂代数运算中，得到的结果为

$$
\begin{bmatrix}
0 & f_D & -f_E & r\left[p^2+2\dfrac{\dot h}{r}p+\dot l(\dot l+2\omega_{ie})\cos 2L\right] & r\dot\lambda\sin 2Lp & \dot Lp+(1-\alpha)\left[\dot Lp+\ddot L+\dfrac{1}{2}\dot l(\dot l+2\omega_{ie})\sin 2L\right] \\
-f_D & 0 & f_N & -r\sin L\left[2\dot\lambda p+\ddot l+2\dfrac{\dot h}{r}\dot\lambda+2\dot L\dot\lambda\cot L\right] & r\cos L\left[p^2+2\left(\dfrac{\dot h}{r}-\dot L\tan L\right)p\right] & (\dot l+2\omega_{ie})\cos Lp+(1-\alpha)\times(\dot l\cos Lp+\ddot l\cos L-2\dot\lambda\dot L\sin L) \\
f_E & -f_N & 0 & r[2\dot Lp-\dot l(\dot l+2\omega_{ie})\sin 2L] & 2r\dot\lambda\cos^2 Lp & -[p^2+(\kappa-2)\omega_s^2]+(1-\alpha)[\dot L^2+\dot l(\dot l+2\omega_{ie})\cos^2 L]
\end{bmatrix}
\begin{bmatrix}
\varepsilon_N \\ \varepsilon_E \\ \varepsilon_D \\ \delta L \\ \delta l \\ \delta h_i
\end{bmatrix}
$$

$$
=(u)\boldsymbol{f}^a-\Delta\boldsymbol{G}^n-\begin{bmatrix}
\alpha[\dot Lp+\ddot L+\dfrac{1}{2}\dot l(\dot l+2\omega_{ie})\sin 2L \\
\alpha\cos L(\dot lp+\ddot l-2\dot\lambda\dot L\tan L) \\
\alpha[\dot L^2+\dot l(\dot l+2\omega_{ie})\cos^2 L+\kappa\omega_s^2]
\end{bmatrix}\delta h_a+(\Delta\boldsymbol{C}_a^p)^{\mathrm T}\boldsymbol{f}^n \tag{7-38}
$$

式(7-37)和式(7-38)包含了当地水平导航系统的所有误差方程。当 $\alpha=0$ 时,所有惯性信息都用来计算纬度和经度的变化率,此时,上述两方程可以改写为如下规范形式:

$$\boldsymbol{\Lambda x}=\boldsymbol{Q}_n \tag{7-39}$$

其中,$\boldsymbol{\Lambda}$ 由式(6-3)给出,状态向量 $\boldsymbol{x}$ 由下式给出:

$$\boldsymbol{x}=\{\varepsilon_N,\varepsilon_E,\varepsilon_D,\delta L,\delta l,\delta h_i\}$$

当地水平导航系统的控制函数由以下方程给出:

$$\boldsymbol{Q}_n=\begin{bmatrix}\begin{bmatrix}(u)\omega_x\\(u)\omega_y\\(u)\omega_z\end{bmatrix}+\begin{bmatrix}\tau_x&0&0\\0&\tau_y&0\\0&0&\tau_z\end{bmatrix}\omega_{in}^n+\Delta\boldsymbol{C}_g^p\omega_{in}^n\\ \begin{bmatrix}(u)f_x\\(u)f_y\\(u)f_z\end{bmatrix}+\begin{bmatrix}-\xi g\\\eta g\\-\Delta g\end{bmatrix}+\begin{bmatrix}0\\0\\-\kappa\omega_s^2\delta h_a\end{bmatrix}+(\Delta\boldsymbol{C}_a^p)^{\mathrm{T}}\boldsymbol{f}^n\end{bmatrix} \tag{7-40}$$

同样强调的是,式(7-39)只可用于 $\alpha=0$ 的情况,此时,系统中包括一个垂直的加速度计。第6章中所有和 $\boldsymbol{\Lambda}$ 有关的结论也适用于此类型系统。

注意,因为仪器输出与误差表达式中所描述的地理坐标系一致,因此控制函数 $\boldsymbol{Q}_n$ 中的主要误差源并不像空间稳定型系统一样是由频率调制引起的。这就描述了系统之间误差传播特性的主要差异,进一步的比较将在第8章讲述。

7.4 基于两加速度计的当地水平系统

没有垂直加速度计的当地水平型地面导航系统具有很大的应用价值。迄今为止,这类系统在惯性导航系统中占大多数,并且被广泛用于二维地面导航。该系统由一个三轴惯性平台,一个东向加速度计和一个北向加速度计,以及一个导航解算计算机组成。

北向和东向加速度计分别与东向和北向陀螺仪信号相关。由于搭载导航系统的载体将在地球上自由运动,因此为了保持平台坐标系与地理坐标系对齐,必须给陀螺仪施加与载体运动的经度变化率和纬度变化率成比例的力矩。所以,要求的力矩信号由加速度计直测信号得到。由于载体坐标系相对于惯性空间旋转,在加速度计的输出中含有速度交叉耦合项,因此加速度计的输出信号必须被补偿,这样得到的陀螺仪控制信号才会是关于北向速度和东向速度的函数。需要注意的是,由于忽略了垂直项,因此不要求精确计算重力场信息,并且北向和东向加速度计理论上与重力场向量是垂直的。

由于垂直方向的加速度计信息不可用,因此利用高度表估计出的高度 $\tilde{h}$ 计算经度和纬度变化率(对应于前文所述 $\alpha=1$ 的情况)。此外,利用高度计输出的时间变化率可以计算垂向速度,即 $\hat{v}_D=-\dot{\tilde{h}}$。

7.4.1 机械编排方程

方程(7-1)给出了控制指令角速度。式(7-2)描述了由加速度计坐标系到平台坐标系的转换关系,且垂直分量f_D等于零。北向和东向速度随时间的变化率由式(7-3)给出,同时垂直速度由高度表的输出值随时间变化率给出:

$$\hat{v}_D = -\dot{\tilde{h}} \tag{7-41}$$

当然,重力大小不需要精确计算,纬度速率和经度速率分别由式(7-8)和式(7-9)给出,其中$\alpha=1$。两加速度计当地水平惯性导航系统机械编排框图如图7.3所示。

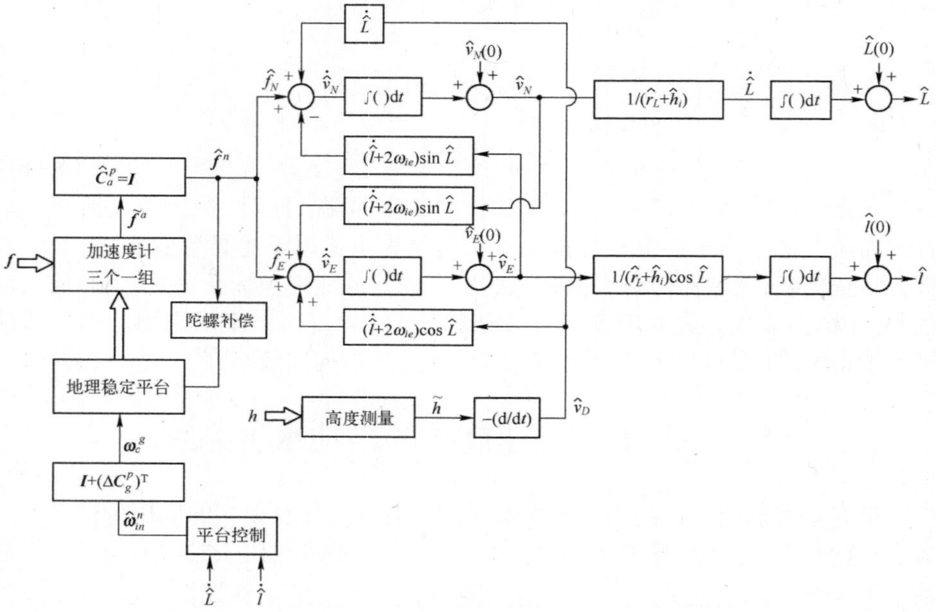

图7.3 两加速度计当地水平惯性导航系统机械编排框图

7.4.2 误差方程

当地水平导航系统的两加速度计误差分析与前面讨论过的三个加速度计系统完全相同。由式(7-37)给出的姿态误差方程应用到两加速度计惯性导航系统时,不需做任何改变。

速度误差与纬度、经度和高度误差之间的关系由式(7-35)给出,并令$\alpha=1$和$\delta h_i=\delta h_a$,得

$$\begin{bmatrix}\delta v_N\\ \delta v_E\\ \delta v_D\end{bmatrix}=\begin{bmatrix}rp & 0\\ -r\,\dot{l}\sin L & r\cos Lp\end{bmatrix}\begin{bmatrix}\delta L\\ \delta l\end{bmatrix}+\begin{bmatrix}\dot{L}\\ \dot{l}\cos L\\ -p\end{bmatrix}\delta h_a \tag{7-42}$$

在利用比力信息得到系统误差方程的过程中，速度误差方程可以通过一些修改（即忽略垂直方向加速度计的信息）获得。忽略式(7-26)中的垂直方向方程式，可写出两水平通道的速度误差方程。利用式(7-42)代替 $\delta\boldsymbol{v}^n$，并且被化简后的 $\boldsymbol{v}^n$ 解析表达式由式(4-51)给出。因此，式(7-26)变为

$$\begin{bmatrix} 0 & f_D & -f_E & r\left[p^2+2\dfrac{\dot{h}}{r}p+\dot{l}(\dot{l}+2\omega_{ie})\cos 2L\right] & r\dot{\lambda}\sin 2Lp \\ -f_D & 0 & f_N & -r\sin L\left[2\dot{\lambda}p+\ddot{l}+2\dfrac{\dot{h}}{r}\dot{\lambda}+2\dot{L}\dot{\lambda}\cot L\right] & r\cos L\left[p^2+2\left(\dfrac{\dot{h}}{r}-\dot{L}\tan L\right)p\right] \end{bmatrix}\times$$

$$\begin{bmatrix} \varepsilon_N \\ \varepsilon_E \\ \varepsilon_D \\ \delta L \\ \delta l \end{bmatrix} = (u)\boldsymbol{f}^a-\Delta\boldsymbol{G}^n+(\Delta\boldsymbol{C}_a^p)^{\mathrm{T}}\boldsymbol{f}^n-\begin{bmatrix} 2\dot{L}p+\ddot{L}+\dfrac{1}{2}\dot{l}(\dot{l}+2\omega_{ie})\sin 2L \\ \cos L(2\dot{\lambda}p+\ddot{l}-2\dot{\lambda}\dot{L}\tan L) \end{bmatrix}\delta h_a \tag{7-43}$$

式(7-37)和式(7-43)可改写为如下形式：

$$\boldsymbol{\Lambda}_1\boldsymbol{x}_1=\boldsymbol{Q}_{n1} \tag{7-44}$$

其中

$$\boldsymbol{x}_1=\{\varepsilon_N,\varepsilon_E,\varepsilon_D,\delta L,\delta l\}$$

$$\boldsymbol{Q}_{n1}\begin{bmatrix} \begin{bmatrix} (u)\omega_x \\ (u)\omega_y \\ (u)\omega_z \end{bmatrix}+\begin{bmatrix} \tau_x & 0 & 0 \\ 0 & \tau_y & 0 \\ 0 & 0 & \tau_z \end{bmatrix}\boldsymbol{\omega}_{in}^n+\Delta\boldsymbol{C}_g^p\boldsymbol{\omega}_{in}^n \\ \begin{bmatrix} (u)f_x \\ (u)f_y \end{bmatrix}+\begin{bmatrix} -\xi g \\ \eta g \end{bmatrix}+\begin{bmatrix} 0 & -\theta_{yz} \\ \theta_{xz} & 0 \end{bmatrix}\begin{bmatrix} f_N \\ f_E \end{bmatrix}-\begin{bmatrix} 2\dot{L}p+\ddot{L}+\dfrac{1}{2}\dot{l}(\dot{l}+2\omega_{ie})\sin 2L \\ \cos L(2\dot{\lambda}p+\ddot{l}-2\dot{\lambda}\dot{L}\tan L) \end{bmatrix}\delta h_a \end{bmatrix}$$

$\boldsymbol{\Lambda}_1$ 由图 7.4 给出：

$$\boldsymbol{\Lambda}_1=\begin{bmatrix} p & \dot{\lambda}\sin L & -\dot{L} & \dot{\lambda}\sin L & -\cos Lp \\ \dot{\lambda}\sin L & p & -\dot{\lambda}\cos L & p & 0 \\ \dot{L} & \dot{\lambda}\cos L & p & \dot{\lambda}\cos L & \sin Lp \\ 0 & f_D & -f_E & r\left[p^2+2\dfrac{\dot{h}}{r}p+\dot{l}(\dot{l}+2\omega_{ie})\cos 2L\right] & r\dot{\lambda}\sin 2Lp \\ -f_D & 0 & f_N & -r\sin L\left[2\dot{\lambda}p+\ddot{l}+2\dfrac{\dot{h}}{r}\dot{\lambda}+2\dot{L}\dot{\lambda}\cot L\right] & r\cos L\left[p^2+2\left(\dfrac{\dot{h}}{r}-\dot{L}\tan L\right)p\right] \end{bmatrix}$$

图 7.4　除去天向通道的当地水平系统的特征矩阵

将两加速度计系统误差方程和三加速度计系统误差方程是相比较，即将

式(7-44)和式(7-39)相比较,可知式(7-44)是通过删除式(7-39)矩阵的最后一行并将 δh_i 用 δh_a 替换得到的。

这种机械编排方式在文献[8,52]中进行讨论,并且各种误差源对这种机械编排方式都有很大影响。对于静基座情况,有 $\dot{\lambda}=\omega_{ie}$,$\dot{l}=\dot{L}=\dot{h}=0$,并且 $\boldsymbol{f}^n=\{0,0,-g\}$,特征行列式如下:

$$|\boldsymbol{\Lambda}_1|=r^2\cos Lp(p^2+\omega_{ie}^2)[p^4+2(\omega_s^2+2\omega_{ie}^2\sin^2L)p^2+\omega_s^4] \tag{7-45}$$

可见,该系统中存在地球旋转角速率 ω_{ie}。其中,四次项可以近似分解为二次项的表达式:

$$[p^4+\cdots+\omega_s^4]\approx\left[p^2+\omega_s^2\left(1+2\frac{\omega_{ie}}{\omega_s}\sin L\right)\right]\left[p^2+\omega_s^2\left(1-2\frac{\omega_{ie}}{\omega_s}\sin L\right)\right]$$

因此,可由四次项分解出两对共轭虚根,对应频率为 $\omega_s\pm\omega_{ie}\sin L$。这会引起差拍现象,体现为 84 min 的舒勒周期被傅科周期所调制,傅科周期为

$$(2\pi/\omega_{ie}\sin L)\approx 34\text{h} \qquad 在\ L=45°处$$

7.4.3 误差方程的解

求解式(7-44)的微分方程,可以得到当地水平惯性导航系统(配有两个加速度计)的误差响应,该响应是针对系统的一阶近似得到的。由于微分方程的系数是时变的,除非当地球经度变化率是常值,$\dot{l}$ = 常值;纬度是常值,L = 常值;高度变化率是常值,$\dot{h}$ = 常值。因此,式(7-44)的一个解析解是相当冗长的。

如果考虑静基座状态下,可以简化为

$$\ddot{L}=\dot{L}=\ddot{l}=\dot{l}=\ddot{h}=\dot{h}=0 \qquad \dot{\lambda}=\omega_{ie}$$

给出

$$\begin{bmatrix} p & \omega_{ie}\sin L & 0 & \omega_{ie}\sin L & -\cos Lp \\ -\omega_{ie}\sin L & p & -\omega_{ie}\cos L & p & 0 \\ 0 & \omega_{ie}\cos L & p & \omega_{ie}\cos L & \sin Lp \\ 0 & -g & 0 & rp^2 & r\omega_{ie}\sin 2Lp \\ g & 0 & 0 & -2r\omega_{ie}\sin Lp & r\cos Lp^2 \end{bmatrix}\begin{bmatrix}\varepsilon_N\\ \varepsilon_E\\ \varepsilon_D\\ \delta L\\ \delta l\end{bmatrix}$$

$$=\begin{bmatrix}(u)\omega_N+\tau_N\omega_{ie}\cos L-\phi_{DE}\omega_{ie}\sin L\\ (u)\omega_E+\phi_{ND}\omega_{ie}\cos L+\phi_{DN}\omega_{ie}\sin L\\ (u)\omega_D-\tau_D\omega_{ie}\sin L-\phi_{NE}\omega_{ie}\cos L\\ (u)f_N-\xi g\\ (u)f_E+\eta g-2\omega_{ie}\cos Lp\delta h_a\end{bmatrix} \tag{7-46}$$

需要注意的是,这里假设惯性组件相对于地理坐标系已经初始对准,因此,角标 x,y,z 分别用 N,E,D 代替。在初始误差 $\delta L(0)$,$\delta\dot{L}(0)$,$\delta l(0)$,$\delta\dot{l}(0)$ 和初

始对准误差 $\varepsilon_N(0)$，$\varepsilon_E(0)$，$\varepsilon_D(0)$ 已知的条件下，将其带入式(7-46)，并对其进行拉普拉斯变换，得到：

$$
\begin{bmatrix}
s & \omega_{ie}\sin L & 0 & \omega_{ie}\sin L & -s\cos L \\
-\omega_{ie}\sin L & s & -\omega_{ie}\cos L & s & 0 \\
0 & \omega_{ie}\cos L & s & \omega_{ie}\cos L & s\sin L \\
0 & -g & 0 & rs^2 & r\omega_{ie}\sin 2Ls \\
g & 0 & 0 & -2r\omega_{ie}\sin Ls & rs^2\cos L
\end{bmatrix}
\begin{bmatrix}
\bar{\varepsilon}_N \\ \bar{\varepsilon}_E \\ \bar{\varepsilon}_D \\ \delta\bar{L} \\ \delta\bar{l}
\end{bmatrix}
=
\begin{bmatrix}
(u)\bar{\omega}_N + \dfrac{\tau_N\omega_{ie}\cos L}{s} + \varepsilon_N(0) - \cos L\delta l(0) \\
(u)\bar{\omega}_E + \varepsilon_E(0) + \delta L(0) \\
(u)\bar{\omega}_D - \dfrac{\tau_D\omega_{ie}\sin L}{s} + \varepsilon_D(0) - \sin L\delta l(0) \\
(u)\bar{f}_N - \bar{\xi}g + r[s\delta L(0) + \delta\dot{L}(0)] + r\omega_{ie}\sin 2L\delta l(0) \\
(u)\bar{f}_E + \bar{\eta}g + r\cos L[s\delta l(0) + \delta\dot{l}(0)] - 2r\omega_{ie}\sin L\delta L(0)
\end{bmatrix}
\tag{7-47}
$$

其中，s 为拉普拉斯算子，τ_N，τ_E，τ_D 为常值，并且上划线表示为拉普拉斯变换对应变量。

需要注意的是，从式(7-46)变换到式(7-47)的过程中，忽略了由于陀螺的非正交性和高度比率误差引起的力学方程。与上式相关的信号流程图如图 7.5 所示，式(7-47)的特征行列式由式(7-45)给出。

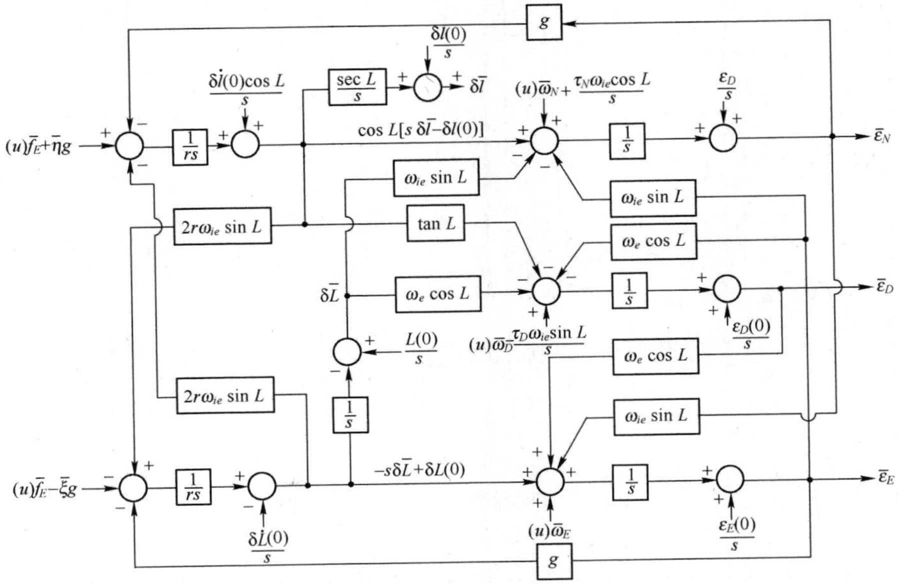

图 7.5　静止状态下当地垂直系统流程图

利用状态转换矩阵方法来替换该解算方案的方法在附录 B 中作了说明。

7.4.3.1 常值陀螺漂移引起的导航和水平误差

考虑静基座且误差源仅有常值陀螺漂移的情况，可以从式(7-47)得到：

$$\begin{bmatrix} s & \omega_{ie}\sin L & 0 & \omega_{ie}\sin L & -s\cos L \\ -\omega_{ie}\sin L & s & -\omega_{ie}\cos L & s & 0 \\ 0 & \omega_{ie}\cos L & s & \omega_{ie}\cos L & s\sin L \\ 0 & -g & 0 & rs^2 & r\omega_{ie}\sin 2Ls \\ g & 0 & 0 & -2r\omega_{ie}\sin Ls & s^2 r\cos L \end{bmatrix} \begin{bmatrix} \bar{\varepsilon}_N \\ \bar{\varepsilon}_E \\ \bar{\varepsilon}_D \\ \delta\bar{L} \\ \delta\bar{l} \end{bmatrix} = \begin{bmatrix} (u)\omega_N/s \\ (u)\omega_E/s \\ (u)\omega_D/s \\ 0 \\ 0 \end{bmatrix} \tag{7-48}$$

式中：$(u)\omega_N$，$(u)\omega_E$ 和 $(u)\omega_D$ 分别为与北向、东向和天向常值陀螺漂移比率。

由于傅科调制的存在，式(7-48)可以通过模拟或数字计算机求解。在纬度为45°处的解算结果如图 7.6、图 7.7 和图 7.8 所示。从图 7.8 可以看出，水平误差非常小(约为 0.01 $\widehat{\text{min}}$/meru)①以致淹没在模拟计算机的噪声之中。需要

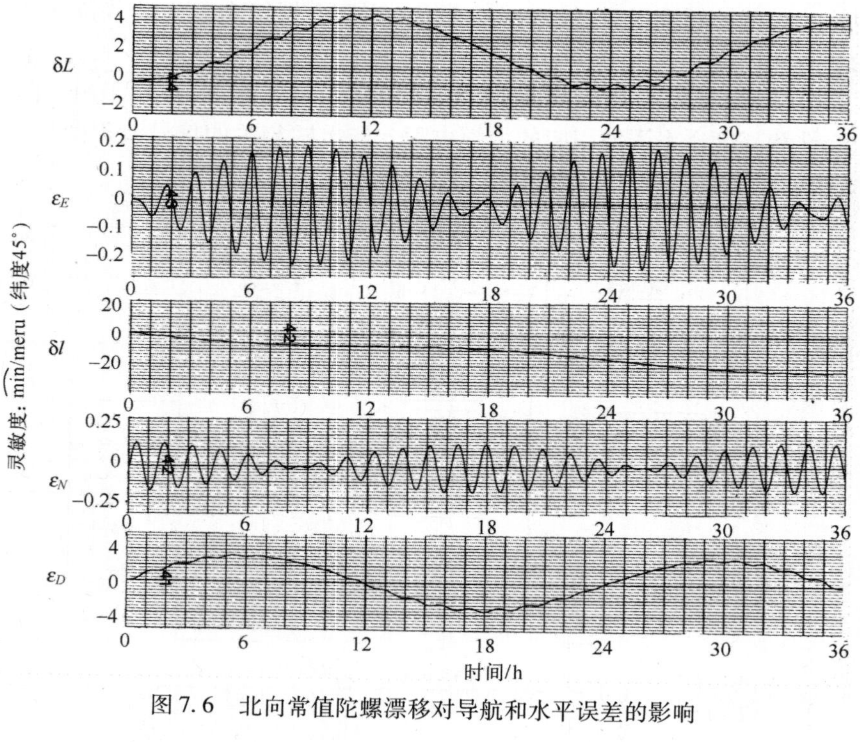

图 7.6 北向常值陀螺漂移对导航和水平误差的影响

① 1meru = 0.015(°)/h。

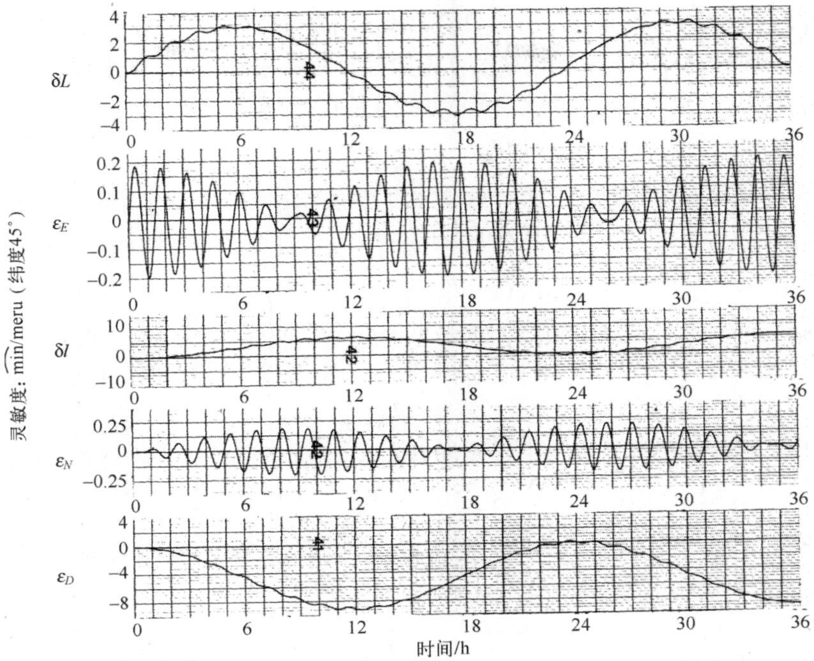

图 7.7　东向常值陀螺漂移对导航和水平误差的影响

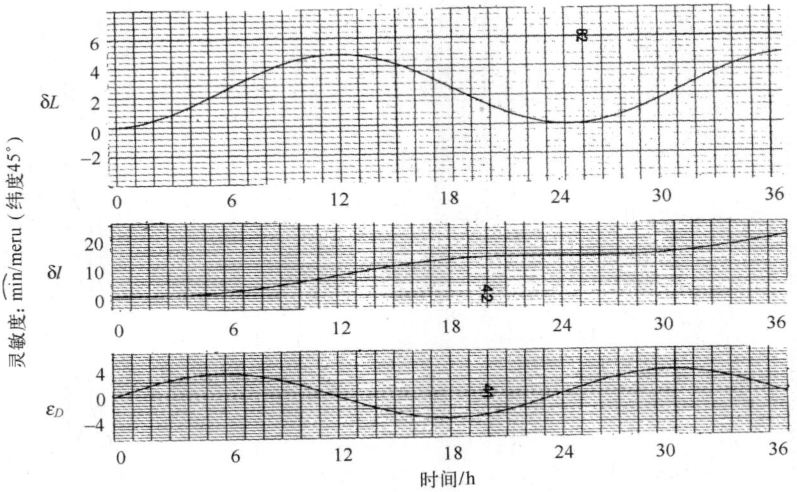

图 7.8　天向常值陀螺漂移对导航和水平误差的影响

注意的是,傅科频率将舒勒频率调制为频率为 $\omega_{ie}\sin L$(在 $L=45°$处周期为 34 h)的振荡形式,该频率是地球转速在垂直方向的投影。这种调制是由于在式(7-3)中对加速度补偿项不充分引起的。从三张图中可以看出,与地球转速有关的傅科调制仅对纬度、经度和方位误差的幅值有二阶作用。另外一方面,对于水平误差 ε_N 和 ε_E,傅科调制对其有一阶影响。这些结果可以为系统设计提出几点建议，为了设计的便利，尽管在频率和幅值上有微小不同，但仍可忽略傅科调制，从而得到容易解算的方程。正如计算机所解得的解，文中提及近似的方法在纬度、经度和方位误差上影响较小，但是在水平误差上影响很大。恰巧，水平误差在导航信息中占次要地位。

图 7.9、图 7.10、图 7.11 所示为载体以常值的东向经度变化率$\dot{l}=3\omega_{ie}$运动时，常值陀螺漂移对导航和水平误差的影响曲线。在纬度为 45°处，该经度比率相当于载体以 1900 节的速度向东航行。由于上述结果是通过将式(7-46)中的 ω_{ie} 用$\dot{\lambda}$代替获得，因此这种情况下得到的解是近似的。仔细观察图 7.4 和由式(4-53)给出状态方程的解析方程可以看出，载体的运动，将哥氏和离心加速度效应引入到系统之中。又由于这几项影响是以乘积的形式引入到系统中，并且假设与之相关的误差很小，因此如果导航和水平误差没有超过 10 rad/min，则被忽略的影响将小于 $10^{-4}g$。与静基座下的曲线(图 7.6、图 7.7 和图 7.8)相比可以看出，最低调制频率从静基座下的$\dot{\lambda}=\omega_{ie}$增加到动基座下的$\dot{\lambda}=4\omega_{ie}$，这种现象可以根据动基座下的特征行列式进行解释，也就是用$\dot{\lambda}$代替式(7-45)中的 ω_{ie}：

$$\Delta = pr^2\cos L(p^2+\dot{\lambda}^2)\left[p^4+2\omega_s^2\left(1+2\frac{\dot{\lambda}^2}{\omega_s^2}\sin^2 L\right)p^2+\omega_s^4\right] \tag{7-49}$$

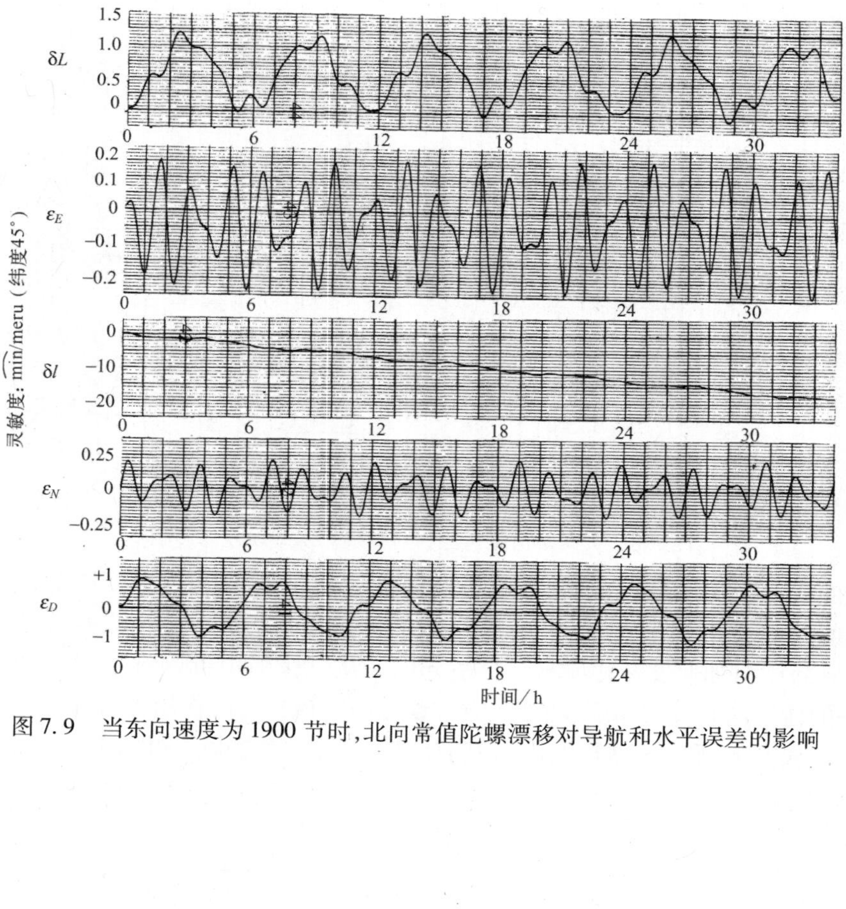

图 7.9　当东向速度为 1900 节时，北向常值陀螺漂移对导航和水平误差的影响

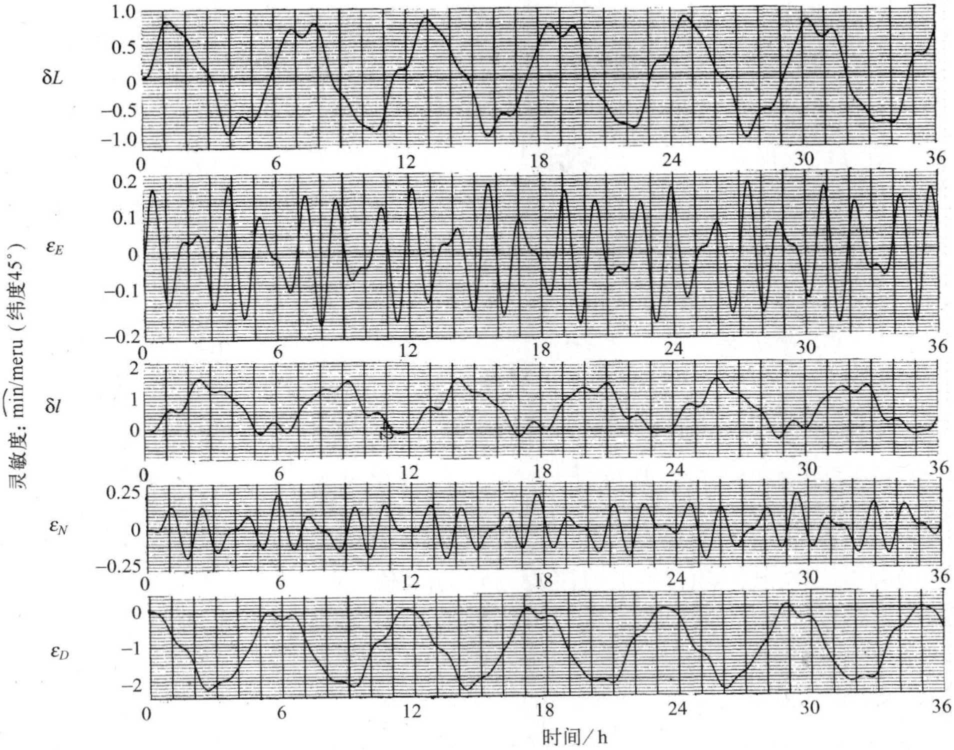

图 7.10 当东向速度为 1900 节时，东向陀螺常值漂移对导航和水平误差的影响

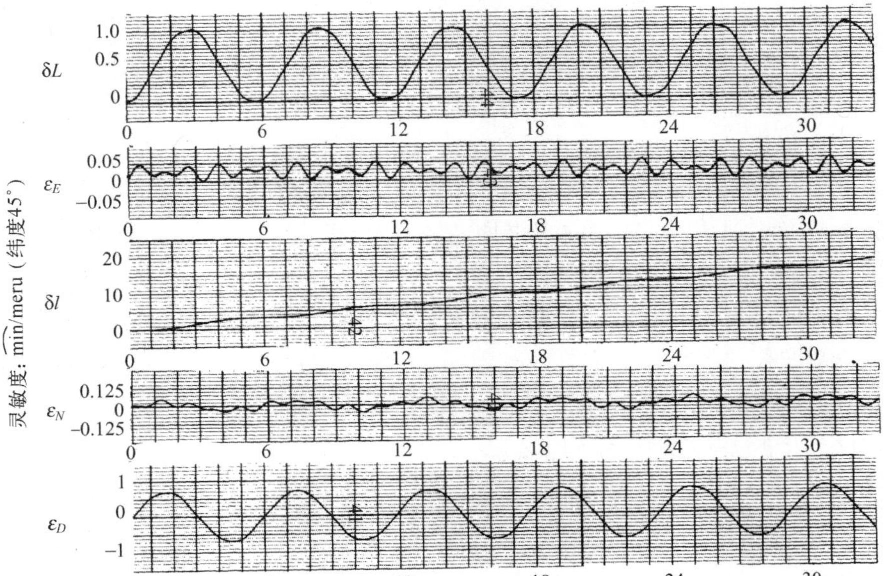

图 7.11 当东向速度为 1900 节时，天向常值陀螺漂移对导航和水平误差的影响

系统固有频率可以看作是空间速率和傅科调制舒勒频率。对于$\dot{\lambda}=4\omega_{ie}$的情况，空间速率周期是6 h，但是傅科调制的出现使得周期变为8.5 h，而不是静基座下的34 h。图中可以很明显地辨别出6 h和8.5 h的周期。

通过比较得到最主要的特征是纬度和方位误差因子$\omega_{ie}/\dot{\lambda}$在$\dot{\lambda}=4\omega_{ie}$时有所降低。此外，在这种情况下，经度误差是随着时间的增加而发散，也就是说载体运动时对$(u)\omega_N$和$(u)\omega_D$的响应误差有增大的趋势。另一方面，在静基座这一限定条件下，$\delta l/(u)\omega_E$的比值由于因子$\omega_{ie}/\dot{\lambda}$而减小。在水平陀螺常值漂移的影响下，水平误差基本保持不变，然而在方位陀螺漂移的影响下，其对水平误差的影响从计算机噪声中显现出来。利用数字计算机进行导航解算可以看出，$\varepsilon_E/(u)\omega_E$和$\varepsilon_N/(u)\omega_N$这些误差项由于因子$\dot{\lambda}/\omega_{ie}$的影响而增大。从信号框图（图7.5）可以看出方位回路和东向水平回路的耦合项随因子$\dot{\lambda}/\omega_{ie}$的影响而增大。

当载体以$\dot{l}=-\omega_{ie}$的速度向西飞行时，一种有趣的限制现象出现了。这种情况可以采用令图7.5中的$\omega_{ie}=0$进行分析，但是需要排除傅科和空间速率的耦合项。水平误差由于被傅科周期调制，仍然保持不变，但是纬度、经度和方位误差的增大正比于漂移速率和时间的乘积。特别地，该时间大于舒勒周期。

$$\delta L\approx(u)\omega_E t \tag{7-50}$$

$$\delta l\approx-(u)\omega_N t\sec L \tag{7-51}$$

$$\varepsilon_D\approx(u)\omega_N t\tan L+(u)\omega_D t \tag{7-52}$$

然而，当陀螺漂移约为1 $\widehat{\text{min}}$/h/meru时，导航误差出现最大值，此时除非载体在地球极区处运动，否则可以忽略载体运动。

在接近赤道附近导航时，对于载体以任意天向经度速率运动时有一个相似的解耦方法，即如果令图7.5中纬度接近0，就会很容易发现与傅科调制有关的$2r\omega_{ie}\sin L$项将消失，并且北向水平回路将从纬度、天向和东向水平回路中完全解耦。

由于傅科周期调制舒勒周期对导航误差仅有二阶影响已被证实，因此获得系统陀螺漂移的解析表达式是很有用的，该表达式并没有因为傅科项而变得复杂难懂。如果加速度计测量值被无误差补偿，则式（7-43）成立。静基座状态下，与式（7-43）等价的等式如下：

$$r\delta\ddot{L}-g\varepsilon_E=-\xi g+(u)f_N \tag{7-53}$$

$$r\cos L\delta\ddot{l}+g\varepsilon_N=\eta g+(u)f_E \tag{7-54}$$

其中，加速度计的非正交性和测高仪不确定性的影响已经从力学方程中剔除。

将式（7-53）、式（7-54）和式（7-37）写成拉普拉斯变换的矩阵形式如下：

$$\begin{bmatrix} s & \omega_{ie}\sin L & 0 & \omega_{ie}\sin L & -s\cos L \\ -\omega_{ie}\sin L & s & -\omega_{ie}\cos L & s & 0 \\ 0 & \omega_{ie}\cos L & s & \omega_{ie}\cos L & s\sin Lp \\ 0 & -g & 0 & rs^2 & 0 \\ g & 0 & 0 & 0 & rs^2\cos L \end{bmatrix}\begin{bmatrix} \bar{\varepsilon}_N \\ \bar{\varepsilon}_E \\ \bar{\varepsilon}_D \\ \delta\bar{L} \\ \delta\bar{l} \end{bmatrix}$$

$$=\begin{bmatrix} (u)\bar{\omega}_N+\dfrac{\tau_N\omega_{ie}\cos L}{s}+\varepsilon_N(0)-\cos L\delta l(0) \\ (u)\bar{\omega}_E+\varepsilon_E(0)+\delta L(0) \\ (u)\bar{\omega}_D-\dfrac{\tau_D\omega_{ie}\sin L}{s}+\varepsilon_D(0)-\sin L\delta l(0) \\ (u)\bar{f}_N-\bar{\xi}g+r[s\delta L(0)+\delta\dot{L}(0)] \\ (u)\bar{f}_E+\bar{\eta}g+r\cos L[s\delta l(0)+\delta\dot{l}(0)] \end{bmatrix} \tag{7-55}$$

式(7-55)表示了静基座下两加速度计当地水平系统误差方程的拉普拉斯变换结果，其中认为加速度补偿是无误差补偿。特征方程形式如下：

$$\Delta=r^2\cos Ls\,(s^2+\omega_s^2)^2(s^2+\omega_{ie}^2) \tag{7-56}$$

对于陀螺漂移为常值的情况，式(7-55)的解为

$$\bar{\varepsilon}_N=\frac{s^2+\omega_{ie}^2\cos^2 L}{(s^2+\omega_s^2)(s^2+\omega_{ie}^2)}(u)\omega_N-\frac{\omega_{ie}\sin Ls}{(s^2+\omega_s^2)(s^2+\omega_{ie}^2)}(u)\omega_E-\frac{\omega_{ie}^2\sin L\cos L}{(s^2+\omega_s^2)(s^2+\omega_{ie}^2)}(u)\omega_D \tag{7-57}$$

$$\bar{\varepsilon}_E=\frac{\omega_{ie}\sin Ls}{(s^2+\omega_s^2)(s^2+\omega_{ie}^2)}(u)\omega_N+\frac{s^2}{(s^2+\omega_s^2)(s^2+\omega_{ie}^2)}(u)\omega_E+\frac{\omega_{ie}\cos Ls}{(s^2+\omega_s^2)(s^2+\omega_{ie}^2)}(u)\omega_D \tag{7-58}$$

$$\bar{\varepsilon}_D=\frac{\tan L(\omega_s^2-\omega_{ie}^2\cos^2 L)}{(s^2+\omega_s^2)(s^2+\omega_{ie}^2)}(u)\omega_N-\frac{\omega_{ie}\cos L(s^2+\omega_s^2\sec^2 L)}{s(s^2+\omega_s^2)(s^2+\omega_{ie}^2)}(u)\omega_E+\frac{(s^2+\omega_s^2+\omega_{ie}^2\sin^2 L)}{(s^2+\omega_s^2)(s^2+\omega_{ie}^2)}(u)\omega_D \tag{7-59}$$

$$\delta\bar{L}=\frac{\omega_s^2\omega_{ie}\sin L}{s(s^2+\omega_s^2)(s^2+\omega_{ie}^2)}(u)\omega_N+\frac{\omega_s^2}{(s^2+\omega_s^2)(s^2+\omega_{ie}^2)}(u)\omega_E+\frac{\omega_{ie}\omega_s^2\cos L}{s(s^2+\omega_s^2)(s^2+\omega_{ie}^2)}(u)\omega_D \tag{7-60}$$

$$\delta\bar{l}=-\frac{\omega_s^2\sec L(s^2+\omega_{ie}^2\cos^2 L)}{s^2(s^2+\omega_s^2)(s^2+\omega_{ie}^2)}(u)\omega_N+\frac{\omega_s^2\omega_{ie}\tan L}{s(s^2+\omega_s^2)(s^2+\omega_{ie}^2)}(u)\omega_E+$$

$$\frac{\omega_s^2\omega_{ie}^2\sin L}{s^2(s^2+\omega_s^2)(s^2+\omega_{ie}^2)}(u)\omega_D \tag{7-61}$$

对式(7-57)～式(7-61)进行拉普拉斯反变换,变换结果如下:

$$\varepsilon_N\approx\frac{1}{\omega_s}\sin\omega_s t(u)\omega_N-\frac{\omega_{ie}\sin L}{\omega_s^2}(\cos\omega_{ie}t-\cos\omega_s t)(u)\omega_E-\frac{\omega_{ie}}{\omega_s^2}\sin L\cos L\sin\omega_{ie}t(u)\omega_D \tag{7-62}$$

$$\varepsilon_E\approx\frac{\omega_{ie}\sin L}{\omega_s^2}(\cos\omega_{ie}t-\cos\omega_s t)(u)\omega_N+\frac{1}{\omega_s}\sin\omega_s t(u)\omega_E+\frac{\omega_{ie}\cos L}{\omega_s^2}(\cos\omega_{ie}t-\cos\omega_s t)(u)\omega_D \tag{7-63}$$

$$\varepsilon_D\approx\frac{\tan L}{\omega_s}\sin\omega_{ie}t(u)\omega_N-\frac{\sec L}{\omega_{ie}}(1-\cos\omega_{ie}t)(u)\omega_E+\frac{1}{\omega_{ie}}\sin\omega_{ie}t(u)\omega_D \tag{7-64}$$

$$\delta L\approx\frac{1}{\omega_{ie}}(1-\cos\omega_{ie}t)[\sin L(u)\omega_N+\cos L(u)\omega_D]+\frac{1}{\omega_{ie}}\sin\omega_{ie}t(u)\omega_E \tag{7-65}$$

$$\delta l\approx-\frac{1}{\omega_{ie}}\left(\omega_{ie}t\cos L+\frac{\sin^2 L}{\cos L}\sin\omega_{ie}t\right)(u)\omega_N+\frac{\tan L}{\omega_{ie}}(1-\cos\omega_{ie}t)(u)\omega_E+\frac{\sin L}{\omega_{ie}}(\omega_{ie}t-\sin\omega_{ie}t)(u)\omega_D \tag{7-66}$$

在得到的式(7-62)～式(7-66)中,很显然 $\omega_s\gg\omega_{ie}$,因此可以忽略上式中系数为(ω_{ie}/ω_s)和$(\omega_{ie}/\omega_s)^2$ 的多项式。如果将式(7-65)、式(7-66)和图 7.6 中由计算机产生的解相比较,可以看出经度和纬度的简化表达式中不包括小振幅的舒勒－傅科项。同时,简化方程可以很好地解释占主要影响的地球速率振荡。因此,式(7-55)可以看作是静基座或者低速运动状态下的当地水平系统对陀螺常值漂移的响应误差模型。

在相同陀螺漂移影响下,式(7-62)～式(7-66)的平方根(RSS)如图 7.12 所示。图 7.12 中用到的解析表达式如下:

$$\varepsilon_{N_{\rm RSS}}=\varepsilon_{E_{\rm RSS}}=\frac{(u)\omega}{\omega_s}|\sin\omega_s t| \tag{7-67}$$

$$\delta L_{\rm RSS}=\frac{\varepsilon_{D_{\rm RSS}}}{\sec L}=\sqrt{2}\frac{(u)\omega}{\omega_{ie}}(1-\cos\omega_{ie}t)^{1/2} \tag{7-68}$$

$$\delta l_{\rm RSS}=\frac{(u)\omega}{\omega_{ie}}[\omega_{ie}^2t^2+2(1-\cos\omega_{ie}t)]^{1/2}\quad 在\ L=45°处 \tag{7-69}$$

需要注意的是,水平、方位和纬度误差是有界的,但是经度误差以近似陀螺漂移速率的斜率无界增长。这些平面图也可以描述为陀螺漂移是一个 RMS 值为 1meru 的函数时系统的误差响应，详细参见附录 C，其中描述了常值函数的总体统计。

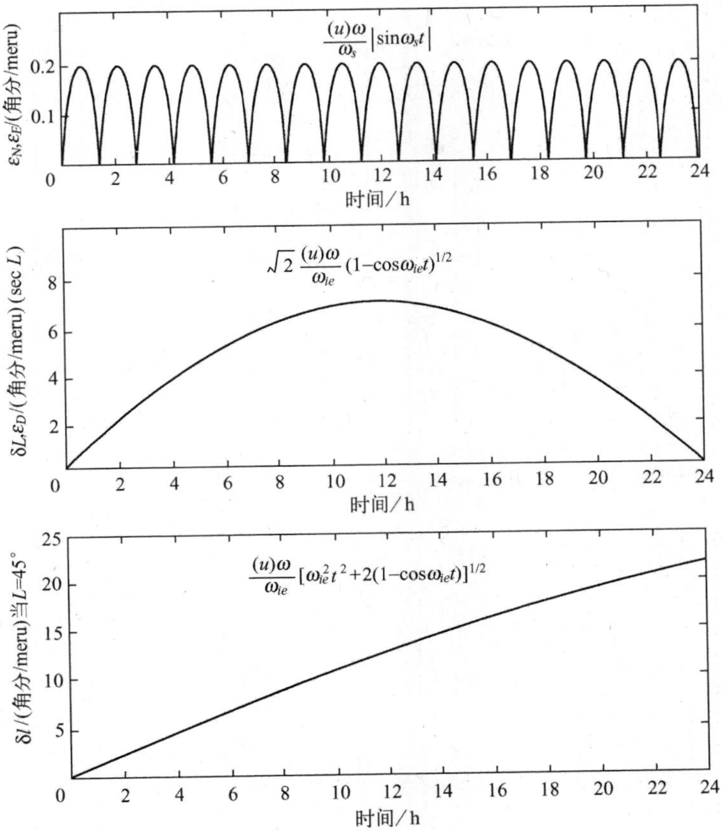

图 7.12　当地垂直 INS 的误差（哥氏补偿）；平方根和

7.4.3.2　加速度计零偏对导航和水平误差的影响

如果加速度计零偏是单一误差源，可由式（7-47）得到：

$$
\begin{bmatrix}
s & \omega_{ie}\sin L & 0 & \omega_{ie}\sin L & -s\cos L \\
-\omega_{ie}\sin L & s & -\omega_{ie}\cos L & s & 0 \\
0 & \omega_{ie}\cos L & s & \omega_{ie}\cos L & s\sin L \\
0 & -g & 0 & rs^2 & r\omega_{ie}\sin 2Ls \\
g & 0 & 0 & -2r\omega_{ie}\sin Ls & rs^2\cos L
\end{bmatrix}
\begin{bmatrix}
\bar{\varepsilon}_N \\ \bar{\varepsilon}_E \\ \bar{\varepsilon}_D \\ \delta\bar{L} \\ \delta\bar{l}
\end{bmatrix}
=
\begin{bmatrix}
0 \\ 0 \\ 0 \\ \dfrac{(u)f_N}{s} \\ \dfrac{(u)f_E}{s}
\end{bmatrix}
\tag{7-70}
$$

其中，$(u)f_N$ 和 $(u)f_E$ 分别为北向和东向加速度计常值漂移，图 7.13 和图 7.14 是计算机解算式(7-70)的结果。值得注意的是，由于加速度计漂移直接激起水平回路相对较高的增益，使得舒勒振荡占主导地位。舒勒振荡被傅科振荡所调制，而傅科振荡的周期为 34 h。对于加速度计零偏对纬度误差的影响，最大值约为 7 $\widehat{\text{min}}/10^{-3}g$。类似地，经度灵敏度的最大值约为 9 $\widehat{\text{min}}/10^{-3}g$。

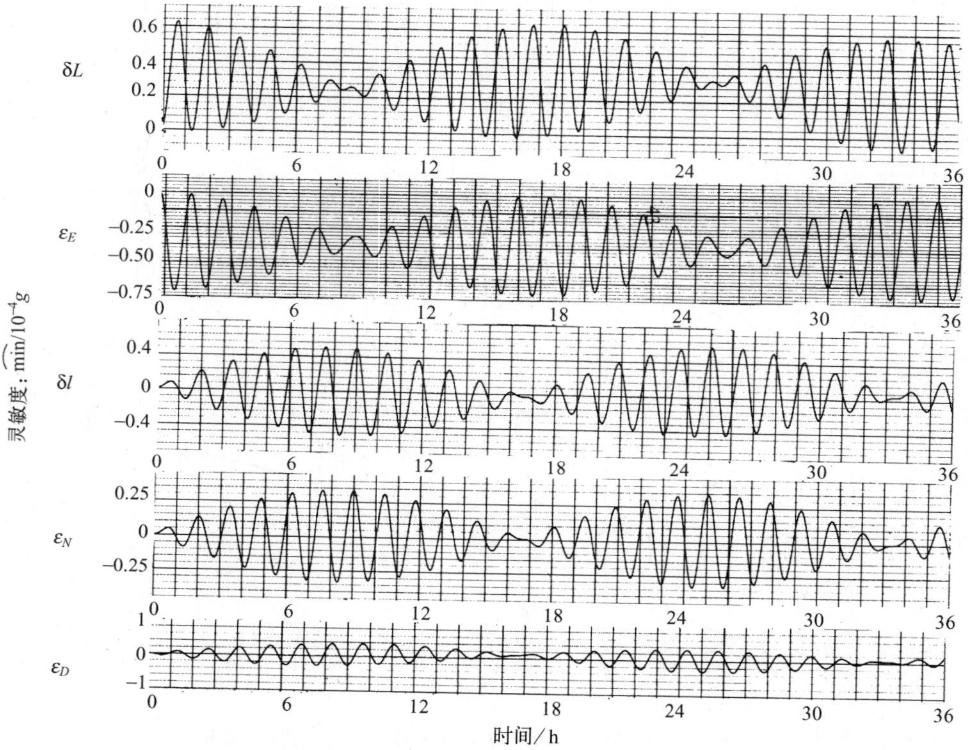

图 7.13　北向加速度漂移对导航和水平误差的影响

如果忽略加速度补偿效果，采取与前面获得陀螺漂移解析解的相似做法，式(7-55)可以得到如下解：

$$\varepsilon_N = (1 - \cos\omega_s t)\frac{(u)f_E}{g} \tag{7-71}$$

$$\varepsilon_E = -(1 - \cos\omega_s t)\frac{(u)f_N}{g} \tag{7-72}$$

$$\varepsilon_D = -\tan L(1 - \cos\omega_s t)\frac{(u)f_E}{g} \tag{7-73}$$

$$\delta L = (1 - \cos\omega_s t)\frac{(u)f_N}{g} \tag{7-74}$$

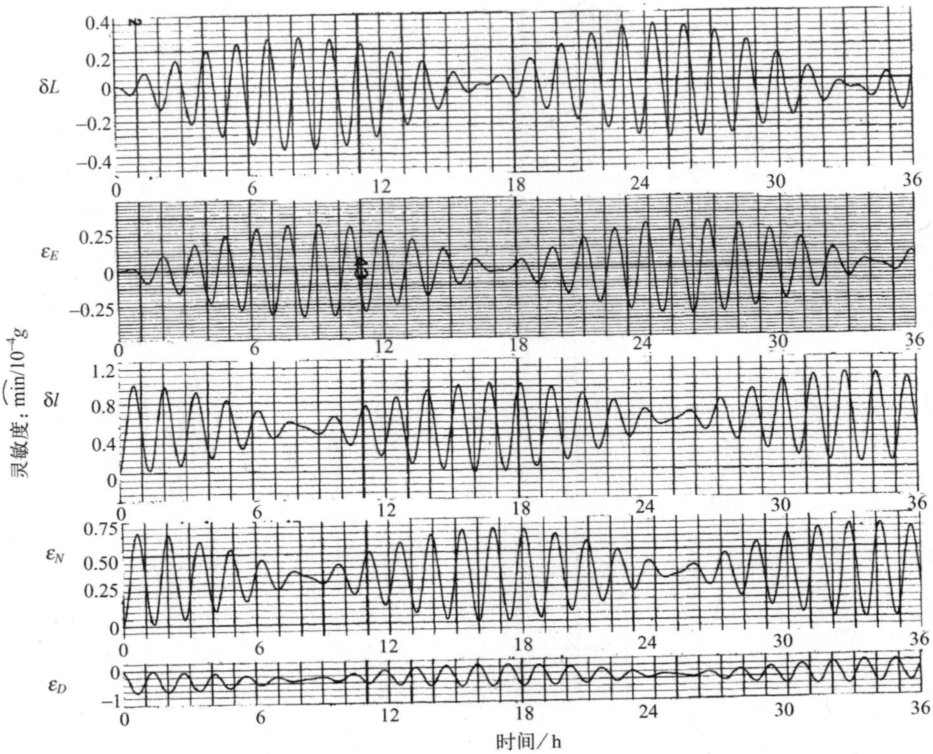

图 7.14　东向加速度漂移对导航和水平误差的影响

$$\delta l = \sec L(1-\cos\omega_s t)\frac{(u)f_E}{g} \tag{7-75}$$

值得注意的是，这些解忽略了傅科调制效应和一阶效应。另外，在图 7.13 和图 7.14 中的交叉耦合效应也被完全忽略。对上式的解析解和计算机产生的解进行比较可知，忽略加速度计补偿后可以得到精确的舒勒周期（84 min）。因此，如果想研究短期自主工作的当地水平型惯性导航系统，通过分析忽略加速度计补偿的简化模型就足够了。

图 7.15 为载体东向速度为 1900 节时，加速度计零偏对导航和水平误差的影响。其中，傅科调制频率受因子 $\dot{\lambda}/\omega_{ie}=4$ 影响而增大，并且误差灵敏度仍然保持不变。在前面提到的限制情况 $\dot{l}=-\omega_{ie}$ 下，傅科调制将完全消失而只剩下舒勒振荡。另外，交叉耦合项也被消除，采用式（7-71）~式（7-75）可以完全描述该响应过程。

7.4.3.3　纬度和经度速率误差

图 7.16 为由计算机计算得到的常值陀螺漂移和加速度计零偏对系统解算

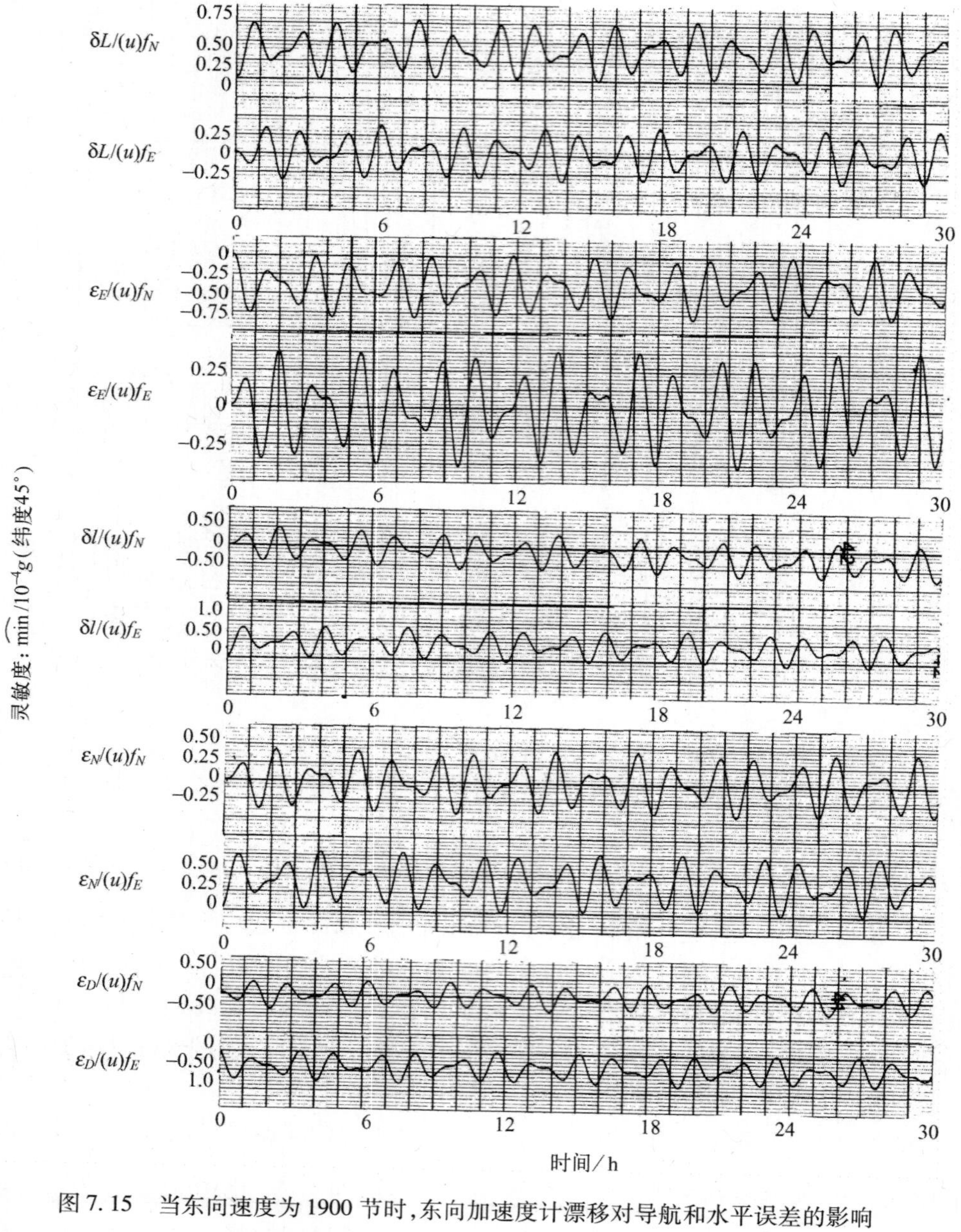

图 7.15　当东向速度为 1900 节时，东向加速度计漂移对导航和水平误差的影响

纬度和经度变化率误差的影响。该误差很容易和北向、东向速度误差产生联系，静基座情况下，根据式(7-42)得到：

$$\delta v_N = r\delta \dot{L} \tag{7-76}$$

$$\delta v_E = r\delta \dot{l}\cos L \tag{7-77}$$

式中：δv_N 为北向速度误差；δv_E 为东向速度误差。

可知，北向和东向速度对水平陀螺漂移的最大灵敏度约是 1.35n mile①/h/meru（1n mile/h ≈ 1.7 英尺/s），对方位陀螺漂移的灵敏度约是 0.75n mile/h/meru。由加速度计零偏产生的最大速度误差约是 1.25n mile/h/10^{-4}g。需要特别注意的是水平陀螺漂移激励系统三种振荡误差。

当载体运动东向速度为 1900 节时，其纬度和经度变化率误差如图 7.17。比较图 7.17 和图 7.16 可以得到，变化率误差的大小不受载体运动影响，此外，由于水平误差的大小几乎不受载体运动的影响，这在前面已经证明，因此图中出现该结果并不奇特。需要注意的是，对于这种经度变化率相对较高的情况，式（7-77）并没有给出东向速度误差的全部多项式。尤其是$\dot{\lambda} \neq \omega_{ie}$时，东向速度误差的表达式由下式给出：

$$\delta v_E = r\delta\dot{l}\cos L - r\dot{l}\delta L\sin L$$

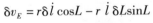

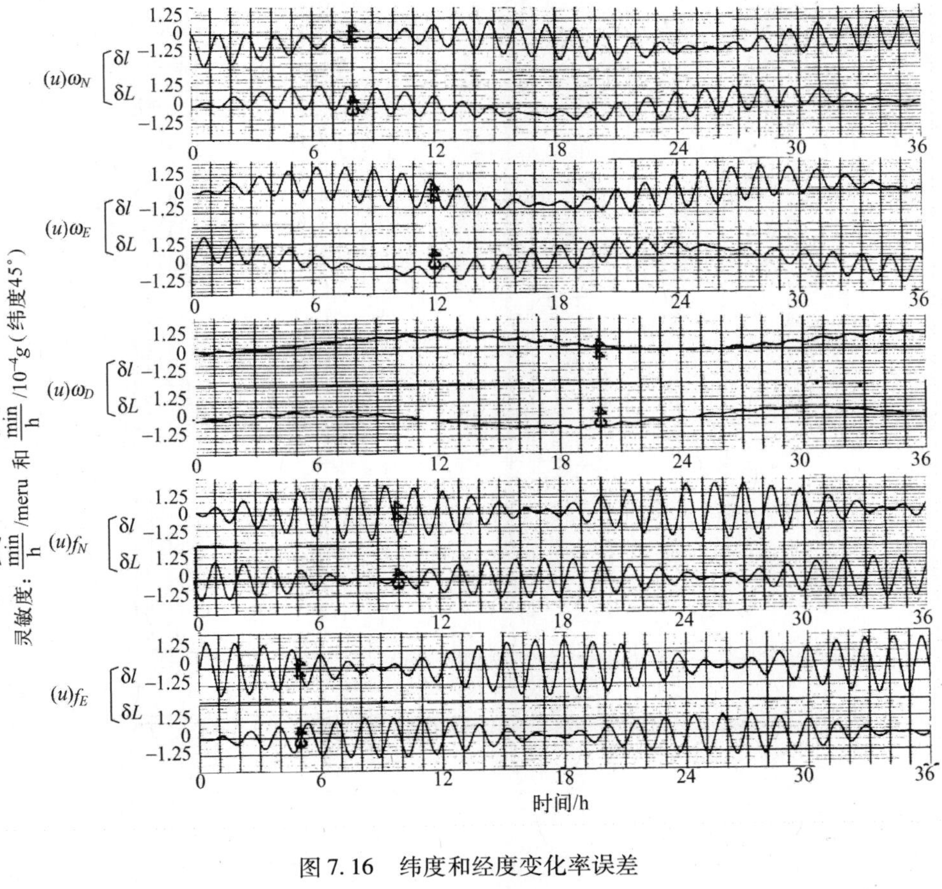

图 7.16　纬度和经度变化率误差

---

① 原书为 nm 表示海里，本书统一改为 n mile，译者注。

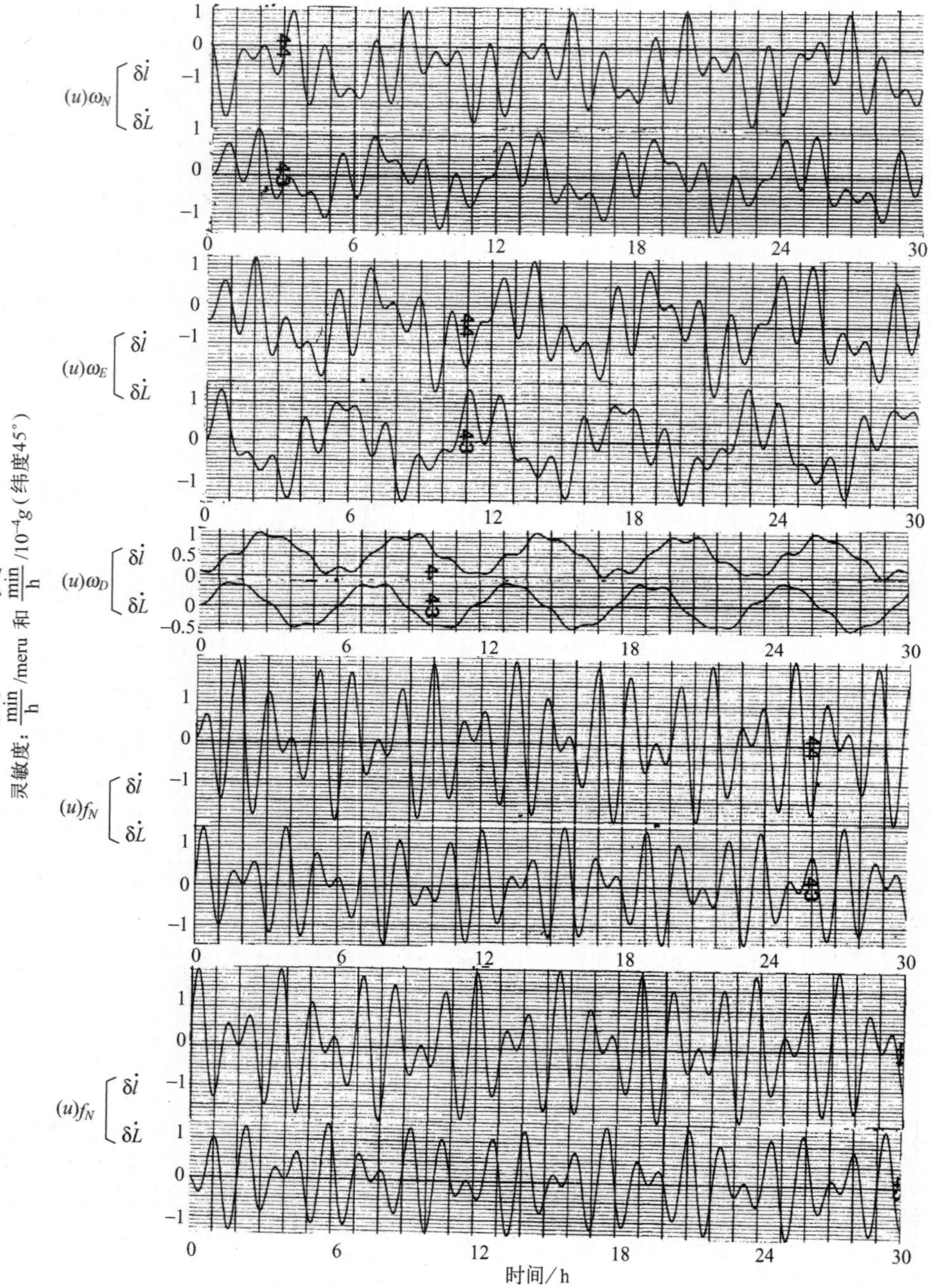

图 7.17　当东向速度为 1900 节时，纬度和经度变化率误差

7.4.3.4 初始条件误差

图 7.18 ~ 图 7.22 分别为由计算机解算得到的由初始北向水平误差、初始东向水平误差、初始纬度误差、初始纬度变化率误差和初始经度变化率误差引起的系统误差响应。需要注意的是，这里是对负初始误差的响应。这里没有给出初始经度误差响应的原因是根据图 7.5 可知经度是从其他估算回路中解耦出来的。因此，对初始经度误差的系统响应可以简化为

$$\delta l = \int_0^t \delta l(0)\,\mathrm{d}t \tag{7-78}$$

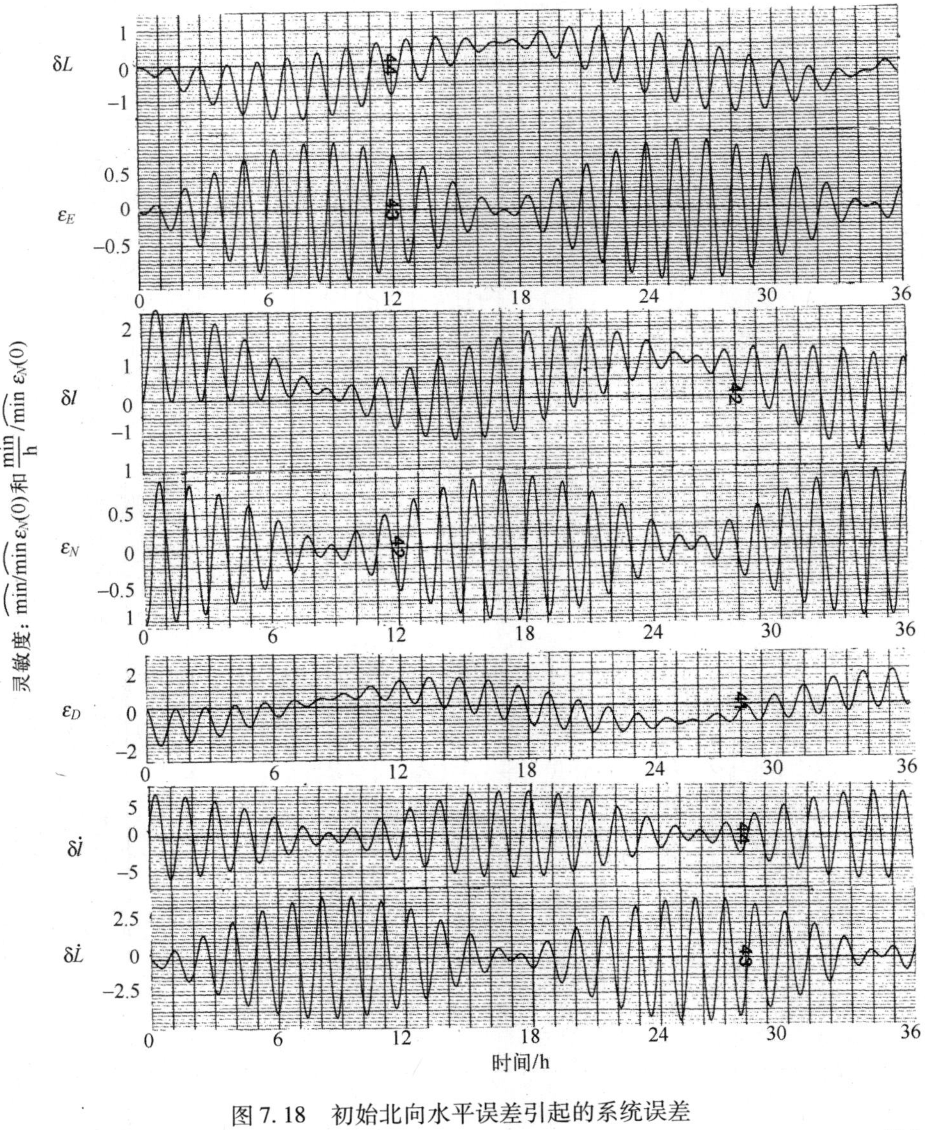

图 7.18 初始北向水平误差引起的系统误差

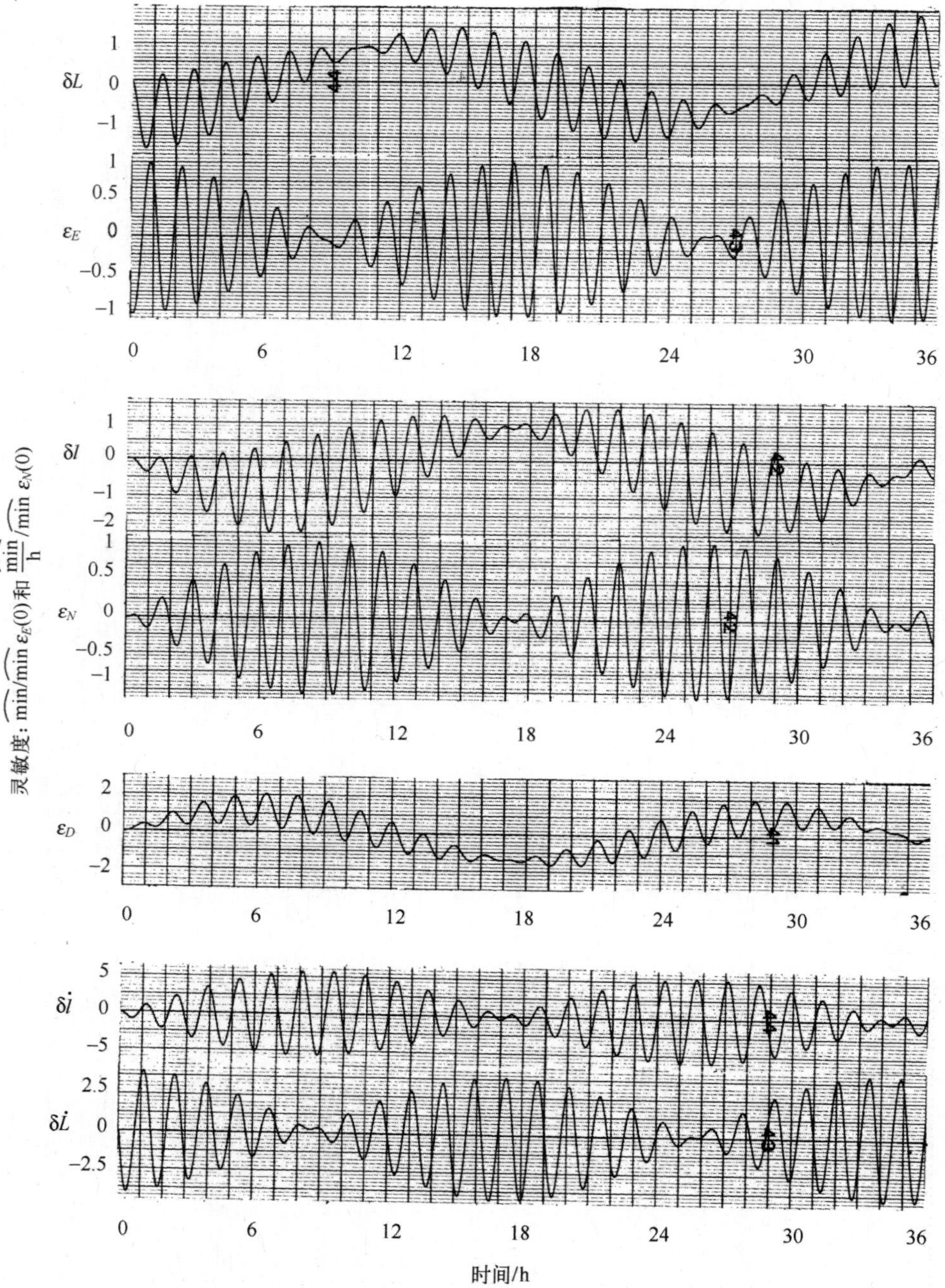

图 7.19　初始东向水平误差引起的系统误差

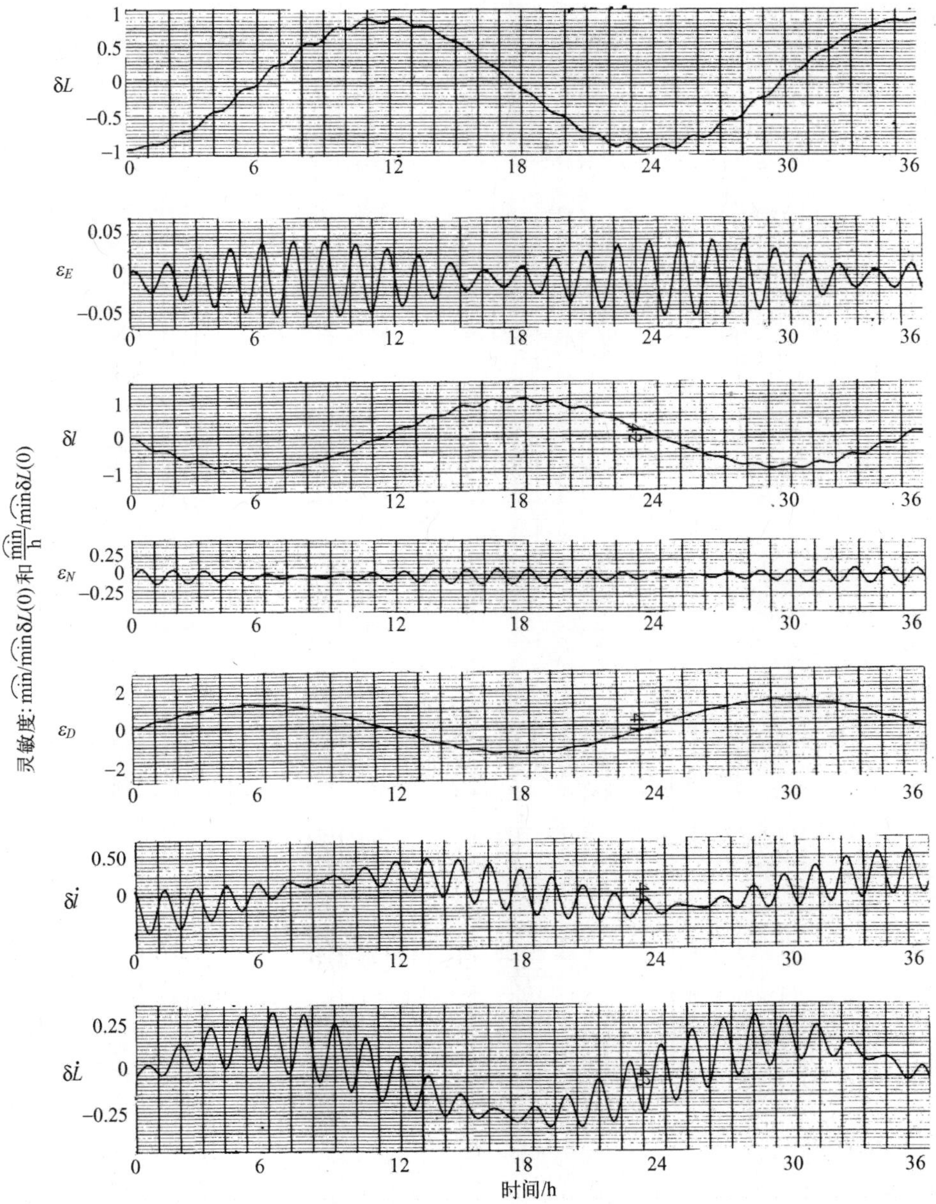

图 7.20 初始纬度误差引起的系统误差

然而,常值初始误差会导致经度误差以 1 $\widehat{\text{min}}/\text{h}/\widehat{\text{min}}$ 的速率增大。根据图 7.5可知,初始天向陀螺误差的响应与由东向陀螺漂移引起的响应完全相同,因此初始天向陀螺误差的响应在这里也没有给出。因此,灵敏度可由图 7.7 和图 7.16定义,即

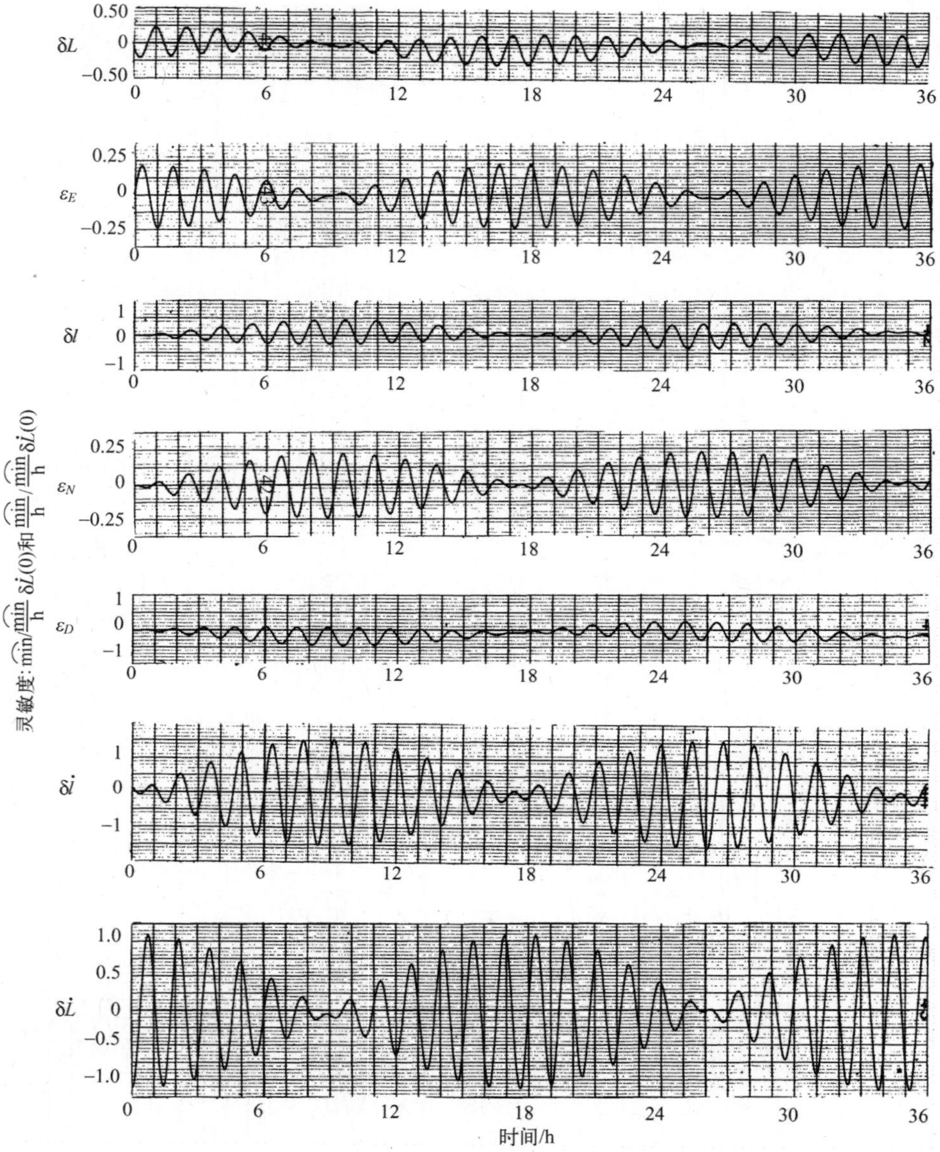

图 7.21　初始纬度变化率误差引起的系统误差

$$\frac{\varepsilon_D(0)\omega_{ie}\cos L}{(u)\omega_E} \approx \frac{\cos L}{3.44} \approx 0.206\ \frac{\widehat{\min}/\widehat{\min}\varepsilon_D(0)}{\widehat{\min}/\mathrm{meru}(u)\omega_E}$$

该式适用于图 7.7 以及采用合适单元结构时具有相同数值灵敏度的图 7.16。

系统设计的目的是可以很方便地得到系统对初始条件的误差响应的解析解。如前所述，忽略式(7-47)中的傅科周期而得到的矩阵解是最合适的解。天

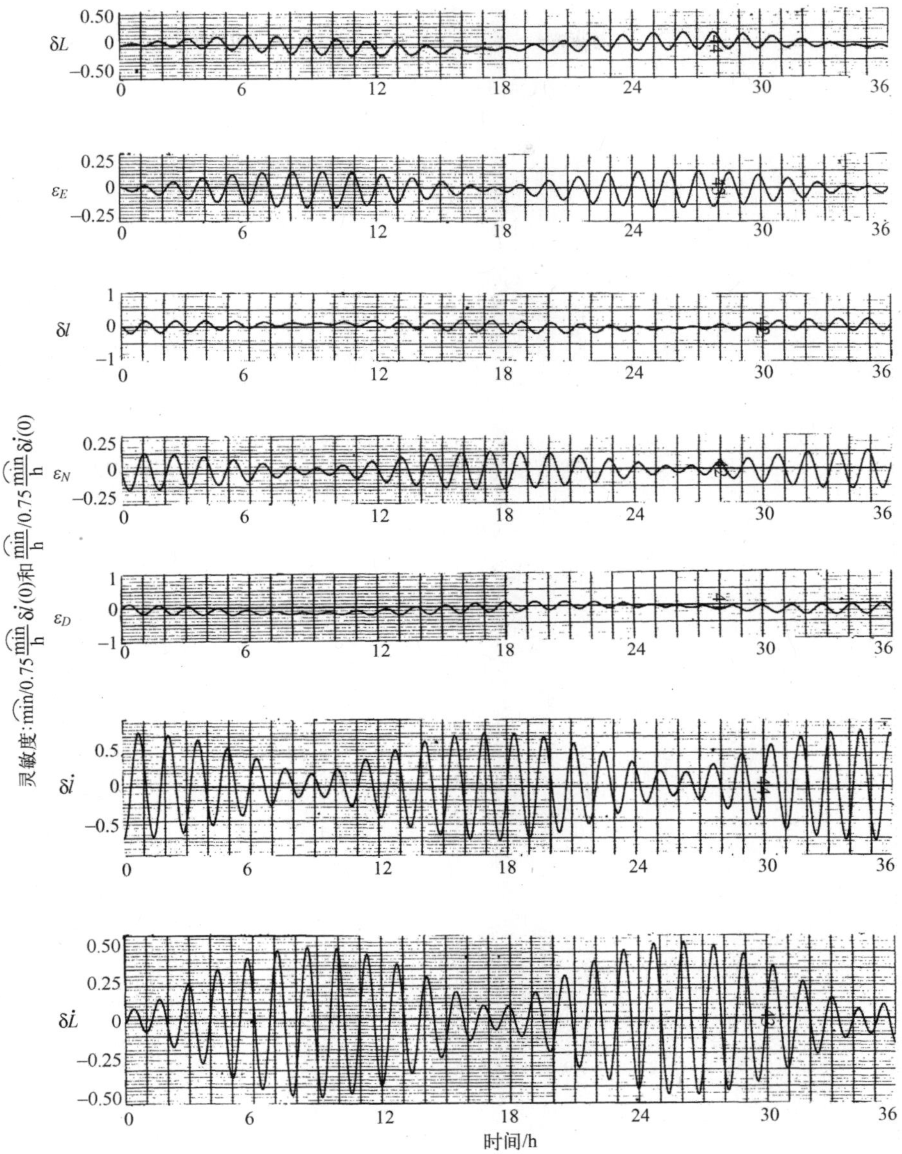

图 7.22　初始经度速率误差引起的系统误差

向经度速率为任意有限常值时，即$\dot{\lambda}$为常值时，系统的解由下式给出：

$$\boldsymbol{x}_2 = \boldsymbol{\Phi}\boldsymbol{x}_2(0) \tag{7-79}$$

其中

$$\boldsymbol{x}_2 = \{\boldsymbol{\varepsilon}_N, \boldsymbol{\varepsilon}_E, \boldsymbol{\varepsilon}_D, \delta L, \delta l, \delta\dot{L}, \delta\dot{l}\}$$

$$\boldsymbol{x}_2(0) = \{\boldsymbol{\varepsilon}_N(0), \boldsymbol{\varepsilon}_E(0), \boldsymbol{\varepsilon}_D(0), \delta L(0), \delta l(0), \delta\dot{L}(0), \delta\dot{l}(0)\}$$

和

$$
\boldsymbol{\Phi}=\begin{bmatrix}
\cos\omega_s t & -\frac{\dot\lambda}{\omega_s}\sin L\left(\sin\omega_s t-\frac{\dot\lambda}{\omega_s}\sin\dot\lambda t\right) & \frac{1}{2}\frac{\dot\lambda^2}{\omega_s^2}\sin 2L\times(\cos\omega_s t-\cos\dot\lambda t) & -\frac{\dot\lambda}{\omega_s}\sin L\left(\sin\omega_s t-\frac{\dot\lambda}{\omega_s}\sin\dot\lambda t\right) & 0 & 0 & \frac{\cos L}{\omega_s}\sin\omega_s t \\
\frac{\dot\lambda}{\omega_s}\sin L\left(\sin\omega_s t-\frac{\dot\lambda}{\omega_s}\sin\dot\lambda t\right) & \cos\omega_s t & \frac{\dot\lambda}{\omega_s}\cos L\left(\sin\omega_s t-\frac{\dot\lambda}{\omega_s}\sin\dot\lambda t\right) & -\frac{\dot\lambda^2}{\omega_s^2}(\cos\dot\lambda t-\cos\omega_s t) & 0 & -\frac{1}{\omega_s}\sin\omega_s t & 0 \\
\tan L(\cos\dot\lambda t-\cos\omega_s t) & -\sec L\left(\sin\dot\lambda t-\frac{\dot\lambda}{\omega_s}\sin^2 L\sin\omega_s t\right) & \cos\dot\lambda t & -\sec L\left(\sin\dot\lambda t-\frac{\dot\lambda}{\omega_s}\sin^2 L\sin\omega_s t\right) & 0 & 0 & -\frac{\sin L}{\omega_s}\sin\omega_s t \\
\sin L\left(\sin\dot\lambda t-\frac{\dot\lambda}{\omega_s}\sin\omega_s t\right) & \cos\dot\lambda t-\cos\omega_s t & \cos L\left(\sin\dot\lambda t-\frac{\dot\lambda}{\omega_s}\sin\omega_s t\right) & \cos\dot\lambda t & 0 & \frac{1}{\omega_s}\sin\omega_s t & 0 \\
\sec L(\cos\omega_s t-\cos^2 L-\sin^2 L\cos\dot\lambda t) & \tan L\left(\sin\dot\lambda t-\frac{\dot\lambda}{\omega_s}\sin\omega_s t\right) & \sin L(1-\cos\dot\lambda t) & \tan L\left(\sin\dot\lambda t-\frac{\dot\lambda}{\omega_s}\sin\omega_s t\right) & 1 & 0 & \frac{1}{\omega_s}\sin\omega_s t \\
\dot\lambda\sin L(\cos\dot\lambda t-\cos\omega_s t) & \omega_s\sin\omega_s t & \dot\lambda\cos L(\cos\dot\lambda t-\cos\omega_s t) & -\dot\lambda\left(\sin\dot\lambda t-\frac{\dot\lambda}{\omega_s}\sin\omega_s t\right) & 0 & \cos\omega_s t & 0 \\
-\omega_s\sec L\left(\sin\omega_s t-\frac{\dot\lambda}{\omega_s}\sin^2 L\sin\dot\lambda t\right) & \dot\lambda\tan L(\cos\dot\lambda t-\cos\omega_s t) & \dot\lambda\sin L\left(\sin\dot\lambda t-\frac{\dot\lambda}{\omega_s}\sin\omega_s t\right) & \dot\lambda\tan L(\cos\dot\lambda t-\cos\omega_s t) & 0 & 0 & \cos\omega_s t
\end{bmatrix}
$$

第 8 章

统一误差分析的发展

书中第 6 章和第 7 章中详细介绍了两类惯性导航系统和它们的机械编排方程,并以线性扰动的形式对不同参考坐标下解算和机械编排的两类系统进行了误差分析。在采用系统自身导航信息计算位置估计的前提下,两系统具有相同的误差方程。将惯性导航系统解算高度信息与外部测量高度信息融合计算得到的结果用于重力场的计算。陀螺仪和加速度计输出误差作为系统主要误差源在系统运动学方程中频繁出现,且该频率依赖于平台坐标系和地理坐标系的相对运动。该分析结果表明,为了便于系统误差分析,需要建立一种普遍应用于各类导航系统的误差分析方法,并且该方法适用于一般的系统模型。

8.1 地面导航模型

第 6 章和第 7 章分析结果表明,描述空间稳定型和当地水平型地面导航系统的误差方程应该可以表达任何类型地面惯性导航系统的误差方程。这里做出某些假设以便于后续分析,使分析范围足够广泛,可以包含所有类型系统。假设如下:

(1) 至少需要三个加速度计测量比力矢量。

(2) 加速度计安装在平台上,其安装方向通过直接或间接测量决定。

(3) 系统的地球参考速度和三维位置——纬度、经度和高度——是基于比力测量值的重力场补偿后计算得到的。

(4) 高度的外部信息源,如由测高仪测量到的信息,可用于重力场的计算。

(5) 需要一台计算机处理导航解算,并且与系统其他误差相比,计算误差可以忽略不计。

上述第二个假设主要是针对惯性导航系统中的信息处理过程,特别是针对加速度计和陀螺仪固定在载体上的捷联系统。最后一个假设中忽略了计算误差,该假设用于捷联系统时略显不适用。因为在这些系统计算机的计算字长和循环时间中,有时由计算机引起的转换误差和系统其他误差相比具有相同量级[67]。然而,事实证明,陀螺随机误差和计算机转换误差都能导致系统姿态误差[8],因此计算机转化误差的处理方式与陀螺随机误差的处理方式相似。对于捷联系统,可以认为陀螺或者角速度的不确定性是包含计算误差的。任何情况下,采用式(6-62)和式(7-39)可以进行一般的理论分析:

$$\boldsymbol{\Lambda x}=\boldsymbol{Q}_j$$

因此,对于每一类系统都需要计算力学方程 $\boldsymbol{Q}_j$。需要注意的是,在上述假设前提下,机械坐标系(该坐标系追踪平台坐标系)和计算坐标系(测量值在该坐标系经过解算提取位置和速度)都是任意的。

基于上述假设条件,常用地面惯性导航系统功能框图如图 8.1 所示。

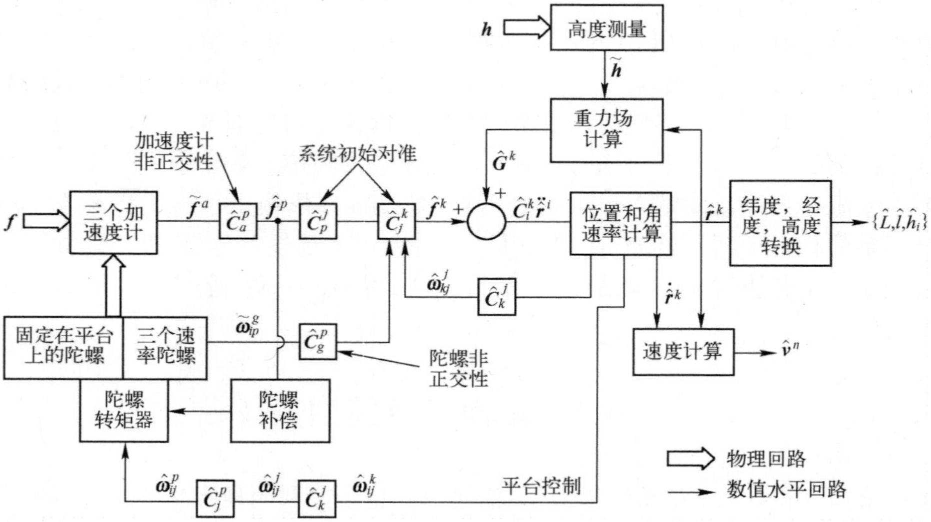

图 8.1 常用地面惯性导航系统功能框图

三个加速度计安装在载体部分稳定平台上,此时,速率陀螺可以测量载体运动角速度。在这一类系统模型中混合平台-捷联惯性导航系统不会沿着该模型的三个轴稳定。测得的比力信息 $\tilde{\boldsymbol{f}}^a$,要先转换到平台坐标系下,记为 $\hat{\boldsymbol{f}}^p$,以提供陀螺补偿信息(见第 5 章)。接下来通过系统初始对准过程,将其转换到机械参考坐标系 j 系。需要注意的是变换矩阵 $\hat{\boldsymbol{C}}_p^j$ 既可以代表计算机转换矩阵(该矩阵是指第 6 章中空间稳定型系统的情况),又可以代表物理转换矩阵,也就是假设平台坐标系和机械坐标系是重合的,这在第 7 章当地水平型系统中有所提及。然后通过坐标转换矩阵 $\hat{\boldsymbol{C}}_j^k$,将沿机械坐标系的比力转换到计算坐标系 k 系中。如果系统是捷联式的,则该变换矩阵是基于系统计算位置信息或者基于速率陀螺的测量值。需要注意的是,一般来说,该转换矩阵与陀螺坐标系到平台坐标系的转换矩阵$\hat{\boldsymbol{C}}_g^p$有关(正如3.8.4.2节部分讨论)。然而,在误差分析中,假设矩阵$\hat{\boldsymbol{C}}_g^p$和$\hat{\boldsymbol{C}}_a^p$一致,进而可以提取出陀螺和加速度计的非正交性效应。

沿计算参考坐标系的比力$\hat{\boldsymbol{f}}^k$用来补偿重力场效应,可以得到相对于计算参考坐标系的惯性加速度$\hat{\boldsymbol{C}}_i^k \ddot{\hat{\boldsymbol{r}}}^i$。然后,在适当速度和位置初始条件下,将加速度经过两次积分变换得到沿k系的地心位置矢量估算结果。位置矢量$\hat{\boldsymbol{r}}^k$用来计算系统的纬度、经度和高度,另外需要利用外部高度信息来辅助补偿重力场。系统的地球参考速度是沿计算坐标系的速度计算得到的,位置和角速度信息用来提供平台指令和更新矩阵$\hat{\boldsymbol{C}}_j^k$。

正如John Harrison[11]所述,要彻底解决导航问题需要一个精确的时钟。当然,这个时钟存在于导航计算机中。

8.2 广义机械编排方程和误差方程

下面主要讨论地面惯性导航系统的机械编排和误差方程。需要注意的是,计算坐标系k系和理想平台机械坐标系也就是j系是完全任意的。为了具有代表性,j系和k系采用第3章中讨论的参考坐标系,当然也可以采用其他坐标系作为参考坐标系。

8.2.1 比力计算

如图8.1所示,加速度计沿其敏感轴的测量比力转换到计算坐标系k系的过程如下:

$$\hat{\boldsymbol{f}}^k = \hat{\boldsymbol{C}}_j^k \hat{\boldsymbol{C}}_p^j \hat{\boldsymbol{C}}_a^p \tilde{\boldsymbol{f}}^a \tag{8-1}$$

如前所述,如果忽略加速度计的非正交性,加速度计-平台坐标系转换矩阵$\hat{\boldsymbol{C}}_a^p$可以认为是单位阵。因此有

$$\hat{\boldsymbol{C}}_a^p = \boldsymbol{I} \tag{8-2}$$

并且,正如7.3.1.3节所述,平台坐标系和加速度计测量坐标系之间有如下关系:

$$\boldsymbol{f}^a = [\boldsymbol{I} + (\Delta \boldsymbol{C}_a^p)^{\mathrm{T}}]\boldsymbol{f}^p \tag{7-19}$$

平台-机械坐标系之间转换矩阵$\hat{\boldsymbol{C}}_p^j$是通过系统初始校准过程计算得到的常值矩阵。空间稳定型惯性导航系统相对于地理坐标系的初始对准过程可以作为一个例子对该矩阵进行证明,这里转换矩阵$\hat{\boldsymbol{C}}_p^{n_0}$和$\hat{\boldsymbol{C}}_p^j$等价,上标$n_0$指在初始时刻$t=0$的地理坐标系。

平台-计算坐标系之间的转换矩阵$\hat{\boldsymbol{C}}_p^k = \hat{\boldsymbol{C}}_j^k \hat{\boldsymbol{C}}_p^j$,对于在平台机械化过程采用

相同参考坐标系计算时,该矩阵是常值矩阵,例如前面所讨论的当地水平型和空间稳定型系统。对于$\hat{\boldsymbol{C}}_j^k=\boldsymbol{I}$的这类系统,矩阵$\hat{\boldsymbol{C}}_p^j$是通过系统对准过程得到的,如陀螺罗经光学对准方法。对于导航解算时不采用机械编排坐标系而采用其他坐标系的这类系统,例如沿当地地理坐标系解算的空间稳定型系统,矩阵$\hat{\boldsymbol{C}}_j^k$必须沿其目标坐标系进行实时更新。如果矩阵$\hat{\boldsymbol{C}}_j^k$由矩阵$\hat{\boldsymbol{C}}_i^n$给出后,该矩阵更新只需采用估算纬度和经度信息(见2.5.1.1节)。对于更一般的情况,矩阵$\hat{\boldsymbol{C}}_j^k$可以利用计算j系和k系之间的角速度和式(2-4)的关系进行更新:

$$\dot{\hat{\boldsymbol{C}}}_j^k=\hat{\boldsymbol{C}}_j^k\hat{\boldsymbol{\Omega}}_{kj}^j \tag{8-3}$$

如果是捷联系统,速率陀螺用来测量载体相对于惯性坐标系的旋转角速度。在这种情况下,载体或机体坐标系到平台坐标系的转换矩阵与平台坐标系和j系的转换矩阵一致。角速度$\hat{\boldsymbol{\omega}}_{ip}^p$可以由速率陀螺测量值计算得到,进而得到平台-计算坐标系之间的转换,计算公式如下:

$$\dot{\hat{\boldsymbol{C}}}_p^k=\hat{\boldsymbol{C}}_p^k(\hat{\boldsymbol{\Omega}}_{ip}^p-\hat{\boldsymbol{\Omega}}_{ik}^p) \tag{8-4}$$

其中,计算坐标系相对于惯性坐标系的旋转角速度是通过导航计算结果得到的。在利用速率陀螺测量值计算载体惯性角速度的过程中,假设不补偿“小”角度陀螺非正交性。因此陀螺和平台参考坐标系之间的旋转角速度有如下关系:

$$\boldsymbol{\omega}_{ip}^g=[\boldsymbol{I}+(\Delta\boldsymbol{C}_g^p)^{\mathrm{T}}]\boldsymbol{\omega}_{ip}^p \tag{8-5}$$

如3.8.4.3节所述。

8.2.1.1 平台系统

接着7.3.1.1节继续讨论分析,平台相对于惯性坐标系的旋转角速度与平台控制角速度成正比,考虑陀螺随机扭转、陀螺非正交性和陀螺随机漂移,得到:

$$\boldsymbol{\omega}_{ip}^p=[\boldsymbol{I}+\boldsymbol{T}^p+\Delta\boldsymbol{C}_g^p]\hat{\boldsymbol{C}}_j^p\hat{\boldsymbol{C}}_k^j\hat{\boldsymbol{\omega}}_{ij}^k+(u)\boldsymbol{\omega}^p \tag{8-6}$$

式中:$\boldsymbol{\omega}_{ij}^k$为期望得到的平台惯性角速度和误差效应的计算估计值;

$\boldsymbol{T}^p$,$\Delta\boldsymbol{C}_g^p$和$(u)\boldsymbol{\omega}^p$在7.3.1.1节已被定义。

上式的左侧部分可以分解成两个角速度之和,即

$$\boldsymbol{\omega}_{ip}^p=\boldsymbol{C}_j^p\boldsymbol{\omega}_{ij}^j+\boldsymbol{\omega}_{jp}^p \tag{8-7}$$

需要注意的是,角速度$\boldsymbol{\omega}_{jp}^p$在理想情况下取$\boldsymbol{\omega}_{jp}^p=0$,但是由于系统误差,使该值很小且有限。期望平台惯性角速度的计算值可以写成理想平台角速度和误差角速度之和:

$$\hat{\boldsymbol{\omega}}_{ij}^k=\boldsymbol{\omega}_{ij}^k+\delta\boldsymbol{\omega}_{ij}^k \tag{8-8}$$

将式(8-7)和式(8-8)代入式(8-6),且忽略误差因子,平台误差角速度可以由下式给出:

$$\boldsymbol{\omega}_{jp}^{p} = (\boldsymbol{I} + \boldsymbol{T}^{p} + \Delta \boldsymbol{C}_{g}^{p})\hat{\boldsymbol{C}}_{j}^{p}\hat{\boldsymbol{C}}_{k}^{j}\boldsymbol{\omega}_{ij}^{k} - \boldsymbol{C}_{j}^{p}\boldsymbol{C}_{k}^{j}\boldsymbol{\omega}_{ij}^{k} + \boldsymbol{C}_{k}^{p}\delta\boldsymbol{\omega}_{ij}^{k} + (u)\boldsymbol{\omega}^{p} \tag{8-9}$$

式(8-9)可以通过平台和理想机械轴之间的转换角度矩阵来求解，该矩阵满足如下微分方程：

$$\dot{\boldsymbol{C}}_{p}^{j} = \boldsymbol{C}_{p}^{j}\boldsymbol{\Omega}_{jp}^{p} \tag{8-10}$$

初始条件为

$$\boldsymbol{C}_{p}^{j}(0) = \boldsymbol{C}_{p0}^{j}$$

其中，下标 p_0 为初始时刻 $t=0$ 的平台坐标系。如下式形式的 $\boldsymbol{C}_{p}^{j}$ 满足式(8-10)：

$$\boldsymbol{C}_{p}^{j} = \boldsymbol{C}_{p0}^{j}(\boldsymbol{I} + \boldsymbol{D}^{p}) \tag{8-11}$$

其中，反对称矩阵 $\boldsymbol{D}^{p}$ 可以写成如下形式：

$$\boldsymbol{D}^{p} = \begin{bmatrix} 0 & -d_z & d_y \\ d_z & 0 & -d_x \\ -d_y & d_x & 0 \end{bmatrix}$$

$\boldsymbol{D}^{p}$ 的每一个元素代表平台坐标系在 $t=0$ 和其他任意时刻之间的一个小角度转换。对于三维空间，有如下关系：

$$\boldsymbol{C}_{p}^{p0} = [\boldsymbol{I} + \boldsymbol{D}^{p}] \tag{8-12}$$

$\boldsymbol{D}^{p}$ 的元素由式(8-9)代入式(8-11)得到，并且有

$$\boldsymbol{\omega}_{jp}^{p} = \{\dot{d}_x, \dot{d}_y, \dot{d}_z\} = \dot{\boldsymbol{d}}^{p} \tag{8-13}$$

因此利用式(8-9)得到如下形式的平台误差角度向量微分方程：

$$\dot{\boldsymbol{d}}^{p} + \boldsymbol{\Omega}_{ij}^{p0}\boldsymbol{d}^{p} = (\boldsymbol{I} + \boldsymbol{T}^{p} + \Delta \boldsymbol{C}_{g}^{p})\hat{\boldsymbol{C}}_{j}^{p}\hat{\boldsymbol{C}}_{k}^{j}\boldsymbol{\omega}_{ij}^{k} - \boldsymbol{C}_{k}^{p0}\boldsymbol{\omega}_{ij}^{k} + \boldsymbol{C}_{k}^{p}\delta\boldsymbol{\omega}_{ij}^{k} + (u)\boldsymbol{\omega}^{p} \tag{8-14}$$

平台坐标系和机械坐标系之间的转换矩阵 $\hat{\boldsymbol{C}}_{p}^{j}$ 是通过初始对准过程得到的，并且是一个常值矩阵。考虑到系统初始失调误差如 6.3.1.4 节所讨论，矩阵 $\hat{\boldsymbol{C}}_{p}^{j}$ 可以由下式给出：

$$\hat{\boldsymbol{C}}_{p}^{j} = (\boldsymbol{I} - \boldsymbol{Z}^{j})\boldsymbol{C}_{p0}^{j} \tag{8-15}$$

其中，反对称误差矩阵的元素 $\zeta_x, \zeta_y, \zeta_z$ 代表初始估计矩阵 $\boldsymbol{C}_{p}^{j}$ 转换误差的误差角度。

正如前面所讨论的，机械坐标系和计算坐标系之间的计算转换矩阵 $\hat{\boldsymbol{C}}_{j}^{k}$ 满足如下的微分方程：

$$\dot{\hat{\boldsymbol{C}}}_{j}^{k} = \hat{\boldsymbol{C}}_{j}^{k}\hat{\boldsymbol{\Omega}}_{kj}^{j} \tag{8-3}$$

由于系统误差，这两个坐标系之间的相对角速度不能精确地计算出，并且转换存在误差。通常计算转换由下式给出：

$$\hat{\boldsymbol{C}}_{j}^{k} = (\boldsymbol{I} - \boldsymbol{\Gamma}^{k})\boldsymbol{C}_{j}^{k} \tag{8-16}$$

其中，反对称矩阵 $\boldsymbol{\Gamma}$ 的元素代表机械坐标系和计算坐标系之间转化误差的误差角度。计算角速度可以写成：

$$\hat{\boldsymbol{\Omega}}_{kj}^{j}=\hat{\boldsymbol{C}}_{k}^{j}(\boldsymbol{\Omega}_{kj}^{j}+\delta\boldsymbol{\Omega}_{kj}^{j})\hat{\boldsymbol{C}}_{j}^{k} \tag{8-17}$$

式中：$\delta\boldsymbol{\Omega}_{kj}^{k}$为机械编排坐标系相对于计算坐标系的计算误差。

因此将式(8-16)和式(8-17)代入式(8-3)中，可得到机械坐标系与计算坐标系之间转换误差矢量的微分方程，具体形式由下式给出：

$$\dot{\boldsymbol{\gamma}}^{k}+\boldsymbol{\Omega}_{jk}^{k}\boldsymbol{\gamma}^{k}=-\delta\boldsymbol{\omega}_{kj}^{k} \tag{8-18}$$

其中，矢量$\boldsymbol{\gamma}^{k}$写成反对称矩阵为$\boldsymbol{\Gamma}^{k}$。注意，在由式(8.16)给出的计算变换矩阵解析式中，转换矩阵是正交的。如果转换矩阵不是正交的，则假定该计算方案应用于正交的形式(参考2.5.1.1节和2.5.1.2节)。

将式(8-15)和式(8-16)代入式(8-14)中，则平台角误差微分方程可以写成：

$$\dot{\boldsymbol{d}}^{p}+\boldsymbol{\Omega}_{ij}^{p}\boldsymbol{d}^{p}=(\boldsymbol{C}_{j}^{p}\boldsymbol{Z}^{j}\boldsymbol{C}_{p}^{j}+\boldsymbol{C}_{k}^{p}\boldsymbol{\Gamma}^{k}\boldsymbol{C}_{p}^{k}+\boldsymbol{T}^{p}+\Delta\boldsymbol{C}_{g}^{p})\boldsymbol{C}_{k}^{p}\boldsymbol{\omega}_{ij}^{k}+\boldsymbol{C}_{k}^{p}\delta\boldsymbol{\omega}_{ij}^{k}+(u)\boldsymbol{\omega}^{p} \tag{8-19}$$

其中，误差项之间的乘积被忽略。

式(8-19)是平台坐标系旋转至理想机体坐标系的旋转误差角矢量微分方程，该式对于所有由图8.1描述且独立于载体坐标系的平台系统都是有效的。从左到右看，比力方程$\boldsymbol{Z}^{j}$表示初始平台失准角的影响；$\boldsymbol{\Gamma}^{k}$表示由导航误差引起机体坐标系和计算坐标系之间的转换误差；$\boldsymbol{T}^{p}$表示陀螺转矩不确定因素；$\Delta\boldsymbol{C}_{g}^{p}$表示陀螺输入轴的非线性矩阵；$\delta\boldsymbol{\omega}_{ij}^{k}$表示系统导航误差引起的角速度误差；$(u)\boldsymbol{\omega}^{p}$表示由于陀螺不确定性引起的误差。

为了得到便于计算的表达式，式(8-1)中相对于计算坐标系的比力$\boldsymbol{f}^{k}$可表示为计算转换过程的解析表达式，将式(8-2)、式(8-15)、式(8-16)代入式(8-1)中，得

$$\hat{\boldsymbol{f}}^{k}=(\boldsymbol{I}-\boldsymbol{\Gamma}^{k}-\boldsymbol{C}_{j}^{k}\boldsymbol{Z}^{j}\boldsymbol{C}_{k}^{j})\boldsymbol{C}_{p0}^{k}\tilde{\boldsymbol{f}}^{\alpha} \tag{8-20}$$

加速度测量误差模型描述如6.3.1.2节：

$$\tilde{\boldsymbol{f}}^{a}=\boldsymbol{f}^{a}+(u)\boldsymbol{f}^{a} \tag{6-22}$$

因此，如果将式(6-22)和由式(7-19)给出的解析表达式$\boldsymbol{f}^{a}$分别代入式(8-20)中，得

$$\hat{\boldsymbol{f}}^{k}=[\boldsymbol{I}-\boldsymbol{\Gamma}^{k}-\boldsymbol{C}_{j}^{k}\boldsymbol{Z}^{j}\boldsymbol{C}_{k}^{j}+\boldsymbol{C}_{p0}^{l}(\Delta\boldsymbol{C}_{a}^{p})^{\mathrm{T}}\boldsymbol{C}_{k}^{p0}]\boldsymbol{C}_{p0}^{k}\boldsymbol{f}^{p}+\boldsymbol{C}_{p0}^{k}(u)\boldsymbol{f}^{a}$$

最后根据上式有$\boldsymbol{C}_{p0}^{k}\boldsymbol{f}^{p}=\boldsymbol{C}_{p0}^{k}\boldsymbol{C}_{j}^{p}\boldsymbol{f}^{j}$。因此，式(8-11)中的$\boldsymbol{C}_{j}^{p}$可用于将平台误差角的影响引入到上述表达式中，结果为

$$\hat{\boldsymbol{f}}^{k}=[\boldsymbol{I}-\boldsymbol{\Gamma}^{k}-\boldsymbol{C}_{j}^{k}\boldsymbol{Z}^{j}\boldsymbol{C}_{k}^{j}-\boldsymbol{C}_{p}^{k}\boldsymbol{D}^{p}\boldsymbol{C}_{k}^{p}+\boldsymbol{C}_{p}^{k}(\Delta\boldsymbol{C}_{a}^{p})^{\mathrm{T}}\boldsymbol{C}_{k}^{p}]\boldsymbol{C}_{j}^{k}\boldsymbol{f}^{j}+\boldsymbol{C}_{p}^{k}(u)\boldsymbol{f}^{a} \tag{8-21}$$

在得到的式(8-21)中，误差项之间的乘积项可忽略不计。式(8-21)中，含有上标的多项式表示由平台坐标系和计算坐标系之间的角速率误差导致的转换误差，即初始对准误差、平台误差角和加速度计非正交性引起的误差。

8.2.1.2 捷联系统

对于捷联系统来说,陀螺仪和加速度计直接安装在载体上。机体坐标即载体坐标系(如3.5节所述)。若认为载体坐标系即为平台坐标系,则系统符合图8.1。且平台坐标系与机体坐标系一致,即$j=p$,在图8.1中,有

$$\hat{\boldsymbol{C}}_p^j=\boldsymbol{I} \tag{8-22}$$

8.2.1节中指出,平台坐标系到计算坐标系的转换过程是用矩阵微分方程表达的。

$$\dot{\hat{\boldsymbol{C}}}=\hat{\boldsymbol{C}}_p^k(\hat{\boldsymbol{\Omega}}_{ip}^p-\hat{\boldsymbol{\Omega}}_{ik}^p) \tag{8-4}$$

其中,角速率$\hat{\boldsymbol{\Omega}}_{ip}^p$由速率陀螺提供,$\hat{\boldsymbol{\Omega}}_{ik}^p$由基于导航计算结果或$k$系与$i$系的已知关系得到。如前所述,这里假定$\hat{\boldsymbol{C}}_p^k$是正交矩阵(参考2.5.1.1节和2.5.1.2节)。

式(8-4)可以利用平台(机体)和计算坐标系之间的转换误差表示为加扰动的形式。表达形式如下:

$$\hat{\boldsymbol{C}}_p^k=(\boldsymbol{I}-\boldsymbol{P}^k)\boldsymbol{C}_p^k \tag{8-23}$$

和

$$\hat{\boldsymbol{\Omega}}_{ip}^p=\boldsymbol{\Omega}_{ip}^p+\delta\boldsymbol{\Omega}_{ip}^p \tag{8-24}$$

以及

$$\hat{\boldsymbol{\Omega}}_{ik}^p=\boldsymbol{\Omega}_{ik}^p+\delta\boldsymbol{\Omega}_{ik}^p \tag{8-25}$$

式中:$\delta\boldsymbol{\Omega}_{ip}^p$为$\boldsymbol{\Omega}_{ip}^p$的计算误差;$\delta\boldsymbol{\Omega}_{ik}^p$为$\boldsymbol{\Omega}_{ik}^p$的计算误差;$\boldsymbol{P}^k$为非正交矩阵,具体表示平台坐标系和计算机坐标之间转换误差角的反对称矩阵。

$$\boldsymbol{P}^k=\begin{bmatrix}0 & -\rho_z & \rho_y\\ \rho_z & 0 & -\rho_x\\ -\rho_y & \rho_x & 0\end{bmatrix}$$

如果把式(8-23)、式(8-24)和式(8-25)代入式(8-4)中,最后得到的表达式采用矢量形式写成如下形式:

$$\dot{\boldsymbol{\rho}}^k=-\boldsymbol{C}_p^k(\delta\boldsymbol{\omega}_{ip}^p-\delta\boldsymbol{\omega}_{ik}^p) \tag{8-26}$$

其中,计算的惯性平台角速度$\hat{\boldsymbol{\omega}}_{ip}^p$可以直接采用速率陀螺输出得到。由5.3.2节知,速率陀螺的输出如下:

$$\tilde{\boldsymbol{\omega}}_{ip}^g=\boldsymbol{\omega}_{ip}^g-\boldsymbol{T}^g\boldsymbol{\omega}_{ip}^g+\frac{(u)\boldsymbol{M}^g}{H} \tag{8-27}$$

$\boldsymbol{T}^g$为仪器扭转比例因子误差矩阵:

$$\boldsymbol{T}^g=\begin{bmatrix}\tau_x & 0 & 0\\ 0 & \tau_y & 0\\ 0 & 0 & \tau_z\end{bmatrix}$$

由式(8-27)得到，正的不确定因素[+$(u)\boldsymbol{M}$]会导致平台惯性角速率估计过高。为了符合6.3.1.1节中用于平台系统的符号约定，有必要让

$$(u)\boldsymbol{\omega}^p=-\frac{(u)\boldsymbol{M}^g}{H}=\{(u)\boldsymbol{\omega}_x,(u)\boldsymbol{\omega}_y,(u)\boldsymbol{\omega}_z\} \tag{8-28}$$

将式(8-5)、式(8-28)代入式(8-27)中，并认为$\tilde{\boldsymbol{\omega}}_{ip}^g=\hat{\boldsymbol{\omega}}_{ip}^p$，得

$$\delta\boldsymbol{\omega}_{ip}^p=(\Delta\boldsymbol{C}_g^p)^{\mathrm{T}}\boldsymbol{\omega}_{ip}^p-\boldsymbol{T}^p\boldsymbol{\omega}_{ip}^p-(u)\boldsymbol{\omega}^p \tag{8-29}$$

除非选择惯性坐标系或其他非当地坐标系作为计算坐标系(如8.2.7节)，参考计算坐标系相对于惯性坐标系的角速率是基于系统计算位置信息得到的，在计算过程中，因为没有确定计算坐标系，因此误差解析表达式$\delta\boldsymbol{\omega}_{ik}^p$不能描述为导航误差。然而，可以看出，角速率$\hat{\boldsymbol{\omega}}_{ik}^p$必须投影至平台系才能应用在式(8-4)中。因此

$$\hat{\boldsymbol{\omega}}_{ik}^p=\hat{\boldsymbol{C}}_k^p\hat{\boldsymbol{\omega}}_{ik}^k$$

如果将式(8-23)中的解析表达式$\hat{\boldsymbol{C}}_k^p$代入上式，得

$$\delta\boldsymbol{\omega}_{ik}^p=\boldsymbol{C}_k^p\delta\boldsymbol{\omega}_{ik}^k+\boldsymbol{C}_k^p\boldsymbol{P}^k\boldsymbol{\omega}_{ik}^k \tag{8-30}$$

将式(8-29)和式(8-30)代入式(8-26)，得到平台与计算坐标系之间误差角的向量微分方程为

$$\dot{\boldsymbol{\rho}}^k+\boldsymbol{\Omega}_{ik}^k\boldsymbol{\rho}^k=\delta\boldsymbol{\omega}_{ik}^k+\boldsymbol{C}_p^k[\boldsymbol{T}^p-(\Delta\boldsymbol{C}_g^p)^{\mathrm{T}}]\boldsymbol{\omega}_{ip}^p+\boldsymbol{C}_p^k(u)\boldsymbol{\omega}^p \tag{8-31}$$

式(8-31)微分方程的初始状态为$\boldsymbol{\rho}^k(0)$，即初始失准角随平台坐标和计算坐标系之间的不一致的增加而增大。

对于比力信息沿k系的计算结果$\hat{\boldsymbol{f}}^k$可通过将式(8-23)代入式(8-1)得到的误差矢量来表示。需要注意的是，利用式(8-22)得到$\hat{\boldsymbol{C}}_p^j=\boldsymbol{I}$和$\hat{\boldsymbol{C}}_a^p=\boldsymbol{I}$中不包含加速度的非正交性补偿。因此

$$\hat{\boldsymbol{f}}^k=(\boldsymbol{I}-\boldsymbol{P}^k)\tilde{\boldsymbol{f}}^a$$

依据加速度计的不确定性，并通过式(6-22)和式(7-19)计算得到的加速度计非正交性，可以将表达式$\hat{\boldsymbol{f}}^k$写为

$$\hat{\boldsymbol{f}}^k=[\boldsymbol{I}-\boldsymbol{P}^k+\boldsymbol{C}_p^k(\Delta\boldsymbol{C}_a^p)^{\mathrm{T}}\boldsymbol{C}_k^p]\boldsymbol{C}_p^k\boldsymbol{f}^p+\boldsymbol{C}_p^k(u)\boldsymbol{f}^a \tag{8-32}$$

从式(8-32)可以看出，转换矩阵误差随平台坐标系到计算坐标系转换矩阵(式(8-4)的解)和加速度计非正交性引起误差而增大。转换矩阵$\boldsymbol{P}^p$满足式(8-31)，因此可以得到一个与沿计算坐标系的惯性角速率误差函数、陀螺扭矩不确定性、输入轴非正交性、漂移不确定性等因素相关的函数。

8.2.2 姿态误差(水平和方位误差)

地面导航系统的姿态误差定义为平台坐标系和地理坐标系之间的正交转换误差沿地理坐标系的投影。平台坐标系上的物理量测量转换到地理坐标系时会存在转换误差,上述姿态误差定义可以描述这种转换误差。如 6.3.1.9 节所述,通常情况下,姿态误差并不等价于平台误差,尽管在第 7 章中我们假设在当地水平系统中这种等价关系是成立的。下面我们分别推导了平台惯性导航系统与捷联惯性导航系统的姿态误差方程,但实质上系统误差方程与惯性导航系统机械编排形式是无关的。

对于任意类型系统,计算姿态误差相当于计算平台坐标系和地理坐标系之间的转换矩阵$\hat{\boldsymbol{C}}_p^n$。为方便计算,有必要定义一个描述计算坐标系和地理坐标系之间转换关系的传递矩阵 $\hat{\boldsymbol{C}}_k^n$,它是利用导航解算信息计算得到的。假设$\hat{\boldsymbol{C}}_k^n$是正交矩阵,可以得到如下微分方程:

$$\dot{\hat{\boldsymbol{C}}}_k^n = \hat{\boldsymbol{C}}_k^n \hat{\boldsymbol{\Omega}}_{nk}^k \tag{8-33}$$

其中,计算角速率可写为$\hat{\boldsymbol{\Omega}}_{nk}^k = \boldsymbol{\Omega}_{nk}^k + \delta\boldsymbol{\Omega}_{nk}^k$,$\hat{\boldsymbol{C}}_k^n$可以写成如下形式:

$$\hat{\boldsymbol{C}}_k^n = (\boldsymbol{I} - \boldsymbol{\Psi}^n)\boldsymbol{C}_k^n \tag{8-34}$$

其中,$\boldsymbol{\Psi}^n$是误差角矢量 $\boldsymbol{\psi}^n$的反对称阵,而 $\boldsymbol{\psi}^n$描述了两个坐标系之间的转换误差角。当量测量沿地理坐标系正向时,该转换误差角同样定义为正。将计算角速度和式(8-34)代入式(8-33),得出误差角微分方程为

$$\dot{\boldsymbol{\psi}}^n = -\boldsymbol{C}_k^n \delta\boldsymbol{\omega}_{nk}^k \tag{8-35}$$

式中:$\delta\boldsymbol{\omega}_{nk}^k$为由于导航误差引入的$\hat{\boldsymbol{\omega}}_{nk}^k$计算误差。

8.2.2.1 平台系统

对于平台系统而言,姿态误差可表示为矩阵的乘积形式:

$$\hat{\boldsymbol{C}}_p^n = \hat{\boldsymbol{C}}_k^n \hat{\boldsymbol{C}}_j^k \hat{\boldsymbol{C}}_p^j \tag{8-36}$$

变换矩阵$\hat{\boldsymbol{C}}_p^j$ 通过式(8-15)计算得到;$\hat{\boldsymbol{C}}_j^k$ 通过式(8-16)得到,$\hat{\boldsymbol{C}}_k^n$ 通过式(8-34)得到。另外,由式(8-12)可以得出 $\boldsymbol{C}_{p0}^j = \boldsymbol{C}_p^j \boldsymbol{C}_{p0}^p = \boldsymbol{C}_p^j(\boldsymbol{I} - \boldsymbol{D}^p)$,因此式(8-36)还可以写成:

$$\hat{\boldsymbol{C}}_p^n = (\boldsymbol{I} - \boldsymbol{E}^n)\boldsymbol{C}_p^n \tag{8-37}$$

其中,姿态误差 $\boldsymbol{E}^n$有如下定义方式:

$$\boldsymbol{E}^n = \boldsymbol{\Psi}^n + \boldsymbol{C}_k^n \boldsymbol{\Gamma}^k \boldsymbol{C}_n^k + \boldsymbol{C}_p^n \boldsymbol{D}^p \boldsymbol{C}_n^p + \boldsymbol{C}_j^n \boldsymbol{Z}^j \boldsymbol{C}_n^j \tag{8-38}$$

为得到姿态误差微分方程,将式(8-38)写成矩阵形式,然后方程两边同时左乘 $\boldsymbol{C}_n^p$,再对时间微分。利用式(8-18)求$\dot{\boldsymbol{\gamma}}^k$,利用式(8-19)求$\dot{\boldsymbol{d}}^p$,利用

式(8-35)求$\dot{\boldsymbol{\psi}}^n$,则可以得到一个中间结果:

$$\dot{\boldsymbol{\varepsilon}}^n+\boldsymbol{\Omega}_{in}^n\boldsymbol{\varepsilon}^n-\boldsymbol{C}_k^n(\delta\boldsymbol{\omega}_{ij}^k-\delta\boldsymbol{\omega}_{kj}^k-\delta\boldsymbol{\omega}_{nk}^k)=\boldsymbol{\Omega}_{in}^n\boldsymbol{\psi}^n+\boldsymbol{\Omega}_{jp}^n\boldsymbol{C}_p^n\boldsymbol{d}^p$$
$$+\boldsymbol{\Omega}_{jp}^n\boldsymbol{C}_j^n\zeta^j+\boldsymbol{C}_p^n(\boldsymbol{T}^p+\Delta\boldsymbol{C}_g^p)\boldsymbol{\omega}_{ij}^p+\boldsymbol{C}_p^n(u)\boldsymbol{\omega}^p$$

由式(8-38)得

$$\boldsymbol{\Omega}_{pn}^n\boldsymbol{\varepsilon}^n=\boldsymbol{\Omega}_{in}^n\boldsymbol{\varepsilon}^n-\boldsymbol{\Omega}_{ip}^n\boldsymbol{\varepsilon}^n=\boldsymbol{\Omega}_{in}^n\boldsymbol{\varepsilon}^n-\boldsymbol{\Omega}_{ip}^n(\boldsymbol{\psi}^n+\boldsymbol{C}_k^n\boldsymbol{\gamma}^k+\boldsymbol{C}_p^n\boldsymbol{d}^p+\boldsymbol{C}_j^n\boldsymbol{\zeta}^j)$$

因为机械参考坐标系j以一个非常小的角速率误差相对于平台坐标系p旋转,其包含的$\boldsymbol{\Omega}_{jp}^n$项是二阶的,并且$\boldsymbol{\omega}_{ij}^p$可以在微分方程中被$\boldsymbol{\omega}_{ip}^p$替代。这些近似方式使得

$$\dot{\boldsymbol{\varepsilon}}^n+\boldsymbol{\Omega}_{in}^n\boldsymbol{\varepsilon}^n-\boldsymbol{C}_k^n(\delta\boldsymbol{\omega}_{ij}^k-\delta\boldsymbol{\omega}_{kj}^k-\delta\boldsymbol{\omega}_{nk}^k)=\boldsymbol{\Omega}_{in}^n\boldsymbol{\psi}^n+\boldsymbol{C}_p^n(\boldsymbol{T}^p+\Delta\boldsymbol{C}_g^p)\boldsymbol{\omega}_{ip}^p+\boldsymbol{C}_p^n(u)\boldsymbol{\omega}^p$$

最后得到:

$$\hat{\boldsymbol{\omega}}_{ik}^k=\hat{\boldsymbol{\omega}}_{ij}^k-\hat{\boldsymbol{\omega}}_{kj}^k-\hat{\boldsymbol{\omega}}_{nk}^k$$

并且

$$\delta\boldsymbol{\omega}_{ij}^k-\delta\boldsymbol{\omega}_{kj}^k-\delta\boldsymbol{\omega}_{nk}^k=\delta\boldsymbol{\omega}_{in}^k$$

其中

$$\delta\boldsymbol{\omega}_{ij}^k=\hat{\boldsymbol{\omega}}_{ij}^k-\boldsymbol{\omega}_{ij}^k$$
$$\delta\boldsymbol{\omega}_{kj}^k=\hat{\boldsymbol{\omega}}_{kj}^k-\boldsymbol{\omega}_{kj}^k$$
$$\delta\boldsymbol{\omega}_{nk}^k=\hat{\boldsymbol{\omega}}_{nk}^k-\boldsymbol{\omega}_{nk}^k$$

因此,平台系统的姿态误差微分方程如下:

$$\dot{\boldsymbol{\varepsilon}}^n+\boldsymbol{\Omega}_{in}^n\boldsymbol{\varepsilon}^n-\boldsymbol{C}_k^n\delta\boldsymbol{\omega}_{in}^k-\boldsymbol{\Omega}_{in}^n\boldsymbol{\psi}^n=\boldsymbol{C}_p^n(\boldsymbol{T}^p+\Delta\boldsymbol{C}_g^p)\boldsymbol{\omega}_{ip}^p+\boldsymbol{C}_p^n(u)\boldsymbol{\omega}^p \tag{8-39}$$

求解式(8-39)的代数关系矩阵,其中误差项之间的乘积项忽略不计。

8.2.2.2 捷联系统

对于捷联系统来说,姿态误差与误差矩阵的乘积有关:

$$\hat{\boldsymbol{C}}_p^n=\hat{\boldsymbol{C}}_p^n\hat{\boldsymbol{C}}_p^k \tag{8-40}$$

再一次强调,在捷联系统中,p指载体坐标系,p和j坐标系完全相同。如果采用式(8-23)求解$\hat{\boldsymbol{C}}_p^k$,采用式(8-34)求解$\hat{\boldsymbol{C}}_k^n$,则式(8-40)可以写成如下形式:

$$\hat{\boldsymbol{C}}_p^n=(\boldsymbol{I}-\boldsymbol{E}^n)\boldsymbol{C}_p^n \tag{8-41}$$

其中,在这种情况下,有

$$\boldsymbol{E}^n=\boldsymbol{\Psi}^n+\boldsymbol{C}_k^n\boldsymbol{P}^k\boldsymbol{C}_n^k \tag{8-42}$$

将式(8-42)写成矢量形式,然后方程两边同时左乘$\boldsymbol{C}_n^k$,并对时间微分。利用式(8-31)和式(8-35)可以分别求出$\dot{\boldsymbol{\rho}}^k$和$\dot{\boldsymbol{\psi}}^n$的简化结果表达式。再通过代数运算且忽略二阶项得到如下结果:

$$\dot{\boldsymbol{\varepsilon}}^n+\boldsymbol{\Omega}_{in}^n-\boldsymbol{C}_k^n\delta\boldsymbol{\omega}_{in}^k-\boldsymbol{\Omega}_{in}^n\boldsymbol{\psi}^n=\boldsymbol{C}_p^n[\boldsymbol{T}^p-(\Delta\boldsymbol{C}_g^p)^{\mathrm{T}}]\boldsymbol{\omega}_{ip}^p+\boldsymbol{C}_p^n(u)\boldsymbol{\omega}^p \tag{8-43}$$

比较式(8-39)和式(8-43)可知,平台系统与捷联系统的姿态误差表达式在形式上极其相似,区别在于陀螺非正交力矩项。

8.2.3 比力与姿态的关系

对于沿计算参考坐标系表达的比力$\hat{\boldsymbol{f}}^k$的解析式(式(8-21)对应于平台系统,式(8-32)对应于捷联系统),如果它们写成姿态误差函数会具有统一性。对于平台系统,可以通过将式(8-38)的$\boldsymbol{E}^n$代入式(8-21)和将式(8-42)代入式(8-32)来得到该结果。因此,对于任意平台系统或捷联系统,有

$$\hat{\boldsymbol{f}}^k = [\boldsymbol{I} - \boldsymbol{C}_n^k(\boldsymbol{E}^n - \boldsymbol{\Psi}^n)\boldsymbol{C}_k^n + \boldsymbol{C}_p^k(\Delta\boldsymbol{C}_a^k)^{\mathrm{T}}\boldsymbol{C}_k^p]\boldsymbol{f}^k + \boldsymbol{C}_p^k(u)\boldsymbol{f}^a \tag{8-44}$$

其中,$\boldsymbol{E}^n$由式(8-39)或式(8-43)给出,$\boldsymbol{\Psi}^n$由式(8-35)给出。

8.2.4 地心位置矢量大小计算

在第6章和第7章中讨论了空间稳定型与当地水平型惯性导航系统,根据分析结果可知地心位置矢量大小与引力场、经纬度和高度计算有关。下面是对非线性估计相关知识的介绍:

$$\hat{r} = (\hat{r}_a)^{\alpha}(\hat{r}_i)^{1-\alpha} \tag{6-15}$$

$$\hat{r}^2 = (\hat{r}_a)^{\kappa}(\hat{r}_i)^{2-\kappa} \tag{7-4}$$

$$\hat{r}^3 = (\hat{r}_a)^{\kappa}(\hat{r}_i)^{3-\kappa} \tag{6-8}$$

它的一般形式为

$$\hat{r}^n = (\hat{r}_a)^{\kappa}(\hat{r}_i)^{n-\kappa} \quad n=1,2,3;\text{对于所有的}\ \kappa \tag{8-45}$$

所有系统方程都可以写成如下规范形式:

$$\boldsymbol{\Lambda x} = \boldsymbol{Q}_j$$

其中,对于空间稳定型系统,有$j=i$,$\boldsymbol{Q}_j$由式(6-63)给出;对于当地水平型系统,有$j=n$,$\boldsymbol{Q}_n$由式(7-40)给出,规范矩阵$\boldsymbol{\Lambda}$由图6.3给出,可见对于任意κ值可以将其应用于这两类系统,但只有在$\alpha=0$时成立。换句话说,为了使用上述规范形式,需要利用惯性信息计算经度、纬度以及高度。另外,在进行重力场计算时还可能会用到外部高度数据。

一般而言导航计算本质是非线性的,因此计算结果看起来并不稳定。另外,利用外部信息使垂直通道稳定或利用该信息计算位置的惯性系统为非线性混合系统。因此,在利用地心位置矢量计算经度、纬度以及高度时,就不难发现线性化误差不仅与采用的计算方法有关,还与选择的α有关(如6.3.1.7节)。进一步,系统的误差特性将与所采用的惯性与外部高度数据融合方法有关,也就是与采用的$\hat{\boldsymbol{r}}$估计器的解析式有关。

显然,$\hat{r}$估计也可以采用其他形式。正如第6章和第7章中所分析的,为了替代非线性估计,认为线性估计近似如下:

$$\hat{r} = v\,\hat{r}_a + (1-v)\hat{r}_i \tag{8-46}$$

其中,权值项 v 的取值范围在 0 ~ 1 之间。$v=0$ 时,对应只采用惯性导航系统的情况;$v=1$ 时,对应只采用外测信息的情况。如果利用第 6 章分析方式,将上式改写为扰动形式时,有

$$\hat{r}_i = r + \frac{(\boldsymbol{r}^i)^{\mathrm{T}}\delta\boldsymbol{r}^i}{r} \tag{8-29}$$

$$\hat{r}_a = r + \delta h_a \tag{6-30}$$

得出

$$\hat{r} = r\left[1 + \frac{(1-v)(\boldsymbol{r}^i)^{\mathrm{T}}\delta\boldsymbol{r}^i}{r^2} + \frac{v\delta h_a}{r}\right] \tag{8-47}$$

因此,如果非线性估计方法(式(6 - 15))被写为引入干扰项的形式,则与式(8-47)有相同形式。

$$\hat{r} = r\left[1 + \frac{(1-\alpha)(r^i)^{\mathrm{T}}\delta r^i}{r^2} + \frac{\alpha\delta h_a}{r}\right] \tag{8-48}$$

因此,可以得出权值因子在 $0 \leqslant (\alpha = v) \leqslant 1$ 的范围内取任意值时,可以得到线性误差的非线性和线性估计结果。

然而,式(8-46)中线性估计结果的平方或立方与对 $\hat{r}^2$ 和 $\hat{r}^3$ 进行非线性估计的结果完全不同,将线性估计结果的平方项和立方项写成扰动形式,则有

$$\hat{r}^2 = r^2\left[1 + 2(1-v)\frac{(\boldsymbol{r}^i)^{\mathrm{T}}\delta\boldsymbol{r}^i}{r^2} + \frac{2v\delta h_a}{r}\right] \tag{8-49}$$

和

$$\hat{r}^3 = r^3\left[1 + 3(1-v)\frac{(r^i)^{\mathrm{T}}\delta\boldsymbol{r}^i}{r^2} + \frac{3v\delta h_a}{r}\right] \tag{8-50}$$

因此,相应非线性估计结果由式(7-4)和式(6 - 8)给出

$$\hat{r}^2 = r^2\left[1 + (2-\kappa)\frac{(\boldsymbol{r}^i)^{\mathrm{T}}\delta\boldsymbol{r}^i}{r^2} + \frac{\kappa\delta h_a}{r}\right] \tag{8-51}$$

$$\hat{r}^3 = r^3\left[1 + (3-\kappa)\frac{(\boldsymbol{r}^i)^{\mathrm{T}}\delta\boldsymbol{r}^i}{r^2} + \frac{\kappa\delta h_a}{r}\right] \tag{8-52}$$

显而易见,κ 和 v 之间是一一对应关系,计算 $\hat{r}^2$ 时,采用 $\kappa = 2v$,计算 $\hat{r}^3$ 时,采用 $\kappa = 3v$。并且由式(8 - 49)和式(8 - 50)得出的误差方程与由式(8-51)和式(8-52)得出的误差方程是有区别的。需要注意的是,v 取值在 0 到 1 之间,而 κ 可以取任意值,但是从图 6.3 可知为了确保姿态高度运算,通常取 $\kappa \geqslant 2$。

对于利用式(8-46)作为线性估计方法来计算 $\hat{r}$ 时,对于空间稳定型系统令式(6 - 62)中的 $\kappa = 3v$,对于当地水平系统可以使式(7-30)中的 $\kappa = 2v$,通过这两个取值可以确定系统误差方程。而这种替换导致两系统的 $\boldsymbol{\Lambda}$ 表达式存在些

许差异，Λ_{66}包括$p^2+(3v-2)\omega_s^2$（对于空间稳定系统），$p^2+2(v-1)\omega_s^2$（对于当地水平系统）。为了使最后的误差方程尽可能通用，由式(8-45)给出了用于引力场计算的非线性估计方法：

$$\hat{r}^n=(\hat{r}_a)^{\kappa}(\hat{r}_i)^{n-\kappa} \qquad n=1,2,3,\cdots;\text{对于所有的 }\boldsymbol{\kappa} \tag{8-45}$$

其中，根据第 6 章可知：

$$\hat{r}_a=\hat{r}_0+\widetilde{h} \tag{6-10}$$

用下式计算惯性位置矢量，有

$$\hat{\boldsymbol{r}}_i=[(\hat{\boldsymbol{r}}^k)^{\mathrm{T}}\boldsymbol{r}^k]^{1/2} \tag{8-53}$$

8.2.5 重力场的计算

对于利用解析表达式(4-32)计算的大多数地面惯性导航系统重力场矢量而言，可以写成如下式：

$$\boldsymbol{G}^i=-\frac{u}{r^3}\begin{bmatrix}K_e & 0 & 0\\ 0 & K_e & 0\\ 0 & 0 & K_p\end{bmatrix}\boldsymbol{r}^i \tag{8-54}$$

其中，赤道和极地常量K_e和K_p由下式给出：

$$K_e=1+\frac{3}{2}J_2\left(\frac{r_e}{r}\right)^2(1-5\sin^2L_c)$$

$$K_p=1+\frac{3}{2}J_2\left(\frac{r_e}{r}\right)^2(3-5\sin^2L_c)$$

对于k取值任意的重力场解析表达式，可以通过一种简单的投影变换过程实现，即将式(8-54)投影至k坐标系。因此有

$$\boldsymbol{G}^k=-\frac{u}{r^3}\begin{bmatrix}K_e & 0 & 0\\ 0 & K_e & 0\\ 0 & 0 & K_p\end{bmatrix}\boldsymbol{r}^k \tag{8-55}$$

如果采用前面章节讨论的非线性估计计算方法来计算地理位置矢量大小，重力矢量的计算如下：

$$\hat{\boldsymbol{G}}^k=-\frac{u}{(\hat{r}_a)^{\kappa}(\hat{r}_i)^{3-\kappa}}\begin{bmatrix}\hat{K}_e & 0 & 0\\ 0 & \hat{K}_e & 0\\ 0 & 0 & \hat{K}_p\end{bmatrix}\hat{\boldsymbol{r}}^{\kappa} \tag{8-56}$$

重力场计算误差公式与 6.3.1.5 节的空间稳定型系统的推到方式和结论一致，即

$$\delta\boldsymbol{G}^k=\frac{u}{r^3}\left[\frac{\boldsymbol{\kappa}\boldsymbol{r}^k\delta h_a}{r}+(3-\boldsymbol{\kappa})\frac{(\boldsymbol{r}^k)^{\mathrm{T}}\delta\boldsymbol{r}^k\boldsymbol{r}^k}{r^2}-\delta\boldsymbol{r}^k\right] \tag{8-57}$$

其中

$$\delta \boldsymbol{G}^k = \hat{\boldsymbol{G}}^k - \boldsymbol{G}_e^k \tag{8-58}$$

与参考椭球面相关的重力场可以利用式(4-38)得

$$\boldsymbol{G}_e^k = \boldsymbol{G}^k - \boldsymbol{C}_n^k \Delta \boldsymbol{G}^n \tag{8-59}$$

其中

$$\Delta \boldsymbol{G}^n = \{\varepsilon g, -\eta g, \Delta g\} \tag{4-39}$$

式(8-59)代入式(8-58)得

$$\hat{\boldsymbol{G}}^k = \boldsymbol{G}^k + \delta \boldsymbol{G}^k - \boldsymbol{C}_n^k \Delta \boldsymbol{G}^n \tag{8-60}$$

8.2.6 加速度、速度和位置计算

利用沿计算坐标系的测量比力信息,可以得到加速度信息,计算方法为

$$\boldsymbol{f}^k = \boldsymbol{C}_i^k \ddot{\boldsymbol{r}}^i - \boldsymbol{G}^k$$

但是通过式(2-7)可知,惯性参考加速度与计算坐标系的加速度相关,因此有

$$\ddot{\boldsymbol{r}}^i = \boldsymbol{C}_k^i(\ddot{\boldsymbol{r}}^k + 2\boldsymbol{\Omega}_{ik}^k \dot{\boldsymbol{r}}^k + \dot{\boldsymbol{\Omega}}_{ik}^k \boldsymbol{r}^k + \boldsymbol{\Omega}_{ik}^k \boldsymbol{\Omega}_{ik}^k \boldsymbol{r}^k) \tag{8-61}$$

利用下式可以得到沿计算坐标系的加速度:

$$\ddot{\hat{\boldsymbol{r}}}^k = \hat{\boldsymbol{f}}^k + \hat{\boldsymbol{G}}^k - 2\hat{\boldsymbol{\Omega}}_{ik}^k \dot{\hat{\boldsymbol{r}}}^k - \dot{\hat{\boldsymbol{\Omega}}}_{ik}^k \hat{\boldsymbol{r}}^k - \hat{\boldsymbol{\Omega}}_{ik}^k \hat{\boldsymbol{\Omega}}_{ik}^k \hat{\boldsymbol{r}}^k \tag{8-62}$$

计算参考速度和位置的公式可由式(8-62)的积分得到:

$$\dot{\hat{\boldsymbol{r}}}^k = \int \ddot{\hat{\boldsymbol{r}}} \mathrm{d}t + \dot{\hat{\boldsymbol{r}}}^k(0) \tag{8-63}$$

$$\hat{\boldsymbol{r}}^k = \int \dot{\hat{\boldsymbol{r}}}^k \mathrm{d}t + \hat{\boldsymbol{r}}^k(0) \tag{8-64}$$

将式(8-62)表示为引入干扰项的形式:

$$\hat{\boldsymbol{r}}^k = \boldsymbol{r}^k + \delta \boldsymbol{r}^k$$

$$\hat{\boldsymbol{\Omega}}_{ik}^k = \boldsymbol{\Omega}_{ik}^k + \delta \boldsymbol{\Omega}_{ik}^k$$

采用式(8-60)替换$\hat{\boldsymbol{G}}^k$,式(8-44)替换$\hat{\boldsymbol{f}}^k$,式(8-57)替换 $\delta \boldsymbol{G}^k$,得

$$\begin{aligned}
&\delta \ddot{\boldsymbol{r}}^k + 2\boldsymbol{\Omega}_{ik}^k \delta \dot{\boldsymbol{r}}^k + \left\{\dot{\boldsymbol{\Omega}}_{ik}^k + \boldsymbol{\Omega}_{ik}^k \boldsymbol{\Omega}_{ik}^k + \omega_s^2\left[(\kappa-2)\boldsymbol{I} + \frac{(\kappa-3)\boldsymbol{R}^k \boldsymbol{R}^k}{r^2}\right]\right\}\delta \boldsymbol{r}^k \\
&= -\boldsymbol{C}_n^k(\boldsymbol{E}^n - \boldsymbol{\psi}^n)\boldsymbol{C}_k^n \boldsymbol{f}^k + \boldsymbol{C}_p^k(\Delta \boldsymbol{C}_a^p)^{\mathrm{T}} \boldsymbol{C}_k^p \boldsymbol{f}^k + \boldsymbol{C}_p^k(u)\boldsymbol{f}^a + \\
&\quad \frac{u}{r^4}\kappa \boldsymbol{r}^k \delta h_a - \boldsymbol{C}_n^k \Delta \boldsymbol{G}^n - 2\delta \boldsymbol{\Omega}_{ik}^k \dot{\boldsymbol{r}}^k - \delta \dot{\boldsymbol{\Omega}}_{ik}^k \boldsymbol{r}^k - (\delta \boldsymbol{\Omega}_{ik}^k \boldsymbol{\Omega}_{ik}^k + \boldsymbol{\Omega}_{ik}^k \delta \boldsymbol{\Omega}_{ik}^k)\boldsymbol{r}^k
\end{aligned} \tag{8-65}$$

其中,需要注意的是,式(6-36)中有

$$\frac{u}{r^3}\delta \boldsymbol{r}^k - \frac{u}{r^5}(3-\kappa)(\boldsymbol{r}^k)^{\mathrm{T}} \delta \boldsymbol{r}^k \boldsymbol{r}^k = \omega_s^2\left[(\kappa-2)\boldsymbol{I} + \frac{(\kappa-3)\boldsymbol{R}^k \boldsymbol{R}^k}{r^2}\right]\delta \boldsymbol{r}^k$$

式中:$\boldsymbol{R}^k$为 $\boldsymbol{r}^k$的反对称矩阵;$\omega_s = \sqrt{g/r} \cong \sqrt{\mu/r^3}$为舒勒频率。

8.2.7 纬度、经度和高度计算

相对于 k 坐标系的地心位置矢量的计算估计结果一定与纬度、经度和高度相关。因为 k 坐标系是一个任意的计算坐标系，因此，它不可能精确阐述$\hat{r}^k$的构成以及与经度、纬度和高度之间的关系。

对于在当地坐标系计算地心位置矢量$\hat{r}^k$的系统，不计算其经度和纬度等导航信息。例如，如果地心测量坐标系作为仪器测量的参考系，位置向量的理想计算方法由式(4-6)给出：

$$\boldsymbol{r}^n = \{ -r_0\sin D_0, 0, -r_0\cos D_0 - h\}$$

需要注意的是，高度信息可以从上式得出，而无法得到纬度和经度信息。如果计算坐标系是当地坐标系，则沿计算机参考坐标系的位置向量需要转换到辅助参考坐标系上（比如惯性坐标系），以得到系统的纬度和经度信息。实际应用过程中，如果选择当地坐标系为计算坐标系，计算方案类似于第 7 章中当地水平系统计算常用的方案。也就是说，系统的经度和纬度分别等于线性速度数据的积分再除以地球半径。但是，系统误差方程与计算机流程图无关，只提供惯性信息的应用 。

对于在参考坐标系中计算的系统，该参考坐标系相对于惯性坐标系的位置以及其轴线指向方向不依照系统计算的位置信息，比如地球坐标系、切线坐标系以及惯性坐标系自身，则存在如下函数关系：

$$\{\hat{L}, \hat{l}, \hat{h}_i\} = f(\hat{\boldsymbol{r}}^k)$$

该函数关系式与式(6-14)、式(6-16)、式(6-17)表示的空间稳定型系统相似，并且这个函数关系是非线性的，重要的是，该数学关系可以沿计算坐标系表示。

根据第 6 章分析可知，如果导航计算沿惯性轴并且在计算中仅包含与位置矢量相关部分（$\hat{\boldsymbol{r}}^i$的元素），则经度、纬度和高度误差可以通过式(6-40)表示为与矢量误差有关的表达式：

$$\delta\boldsymbol{n} = \{r\delta L, r\delta l\cos L, -\delta h_i\} = \boldsymbol{C}_i^n \delta\boldsymbol{r}^i \tag{8-66}$$

需要注意的是，式(6-40)中的 δh 被替换为式(8-66)中的 δh_i，该高度信息利用系统计算位置矢量进一步计算得到。对式(8-66)进行简单物理解释，δL，$r\delta l\cos L$，δh_i分别为计算参考坐标系误差矢量沿北向、东向和地向的投影。由导航误差矢量 $\delta\boldsymbol{n}$ 沿坐标系的三个投影中包含参考位置信息，因此 $\delta\boldsymbol{n}$ 不能等价于地心位置参考坐标系。这些标量计算引起的误差如式(8-66)所示，式中严格地描述了各误差项的具体数学形式。

与通常定义一样，$\delta\boldsymbol{n}$ 不等价于误差矢量 $\delta\boldsymbol{r}^n$。为了阐述它们之间的区别，认为计算地心位置矢量可以从惯性坐标系投影至地心坐标系。因此，转换过程需要一个坐标转换矩阵，如下：

$$\hat{\boldsymbol{r}}^n = \hat{\boldsymbol{C}}_i^n \hat{\boldsymbol{r}}^i$$

误差矢量 $\delta \boldsymbol{r}^i$ 可以通过将上式的 $\delta \boldsymbol{r}^n$ 经过代换 $\boldsymbol{r}^n = \boldsymbol{r}^n + \delta \boldsymbol{r}^n$ 和 $\hat{\boldsymbol{r}}^i = \boldsymbol{r}^i + \delta \boldsymbol{r}^i$ 得到，利用式(2 - 16)替换 $\boldsymbol{C}_i^n = (\boldsymbol{I} - \boldsymbol{N}^n)\boldsymbol{C}_i^n$，得

$$\delta \boldsymbol{r}^n = \boldsymbol{C}_i^n \delta \boldsymbol{r}^i - \boldsymbol{N}^n \boldsymbol{r}^n = \delta \boldsymbol{n} - \boldsymbol{N}^n \boldsymbol{r}^n$$

显然

$$\delta \boldsymbol{n} \neq \delta \boldsymbol{r}^n$$

因此，式(8–66)可解释为一个误差矢量间的关系而不是计算位置矢量 $\hat{\boldsymbol{r}}^n$，$\hat{\boldsymbol{r}}^i$ 之间的关系。

根据前面的讨论，如果计算坐标系采用一个当地坐标系，有必要将计算的位置坐标系 $\hat{\boldsymbol{r}}^k$ 转换到辅助参考坐标系，进而获取经度和纬度信息。由于转换误差的引入，式(8–66)给出的误差关系形式将不再适用。为了研究其可能性，通过将位置向量转换到惯性坐标系并采用 6.2.5 节的方法，进而计算经度、纬度和高度信息。惯性参考地心位置矢量用下式计算：

$$\hat{\boldsymbol{r}}^i = \hat{\boldsymbol{C}}_k^i \hat{\boldsymbol{r}}^k \tag{8–67}$$

其中，误差矢量 $\delta \boldsymbol{r}^i$ 可以通过上式中引入 $\delta \boldsymbol{r}^k$ 的扰动形式来得到其表达形式，但这之前要确定 $\hat{\boldsymbol{C}}_k^i$。

之前的计算过程，k 坐标系的选取完全任意，并且其与惯性坐标系有一些特定相关。这种转换关系应用到实际中，计算机需要利用系统计算位置计算转换矩阵 $\hat{\boldsymbol{C}}_k^i$，以预先得到两坐标系之间的转换关系。矩阵 $\hat{\boldsymbol{C}}_k$ 的获取有三种可能，第一种是通过一些修正关系使得 k 坐标系绕 i 坐标系旋转，也就是说，$\hat{\boldsymbol{C}}_k^i$ 是常量矩阵。由于这种转换不依靠计算导航参数，因此 $\hat{\boldsymbol{C}}_k^i$ 可以是无误差计算，即 $\hat{\boldsymbol{C}}_k^i = \boldsymbol{C}_k^i$。第二种可能是 k 坐标系绕 i 坐标系以任意角度旋转，但是需先一个先验角速率，例如计算坐标系选择地球坐标系，$k = e$。再一次强调，由于转换不依靠导航参数，所以 $\hat{\boldsymbol{C}}_k^i = \boldsymbol{C}_k^i$。式(3–12)是对于 $k = e$ 情况的解释。第三种可能是 k 坐标系方向与 i 坐标系的关系依赖于系统计算的位置，即计算坐标系是当地坐标系。转换过程需要一个坐标转换矩阵，如下：

$$\hat{\boldsymbol{C}}_k^i = \hat{\boldsymbol{C}}_n^i \hat{\boldsymbol{C}}_k^n \tag{8–68}$$

将式(2 - 16)和式(8–34)代入式(8–64)，将式(8–64)写成转换误差的形式 $\hat{\boldsymbol{C}}_n^i = \hat{\boldsymbol{C}}_n^i(\boldsymbol{I} + \boldsymbol{N}^n)$ 和 $\hat{\boldsymbol{C}}^n = (\boldsymbol{I} - \boldsymbol{\Psi}^n)\boldsymbol{C}_k^n$，代入后得到：

$$\hat{\boldsymbol{C}}_k = [\boldsymbol{I} - (\boldsymbol{\Psi}^i - \boldsymbol{N}^i)]\boldsymbol{C}_k^i \tag{8–69}$$

然而，上述转换过程必须满足微分方程：

$$\dot{\hat{\boldsymbol{C}}}_k^i = \hat{\boldsymbol{C}}_k^i \hat{\boldsymbol{\Omega}}_{ik}^k \tag{8–70}$$

将式(8–69)代入式(8–70)得

$$\dot{\boldsymbol{\psi}}^n - \dot{\boldsymbol{v}}^n + \boldsymbol{\Omega}_{in}^n(\boldsymbol{\psi}^n - \boldsymbol{v}^n) = -\boldsymbol{C}_n^k \delta\boldsymbol{\omega}_{ik}^k \tag{8-71}$$

其中

$$\delta\boldsymbol{\omega}_{ik}^k = \hat{\boldsymbol{\omega}}_{ik} - \boldsymbol{\omega}_{ik}$$

除非计算坐标系采用当地坐标系，若 $\delta\boldsymbol{\omega}_{ik}^k = \mathbf{0}$ 且假设初始条件为 $\mathbf{0}$，则有

$$\boldsymbol{\psi}^n = \boldsymbol{v}^n \qquad k \text{ 为非当地坐标系} \tag{8-72}$$

另一方面，如果计算坐标系是当地坐标系，$\delta\boldsymbol{\omega}_{ik}^k \neq \mathbf{0}$，这种情况下计算角速率可写成：

$$\hat{\boldsymbol{\omega}}_{ik}^k = \hat{\boldsymbol{\omega}}_{in}^k + \boldsymbol{\omega}_{nk}^k$$

这是因为，如果坐标系采用当地坐标系，则 $\hat{\boldsymbol{\omega}}_{nk}$ 的计算没有误差。因此，有 $\delta\boldsymbol{\omega}_{ik}^k = \delta\boldsymbol{\omega}_{in}^k = \boldsymbol{C}_n^k \delta\boldsymbol{\omega}_{in}^n$，并且

$$\boldsymbol{\psi}^n = \mathbf{0} \qquad k \text{ 为当地坐标系} \tag{8-73}$$

将式(8-71)分解为

$$\dot{\boldsymbol{v}}^n + \boldsymbol{\Omega}_{in}^n \boldsymbol{v}^n = \delta\boldsymbol{\omega}_{in}^n \qquad k \text{ 为当地坐标系} \tag{8-74}$$

将式(8-69)代入式(8-67)，令 $\hat{\boldsymbol{r}}^i = \boldsymbol{r}^i + \delta\boldsymbol{r}^i$ 和 $\hat{\boldsymbol{r}}^k = \boldsymbol{r}^k + \delta\boldsymbol{r}^k$，得

$$\delta\boldsymbol{r}^i = \boldsymbol{C}_k^i \delta\boldsymbol{r}^k + \boldsymbol{C}_n^i(\boldsymbol{N}^n - \boldsymbol{\Psi}^n)\boldsymbol{r}^n \tag{8-75}$$

将上述结果代入式(8-66)，得

$$\delta\boldsymbol{n} = \boldsymbol{C}_k^n \delta\boldsymbol{r}^k + (\boldsymbol{N}^n - \boldsymbol{\Psi}^n)\boldsymbol{r}^n \tag{8-76}$$

正如先前讨论的，如果 k 坐标系是当地坐标系，则有 $\boldsymbol{\Psi}^n = 0$，否则 $\boldsymbol{\Psi}^n = \boldsymbol{N}^n$。

8.2.8 地球参考速率计算

根据式(4-46)定义的地球参考速率可知，地球参考速率可以由计算参考位置速率来表示，具体形式为

$$\boldsymbol{v}^n = \boldsymbol{C}_e^n \dot{\boldsymbol{r}}^e \tag{4-46}$$

由于 $\dot{\boldsymbol{r}}^e = \boldsymbol{C}_k^e(\dot{\boldsymbol{r}}^k + \boldsymbol{\Omega}_{ek}^k \boldsymbol{r}^k)$，则式(4-46)变为

$$\boldsymbol{v}^n = \boldsymbol{C}_k^n(\dot{\boldsymbol{r}}^k + \boldsymbol{C}_{ek}^k \boldsymbol{r}^k) \tag{8-77}$$

则计算速率可以由上式给出：

$$\hat{\boldsymbol{v}}^n = \hat{\boldsymbol{C}}_k^n(\dot{\boldsymbol{r}}^k + \hat{\boldsymbol{\Omega}}_{ek}^k \hat{\boldsymbol{r}}^k) \tag{8-78}$$

通过替换式(8-78)中的 $\hat{\boldsymbol{v}}^n$，$\hat{\boldsymbol{r}}^k$，$\hat{\boldsymbol{\Omega}}_{ek}^k$，$\hat{\boldsymbol{v}}^n = \boldsymbol{v}^n + \delta\boldsymbol{v}^n$，$\hat{\boldsymbol{r}}^k = \boldsymbol{r}^k + \delta\boldsymbol{r}^k$，$\hat{\boldsymbol{\Omega}}_{ek}^k = \hat{\boldsymbol{\Omega}}_{ek}^k + \delta\boldsymbol{\Omega}_{ek}^k$，以及由式(8-34)得到的 $\hat{\boldsymbol{C}}_k^n = (\boldsymbol{I} - \boldsymbol{\Psi}^n)\boldsymbol{C}_k^n$，可以得到式(8-78)的速率误差：

$$\delta\boldsymbol{v}^n = \boldsymbol{C}_k^n(\delta\boldsymbol{r}^k + \Omega_{ek}^k \delta\boldsymbol{r}^k + \delta\boldsymbol{\Omega}_{ek}^k \boldsymbol{r}^k) - \boldsymbol{\Psi}^n \boldsymbol{v}^n \tag{8-79}$$

通过替换式(8-76)中的 $\delta\boldsymbol{r}^k$，$\delta\boldsymbol{r}^k = \boldsymbol{C}_n^k \delta\boldsymbol{n} + \boldsymbol{C}_n^k(\boldsymbol{\Psi}^n - \boldsymbol{N}^n)\boldsymbol{r}^n$，式(8-79)可写成导航误差形式，但是数学上需要分别考虑当地和非当地计算坐标系两种情况。

如果计算坐标系是非当地坐标系，则式(8-72)有 $\boldsymbol{\Psi}^n = \boldsymbol{N}^n$，因此式(8-76)

可写为

$$\delta \boldsymbol{r}^n = \boldsymbol{C}_n^k \delta \boldsymbol{n} \qquad k \text{ 为非当地坐标系} \tag{8-80}$$

另外,如果计算坐标系是非当地坐标系,$\hat{\boldsymbol{\omega}}_{ek}$计算没有误差,则

$$\delta \boldsymbol{\Omega}_{ek}^k = 0 \qquad k \text{ 为非当地坐标} \tag{8-81}$$

将式(8-80)和式(8-81)代入式(8-79),得

$$\delta \boldsymbol{v}^n = \delta \dot{\boldsymbol{n}} + \boldsymbol{\Omega}_{en}^n \delta \boldsymbol{n} - \boldsymbol{N}^n \boldsymbol{v}^n \tag{8-82}$$

如果计算坐标系是当地坐标系,则有 $\Psi = 0$ 且式(8-76)变为

$$\delta \boldsymbol{r}^k = \boldsymbol{C}_n^k \delta \boldsymbol{n} - \boldsymbol{C}_n^k \boldsymbol{N}^n \boldsymbol{r}^n \qquad k \text{ 为当地坐标系} \tag{8-83}$$

$\delta \boldsymbol{\Omega}_{ek}^k$的解析表达式可在计算坐标系到地球坐标系的计算角速率检验中得到:

$$\hat{\boldsymbol{\omega}}_{ek}^k = \hat{\boldsymbol{C}}_n^k \hat{\boldsymbol{\omega}}_{in}^n - \hat{\boldsymbol{C}}_i^k \hat{\boldsymbol{\omega}}_{ie}^i + \hat{\boldsymbol{\omega}}_{nk}^k$$

因为计算坐标系是当地坐标系,因此有$\hat{\boldsymbol{\omega}}_{nk}^k = \boldsymbol{\omega}_{nk}^k$和$\hat{\boldsymbol{C}}_n^k = \boldsymbol{C}_n^k$。而$\hat{\boldsymbol{\omega}}_{ie}^i = \boldsymbol{\omega}_{ie}^i$,$\hat{\boldsymbol{\omega}}_{in}^n = \boldsymbol{\omega}_{in}^n + \delta \boldsymbol{\omega}_{in}^n$,$\hat{\boldsymbol{\omega}}_{ek}^k = \boldsymbol{\omega}_{ek}^k + \delta \boldsymbol{\omega}_{ek}^k$,则

$$\delta \boldsymbol{\omega}_{ek}^k = \boldsymbol{C}_n^k \delta \boldsymbol{\omega}_{in}^n + \boldsymbol{C}_i^k \boldsymbol{N}^i \boldsymbol{\omega}_{ie}^i \tag{8-84}$$

将式(8-83)和式(8-84)代入式(8-79),有

$$\dot{\boldsymbol{r}}^n = \boldsymbol{v}^n - \boldsymbol{\Omega}_{en}^n \boldsymbol{r}^n$$

根据式(4-49)可以得到:

$$\delta \boldsymbol{v}^n = \delta \dot{\boldsymbol{n}} + \boldsymbol{\Omega}_{en}^n \delta \boldsymbol{n} - \boldsymbol{N}^n \boldsymbol{v}^n + [\boldsymbol{N}^n \boldsymbol{\Omega}_{en}^n - \boldsymbol{\Omega}_{en}^n \boldsymbol{N}^n - \dot{\boldsymbol{N}}^n + \delta \boldsymbol{\Omega}_{in}^n + \boldsymbol{C}_k^n (\boldsymbol{C}_i^k \boldsymbol{N}^i \boldsymbol{\omega}_{ie}^i)^* \boldsymbol{C}_n^k] \boldsymbol{r}^n \tag{8-85}$$

其中,根据第 2 章可知,符号( )*表示括号内矢量的反对称阵。通过分析可知,式(8-85)中与$\boldsymbol{r}^n$进行左乘的中括号项等于0。为了得到这一结果,将中括号内各项变号,同时根据式(2-10)可得$-\boldsymbol{\Omega}_{en}^n \boldsymbol{N}^n + \boldsymbol{N}^n \boldsymbol{\Omega}_{en}^n = -\boldsymbol{\Omega}_{en}^n \boldsymbol{v}^n$,因此

$$[\ ]\boldsymbol{r}^n = \boldsymbol{R}^n (\dot{\boldsymbol{v}}^n + \boldsymbol{\Omega}_{en}^n \boldsymbol{v}^n - \delta \boldsymbol{\omega}_{in}^n - \boldsymbol{C}_i^n \boldsymbol{N}^i \boldsymbol{\omega}_{ie}^i)$$

将式(8-74)代入上式得

$$[\ ]\boldsymbol{r}^n = \boldsymbol{R}^n (-\boldsymbol{\Omega}_{ie}^n \boldsymbol{v}^n + \boldsymbol{\Omega}_{ie}^n \boldsymbol{v}^n) = 0$$

因此,任意坐标系下,地球参考速率误差和通过式(8-82)得到的导航误差相关。将式(8-66)所得的$\delta \boldsymbol{n}$,式(4-51)所得的$\boldsymbol{v}^n$,式(2-17)所得的$\boldsymbol{N}^n$元素代入式(8-82)得到:

$$\begin{bmatrix} \delta v_N \\ \delta v_E \\ \delta v_D \end{bmatrix} = \begin{bmatrix} rp & 0 & \dot{L} \\ -r\,\dot{l}\sin L & r\cos Lp & \dot{l}\cos L \\ 0 & 0 & -p \end{bmatrix} \begin{bmatrix} \delta L \\ \delta l \\ \delta h_i \end{bmatrix} \tag{8-86}$$

将式(6-48)和式(7-35)对比可知,上述表达式可以看成空间稳定型系统和当地水平型系统的理想误差方程。

8.3 误差方程的规范形式

为了将误差方程改写成规范形式：

$$\boldsymbol{\Lambda x}=\boldsymbol{Q}_j$$

有必要写出姿态误差方程组，其中式(8-39)对应平台系统，式(8-43)对应捷联系统，位置误差方程由式(8-65)给出。为了完成方程组，误差方程必须写成姿态误差 $\varepsilon_N,\varepsilon_E,\varepsilon_D$ 和导航误差 $\delta L,\delta l,\delta h_i$ 的相关函数。

要得到姿态误差公式，需要已知计算坐标系和地心坐标系的转换误差 $\boldsymbol{\psi}^n$，以及惯性坐标系和地心坐标系之间角速率的误差 $\delta\boldsymbol{\omega}_{in}^k$。根据式(2-4)给定的基础关系，当用于地球惯性坐标系时，有

$$\dot{\hat{\boldsymbol{C}}}_n^i=\hat{\boldsymbol{C}}_n^i\hat{\boldsymbol{\Omega}}_{in}^n \tag{8-87}$$

计算角速率通过计算参考坐标系得到：

$$\hat{\boldsymbol{\Omega}}_{in}^n=\hat{\boldsymbol{C}}_k^n\hat{\boldsymbol{\Omega}}_{in}^k\hat{\boldsymbol{C}}_n^k$$

将上式代入式(8-87)，并且根据式(2-16)有 $\hat{\boldsymbol{C}}_n^i=\boldsymbol{C}_n^i(\boldsymbol{I}+\boldsymbol{N}^n)$，由式(8-34)得 $\hat{\boldsymbol{C}}_k^n=(\boldsymbol{I}-\boldsymbol{\Psi}^n)\boldsymbol{C}_k^n$，且 $\hat{\boldsymbol{\Omega}}_{in}^k=\boldsymbol{\Omega}_{in}^k+\delta\boldsymbol{\Omega}_{in}^k$，因此

$$\dot{\boldsymbol{v}}^n+\boldsymbol{\Omega}_{in}^n\boldsymbol{v}^n=\boldsymbol{\Omega}_{in}^n\boldsymbol{\psi}^n+\boldsymbol{C}_k^n\delta\boldsymbol{\omega}_{ik}^k \tag{8-88}$$

其中，由式(2-10)得到式(8-88)，即

$$\boldsymbol{\Omega}_{in}^n\boldsymbol{N}^n-\boldsymbol{N}^n\boldsymbol{\Omega}_{in}^n=(\boldsymbol{\Omega}_{in}^n\boldsymbol{v}^n)^*$$

和

$$\boldsymbol{\Omega}_{in}^n\boldsymbol{\Psi}^n-\boldsymbol{\Psi}^n\boldsymbol{\Omega}_{in}^n=(\boldsymbol{\Omega}_{in}^n\boldsymbol{\psi}^n)^*$$

式(8-88)是 $\boldsymbol{v}^n$ 和 $\boldsymbol{\psi}^n$ 之间一个非常有用的关系式，它能从姿态误差微分方程中消除 $\boldsymbol{\psi}^n$。

式(8-88)也可以用来表示地心惯性误差角的解。由于有

$$\hat{\boldsymbol{\omega}}_{in}^k=\hat{\boldsymbol{C}}_n^k\hat{\boldsymbol{\omega}}_{in}^n=\boldsymbol{C}_n^k(\boldsymbol{I}+\boldsymbol{\Psi}^n)(\boldsymbol{\omega}_{in}^n+\delta\boldsymbol{\omega}_{in}^n)$$

并且 $\hat{\boldsymbol{\omega}}_{in}^k=\boldsymbol{\omega}_{in}^k+\delta\boldsymbol{\omega}_{in}^k$，则

$$\delta\boldsymbol{\omega}_{in}^k=\boldsymbol{C}_n^k(\delta\boldsymbol{\omega}_{in}^n+\boldsymbol{\Psi}^n\boldsymbol{\omega}_{in}^n) \tag{8-89}$$

将式(8-89)代入式(8-88)，得到关于 $\boldsymbol{v}^n$ 的微分方程，可用下式表示：

$$\dot{\boldsymbol{v}}^n+\boldsymbol{\Omega}_{in}^n\boldsymbol{v}^n=\delta\boldsymbol{\omega}_{in}^n \tag{8-90}$$

根据式(3-8)，上述式子右边可写成关于经度和纬度误差的函数：

$$\hat{\boldsymbol{\omega}}_{in}^n=\{\dot{\hat{\lambda}}\cos\hat{L},\ -\dot{\hat{L}},\ -\dot{\hat{\lambda}}\sin\hat{L}\}$$

因此

$$\delta\boldsymbol{\omega}_{in}^n=\{-\dot{\lambda}\sin L\delta L+\cos L\delta\dot{\lambda},\ -\delta\dot{L},\ -\dot{\lambda}\cos L\delta L-\sin L\delta\dot{\lambda}\}$$

式(8-90)的解如下:

$$\boldsymbol{v}^n = \{\delta l\cos L,\ -\delta L,\ -\delta l\sin L\} \tag{8-91}$$

需要注意的是,这里忽略了初始经度误差,比如 $\delta l = \delta\lambda$。当然,$\boldsymbol{v}^n$的解与采用式(3-10)的 $\boldsymbol{C}_i^n$矩阵乘积直接得到的解具有相同的形式(参考 2.5.1.1 节)。将式(8-88)和式(8-91)代入式(8-39)和式(8-43),得到的姿态误差方程为

$$\begin{bmatrix} p & \dot\lambda\sin L & -\hat{L} & \dot\lambda\sin L & -\cos Lp \\ -\dot\lambda\sin L & p & -\dot\lambda\cos L & p & 0 \\ \hat{L} & \dot\lambda\cos L & p & \dot\lambda\cos L & \sin Lp \end{bmatrix}\begin{bmatrix} \boldsymbol{\varepsilon}^n \\ \delta L \\ \delta l \end{bmatrix} = \boldsymbol{q}_j \tag{8-92}$$

其中,对于平台系统,有

$$\boldsymbol{q}_j = \boldsymbol{q}_p = \boldsymbol{C}_p^n(u)\boldsymbol{\omega}^p + \boldsymbol{C}_p^n\boldsymbol{T}^p\boldsymbol{\omega}_{ip}^p + \boldsymbol{C}_p^n\Delta\boldsymbol{C}_g^p\boldsymbol{\omega}_{ip}^p \tag{8-93}$$

对于捷联系统,有

$$\boldsymbol{q}_j = \boldsymbol{q}_b = \boldsymbol{C}_b^n(u)\boldsymbol{\omega}^b + \boldsymbol{C}_b^n\boldsymbol{T}^b\boldsymbol{\omega}_{ib}^b - \boldsymbol{C}_b^n(\Delta\boldsymbol{C}_g^p)^{\mathrm{T}}\boldsymbol{\omega}_{ib}^b \tag{8-94}$$

需要注意的是,在对于捷联系统的式(8-94)给定的比力方程中,已经采用机体坐标系代替了平台坐标系。由于陀螺输入轴的非正交性,因此引入公式具有不对称性,进而使得两种类型系统的比力方程有所不同。有趣的是,如果 $\Delta\boldsymbol{C}_g^p$正交,则 $\Delta\boldsymbol{C}_g^p = -(\Delta\boldsymbol{C}_g^p)^{\mathrm{T}}$。式(8-92)的三个式子有六个未知量。

为了解算式(8-65)中的位置误差方程,使其采用式(8-76)中定义的导航误差 $\delta\boldsymbol{n}$ 来表示,这里还需要三个额外方程。虽然要求解的关系式冗长繁琐,但它对本书的详细阐述十分重要。与其分开考虑 8.2.8 节中得到的速率关系在当地和非当地计算坐标系的区别,不如将其带入式(8-76)中,将两种情况放在一起考虑。因此,式(8-76)可以重写为

$$\delta\boldsymbol{r}^k = \boldsymbol{C}_r^k\delta\boldsymbol{n} + \boldsymbol{C}_n^k\boldsymbol{Y}^n\boldsymbol{r}^n \tag{8-95}$$

其中,$\boldsymbol{Y}^n = \boldsymbol{\Psi}^n - \boldsymbol{N}^n$,由 8.2.7 节可知,如果计算坐标系是当地的,则有 $\boldsymbol{Y}^n = -\boldsymbol{N}^n$,否则 $\boldsymbol{Y}^n = 0$。

首先,将式(8-95)代入式(8-65),再将结果左乘 $\boldsymbol{C}_k^n$。相似地,式(6-57)可以得到:

$$\boldsymbol{C}_k^n\left[(\kappa-2)\boldsymbol{I} + \frac{(\kappa-3)\boldsymbol{R}^k\boldsymbol{R}^k}{r^2}\right]\boldsymbol{C}_n^k = \boldsymbol{M}_3 = \begin{bmatrix} 1 & 0 & 0 \\ 0 & 1 & 0 \\ 0 & 0 & \kappa-2 \end{bmatrix} \tag{8-96}$$

因此,式(8-65)可写成:

$$\begin{aligned}
&\delta\ddot{\boldsymbol{n}} + 2\boldsymbol{\Omega}_{in}^n\delta\dot{\boldsymbol{n}} + (\dot{\boldsymbol{\Omega}}_{kn}^n + \boldsymbol{\Omega}_{kn}^n\boldsymbol{\Omega}_{kn}^n + 2\boldsymbol{\Omega}_{ik}^n\boldsymbol{\Omega}_{kn}^n + \\
&\boldsymbol{C}_k^n\dot{\boldsymbol{\Omega}}_{ik}^k\boldsymbol{C}_n^k + \boldsymbol{\Omega}_{ik}^n\boldsymbol{\Omega}_{ik}^n + \omega_s^2\boldsymbol{M}_3)\delta\boldsymbol{n} + \\
&(\boldsymbol{E}^n - \boldsymbol{\Psi}^n)\boldsymbol{f}^n + \boldsymbol{Y}^n\ddot{\boldsymbol{r}}^n + 2(\dot{\boldsymbol{Y}}^n + \boldsymbol{\Omega}_{in}^n\boldsymbol{Y}^n + \boldsymbol{C}_k^n\delta\boldsymbol{\Omega}_{ik}^k\boldsymbol{C}_n^k)\dot{\boldsymbol{r}}^n + \\
&[\ddot{\boldsymbol{Y}}^n + 2\boldsymbol{\Omega}_{in}^n\dot{\boldsymbol{Y}}^n + (\dot{\boldsymbol{\Omega}}_{kn}^n + \boldsymbol{C}_k^n\dot{\boldsymbol{\Omega}}_{ik}^k\boldsymbol{C} +
\end{aligned}$$

$$\boldsymbol{\Omega}_{kn}^{n}\boldsymbol{\Omega}_{kn}^{n} + 2\boldsymbol{\Omega}_{ik}^{n}\boldsymbol{\Omega}_{kn}^{n} + \boldsymbol{\Omega}_{ik}^{n}\boldsymbol{\Omega}_{ik}^{n} + \omega_s^2\boldsymbol{M}_3)\boldsymbol{Y}^n +$$

$$\boldsymbol{C}_k^n(\delta\dot{\boldsymbol{\Omega}}_{ik}^{k} + 2\delta\boldsymbol{\Omega}_{ik}^{k}\boldsymbol{\Omega}_{kn}^{k} + \delta\boldsymbol{\Omega}_{ik}^{k}\boldsymbol{\Omega}_{ik}^{k} + \boldsymbol{\Omega}_{ik}^{k}\delta\boldsymbol{\Omega}_{ik}^{k})\boldsymbol{C}_n^k]\boldsymbol{r}^n = \boldsymbol{q}_1 \tag{8-97}$$

其中

$$\boldsymbol{q}_1 = \boldsymbol{C}_p^n(\Delta\boldsymbol{C}_a^p)^{\mathrm{T}}\boldsymbol{C}_n^p\boldsymbol{f}^n + \boldsymbol{C}_p^n(u)\boldsymbol{f}^a + \omega_s^2 k\frac{\boldsymbol{r}^n}{r}\delta h_a - \Delta\boldsymbol{G}^n$$

考虑到式(8–98)与式(8–99),式(8–97)中与 $\delta\boldsymbol{n}$ 和 $\boldsymbol{Y}^n$ 进行左乘的括号项可以进一步简化。

$$\boldsymbol{\Omega}_{kn}^{n} = \boldsymbol{\Omega}_{in}^{n} - \boldsymbol{\Omega}_{ik}^{n} \tag{8-98}$$

和

$$\boldsymbol{C}_k^n\dot{\boldsymbol{\Omega}}_{ik}^{k}\boldsymbol{C}_n^k = \dot{\boldsymbol{\Omega}}_{ik}^{n} + \boldsymbol{\Omega}_{in}^{n}\boldsymbol{\Omega}_{ik}^{n} - \boldsymbol{\Omega}_{ik}^{n}\boldsymbol{\Omega}_{in}^{n} \tag{8-99}$$

因此 $\delta\boldsymbol{n}$ 部分变为

$$(\ )\delta\boldsymbol{n} = (\dot{\boldsymbol{\Omega}}_{in}^{n} + \boldsymbol{\Omega}_{in}^{n}\boldsymbol{\Omega}_{in}^{n}\omega_s^2\boldsymbol{M}_3)\delta\boldsymbol{n} \tag{8-100}$$

$\boldsymbol{Y}^n$ 部分变为

$$(\ )\boldsymbol{Y}^n = (\ddot{\boldsymbol{\Omega}}_{in}^{n} + \boldsymbol{\Omega}_{in}^{n}\boldsymbol{\Omega}_{in}^{n} + \omega_s^2\boldsymbol{M}_3)\boldsymbol{Y}^n \tag{8-101}$$

另外,由式(8–97)可知,通过式(8–95)给出了 $\boldsymbol{Y}^n$ 的定义:

$$(\boldsymbol{E}^n - \boldsymbol{\Psi}^n)\boldsymbol{f}^n = (\boldsymbol{E}^n - \boldsymbol{N}^n)\boldsymbol{f}^n - \boldsymbol{Y}^n\boldsymbol{f}^n \tag{8-102}$$

但是,由于有 $\boldsymbol{f}^n = \boldsymbol{C}_i^n\ddot{\boldsymbol{r}}^i - \boldsymbol{G}^n$,因此根据式(2–7)可知:

$$\boldsymbol{f}^n = \ddot{\boldsymbol{r}}^n + 2\boldsymbol{\Omega}_{in}^{n}\dot{\boldsymbol{r}}^n + \dot{\boldsymbol{\Omega}}_{in}^{n}\boldsymbol{r}^n + \boldsymbol{\Omega}_{in}^{n}\boldsymbol{\Omega}_{in}^{n}\boldsymbol{r}^n - \boldsymbol{G}^n \tag{8-103}$$

因此,式(8–102)可以写为

$$(\boldsymbol{E}^n - \boldsymbol{\Psi}^n)\boldsymbol{f}^n = (\boldsymbol{E}^n - \boldsymbol{N}^n)\boldsymbol{f}^n - \boldsymbol{Y}^n(\ddot{\boldsymbol{r}}^n + 2\boldsymbol{\Omega}_{in}^{n}\dot{\boldsymbol{r}}^n + \dot{\boldsymbol{\Omega}}_{in}^{n}\boldsymbol{r}^n + \boldsymbol{\Omega}_{in}^{n}\boldsymbol{\Omega}_{in}^{n}\boldsymbol{r}^n - \boldsymbol{G}^n) \tag{8-104}$$

将式(8–100)、式(8–101)、式(8–104)代入式(8–97),得

$$\delta\ddot{\boldsymbol{n}} + 2\boldsymbol{\Omega}_{in}^{n}\delta\dot{\boldsymbol{n}} + (\dot{\boldsymbol{\Omega}}_{in}^{n} + \boldsymbol{\Omega}_{in}^{n}\boldsymbol{\Omega}_{in}^{n} + \omega_s^3\boldsymbol{M}_3)\delta\boldsymbol{n} + (\boldsymbol{E}^n - \boldsymbol{N}^n)\boldsymbol{f}^n + \boldsymbol{q}_2 = \boldsymbol{q}_1 \tag{8-105}$$

其中

$$\boldsymbol{q}_2 = 2(\dot{\boldsymbol{Y}}^n + \boldsymbol{\Omega}_{in}^{n}\boldsymbol{Y}^n - \boldsymbol{Y}^n\boldsymbol{\Omega}_{in}^{n} + \boldsymbol{C}_k^n\delta\boldsymbol{\Omega}_{ik}^{k}\boldsymbol{C}_n^k)\dot{\boldsymbol{r}}^n + [\ddot{\boldsymbol{Y}}^n + 2\boldsymbol{\Omega}_{in}^{n}\dot{\boldsymbol{Y}}^n + \dot{\boldsymbol{\Omega}}_{in}^{n}\boldsymbol{Y}^n -$$

$$\boldsymbol{Y}^n\dot{\boldsymbol{\Omega}}_{in}^{n} + \boldsymbol{\Omega}_{in}^{n}\boldsymbol{\Omega}_{in}^{n}\boldsymbol{Y}^n - \boldsymbol{Y}^n\boldsymbol{\Omega}_{in}^{n}\boldsymbol{\Omega}_{in}^{n} + \omega_s^2\boldsymbol{M}_3\boldsymbol{Y}^n + \boldsymbol{C}_k^n(\delta\dot{\boldsymbol{\Omega}}_{ik}^{k} + 2\delta\boldsymbol{\Omega}_{ik}^{k}\boldsymbol{\Omega}_{kn}^{k} +$$

$$\delta\boldsymbol{\Omega}_{ik}^{k}\boldsymbol{\Omega}_{ik}^{k} + \boldsymbol{\Omega}_{ik}^{k}\delta\boldsymbol{\Omega}_{ik}^{k})\boldsymbol{C}_n^k]\boldsymbol{r}^n + \boldsymbol{Y}^n\boldsymbol{G}^n$$

可以认为上式等于0。因此,式(8–71)的反对称形式写成:

$$\dot{\boldsymbol{Y}}^n + \boldsymbol{\Omega}_{in}^{n}\boldsymbol{Y}^n - \boldsymbol{Y}^n\boldsymbol{\Omega}_{in}^{n} = -\boldsymbol{C}_k^n\delta\boldsymbol{\Omega}_{ik}^{k}\boldsymbol{C}_n^k \tag{8-106}$$

它的微分方程式是

$$\ddot{\boldsymbol{Y}}^n + \boldsymbol{\Omega}_{in}^{n}\dot{\boldsymbol{Y}}^n + \dot{\boldsymbol{\Omega}}_{in}^{n}\boldsymbol{Y}^n - \dot{\boldsymbol{Y}}^n\boldsymbol{\Omega}_{in}^{n} - \boldsymbol{Y}^n\dot{\boldsymbol{\Omega}}_{in}^{n}$$

$$= -\boldsymbol{C}_k^n[(\boldsymbol{\Omega}_{ik}^{k} - \boldsymbol{\Omega}_{in}^{k})\delta\boldsymbol{\Omega}_{ik}^{k} + \delta\dot{\boldsymbol{\Omega}}_{ik}^{k} + \delta\boldsymbol{\Omega}_{ik}^{k}(\boldsymbol{\Omega}_{in}^{k} - \boldsymbol{\Omega}_{ik}^{k})]\boldsymbol{C}_n^k \tag{8-107}$$

将式(8–106)和式(8–107)代入表达式求 $\boldsymbol{q}_2$:

$$\boldsymbol{q}_2=\omega_s^2\boldsymbol{M}_3\boldsymbol{Y}^n\boldsymbol{r}^n+\boldsymbol{Y}^n\boldsymbol{G}^n$$

由于在上式中，$\boldsymbol{G}^n$ 与一个误差矢量相乘，它近似等于式(4-38)和式(4-37)，因此有

$$\boldsymbol{G}^n\approx\{0,0,r\omega_s^2\}=-\omega_s^2\boldsymbol{r}^n$$

$\boldsymbol{q}_2$写成：

$$\boldsymbol{q}_2=\omega_s^2(\boldsymbol{M}_3\boldsymbol{Y}^n-\boldsymbol{Y}^n)\boldsymbol{r}^n$$

将式(8-96)中的 $\boldsymbol{M}_3$表达式代入上式可知，分配给 $\boldsymbol{Y}^n$的误差角的值为

$$\boldsymbol{q}_2=0 \tag{8-108}$$

这样，式(8-105)可以写成如下形式：

$$\begin{aligned}&\delta\ddot{\boldsymbol{n}}+2\boldsymbol{\Omega}_{in}^n\delta\dot{\boldsymbol{n}}+(\dot{\boldsymbol{\Omega}}_{in}^n+\boldsymbol{\Omega}_{in}^n\boldsymbol{\Omega}_{in}^n+\omega_s^2\boldsymbol{M}_3)\delta\boldsymbol{n}+(\boldsymbol{E}^n-\boldsymbol{N}^n)\boldsymbol{f}^n\\&=\boldsymbol{C}_p^n(u)\boldsymbol{f}^a-\Delta\boldsymbol{G}^n+k\omega_s^2\frac{\boldsymbol{r}^n}{r}\delta h_a+\boldsymbol{C}_P^n(\Delta\boldsymbol{C}_a^p)^{\mathrm{T}}\boldsymbol{C}_n^p\boldsymbol{f}^n\end{aligned} \tag{8-109}$$

式(8-109)等价于空间稳定型系统中得到的式(6-58)。这样，式(8-109)是式(6-59)的组成部分。由组合式(8-92)的姿态误差与式(6-59)的位置误差，可以得到统一地面导航系统的误差方程：

$$\boldsymbol{\Lambda x}=\boldsymbol{Q}_j \tag{8-110}$$

其中，特征矩阵 $\boldsymbol{\Lambda}$ 由图 6.3 给出，状态矢量 $\boldsymbol{x}$ 为

$$\boldsymbol{x}=\{\varepsilon_N,\varepsilon_E,\varepsilon_D,\delta L,\delta l,\delta h_i\} \tag{8-111}$$

施力方程 $\boldsymbol{Q}_j$有如下形式：

$$\boldsymbol{Q}_j=\begin{bmatrix}\boldsymbol{C}_p^n(\mu)\boldsymbol{\omega}^p+\boldsymbol{C}_p^n\boldsymbol{T}^p\boldsymbol{\omega}_{ip}^p\pm\boldsymbol{C}_p^n(\Delta\boldsymbol{C}_p^g)^{1,\mathrm{T}}\boldsymbol{\omega}_{ip}^p\\\boldsymbol{C}_p^n(\mu)\boldsymbol{f}^a-\Delta\boldsymbol{G}^n+k\omega_s^2\dfrac{\boldsymbol{r}^n}{r}\delta h_a+\boldsymbol{C}_p^n(\Delta\boldsymbol{C}_a^p)^{\mathrm{T}}\boldsymbol{C}_n^p\boldsymbol{f}^n\end{bmatrix} \tag{8-112}$$

在上述施力函数的表达式中，当考虑陀螺非正交性的影响时，需先考虑捷联式和平台式的区别。特别地，从式(8-93)和式(8-94)可以看出，对于平台惯性导航系统，其非正交性和加信号同时出现，而对于捷联惯性导航系统，非正交性与减信号和转置同时出现。

当 $k=0$ 时，所有惯性导航解算信息都用来计算重力场矢量的大小，特征矩阵被分解成 4 个 3×3 矩阵：

$$\boldsymbol{\Lambda}=\begin{bmatrix}p\boldsymbol{I}+\boldsymbol{\Omega}_{in}^n & -\boldsymbol{\omega}_{in}^n\left[\dfrac{\partial}{\partial L}\ \dfrac{\partial}{\partial l}\ \dfrac{\partial}{\partial h}\right]\\-\boldsymbol{F}^n & \boldsymbol{f}^n\left[\dfrac{\partial}{\partial L}\ \dfrac{\partial}{\partial l}\ \dfrac{\partial}{\partial h}\right]\end{bmatrix} \tag{8-113}$$

其中，$\boldsymbol{F}^n$为式(4-53)给出的 $\boldsymbol{f}^n$ 的反对称阵形式，$\boldsymbol{\omega}_{in}^n$ 由式(3-8)给出。可见，$\boldsymbol{\Lambda}$ 是关于 $\boldsymbol{\omega}_{in}^n$和 $\boldsymbol{f}^n$两个变量的函数，这两个变量显示出了系统在地球上具有基于不施加外力误差方程条件下的移动独立性。

总之，各种地面惯性导航系统的误差方程能统一写成式(8-110)的形式。

值得注意的是，由于特征矩阵 $\boldsymbol{\Lambda}$ 不依赖于系统机械编排和计算参考坐标系，因此系统所有动态方程都是相同的。式(8-110)是系统对误差源动态响应的完全描述形式。因为 $\delta L,\delta l,\delta h_i$ 在式(8-110)中是二阶的，因此解出方程一共需要 9 个初始条件。

$$\boldsymbol{x}(0)=\{\varepsilon_N(0),\varepsilon_E(0),\varepsilon_D(0),\delta\dot{L}(0),\delta L(0),\delta\dot{l}(0),\delta l(0),\delta\dot{h}_i(0),\delta h_i(0)\}$$

通过式(8-86)可以得到速度误差和各导航误差之间的关系。

力学方程 $\boldsymbol{Q}_j$ 反映了系统误差中由陀螺和加速度计的不确定性 $\boldsymbol{C}_p^n(\mu)\boldsymbol{\omega}^p$ 和 $\boldsymbol{C}_p^n(\mu)\boldsymbol{f}^a$ 所引起的误差被速率的频率所调制，而该频率与仪器坐标系和地理坐标系之间的角运动有关。这一现象也解释了不同类型系统之间特性差异的原因。由于陀螺扭矩不确定性产生的误差 $\boldsymbol{C}_p^n\boldsymbol{T}^p\boldsymbol{\omega}_{ip}^p$ 同样被调制为与平台相对于地理坐标系旋转角速度相关的频率信息，此外，该信息正比于平台旋转的角速度。由于陀螺输入轴非正交性产生的误差 $\pm\boldsymbol{C}_p^n(\Delta\boldsymbol{C}_g^p)^{1,\mathrm{T}}\boldsymbol{\omega}_{ip}^p$ 依赖于对平台施加的惯性角速率命令，以及对于捷联系统中载体的惯性角速率。加速度计输入轴非正交性产生的误差 $\boldsymbol{C}_p^n(\Delta\boldsymbol{C}_a^p)^{\mathrm{T}}\boldsymbol{C}_n^p\boldsymbol{f}^n$ 依赖于比力信息和平台坐标系与地理坐标系之间的相对旋转，该结论适用于所有类型系统。由于高度信息不确定性产生的影响依赖于权重因子 κ，并且 κ 值与系统运动状态无关。相似地，地球重力场表达式的不确定性 $\Delta\boldsymbol{G}^n$ 对系统产生的影响，不依赖于载体运动。

根据系统的特征方程，可以推导出惯性导航系统的动态响应函数。对于载体静止的情况，特征方程由如下九阶多项式表示：

$$|\boldsymbol{\Lambda}|=-r^2\cos Lp(p^2+\omega_{ie}^2)\{[p^2+(\kappa-2)\omega_s^2]\times[p^4+2(\omega_s^2+2\omega_{ie}^2\sin^2L)p^2+\omega_s^4]+4\omega_{ie}^2\cos^2Lp^2(p^2+\omega_s^2)\} \tag{8-114}$$

可见，系统动态响应取决于力学方程 $\boldsymbol{Q}_j$ 的性质。对于地面导航系统，系统有一对虚根 $p=\pm\omega_{ie}$，即所谓的空间频率。此外，除了位于原点的特征根 $p=0$，系统其他 6 个特征根取决于重力场权重因子 κ(可参考式(8-56))。

当 $\kappa=0$ 时，系统使用所有惯性导航解算信息来计算地球引力场信息。此时，系统的特征行列式为

$$\underset{\kappa=0}{|\boldsymbol{\Lambda}|}=-r^2\cos Lp(p^2+\omega_{ie}^2)\times\left\{p^6+4\omega_{ie}^2p^4-3\omega_s^2\left[1+\frac{4}{3}\omega_{ie}^2(3\sin^2L-1)\right]p^2-2\omega_s^6\right\} \tag{8-115}$$

因为上述 6 阶多项式括号中的系数不同号，因此该惯性导航系统不稳定[12]。事实上，根据式(8-114)可知除非 $\kappa\geqslant2$，否则系统不稳定。

当 $\kappa=2$ 时，系统处于临界稳定状态，式(8-114)表明系统在原点处还有两个特征根，因为

$$\underset{\kappa=0}{|\boldsymbol{\Lambda}|}=-r^2\cos Lp^3(p^2+\omega_{ie}^2)[p^4+2(\omega_s^2+2\omega_{ie}^2)p^2+\omega_s^2(\omega_s^2+4\omega_{ie}^2\cos^2L)]$$

当系统不接近赤道时，上述 4 阶多项式可分解成二阶多项式乘积形式：

$$[p^4+\cdots]\approx\left[p^2+\omega_s^2\left(1+2\frac{\omega_{ie}}{\omega_s}\sin L\right)\right]\left[p^2+\omega_s^2\left(1-2\frac{\omega_{ie}}{\omega_s}\sin L\right)\right] \quad (8-116)$$

当系统接近或在赤道时，有

$$[p^4+\cdots]\approx(p^2+\omega_s^2)\left[p^2+\omega_s^2\left(1+\frac{4\omega_{ie}^2}{\omega_s^2}\right)\right] \quad (8-117)$$

式(8-116)的因式分解结果和两加速度计当地水平型系统推导的结果相同(参考7.4.2节)。因此，该系统像两加速度计当地水平系统一样，会表现出舒勒和傅科频率振荡的特性。

当 $\kappa=3$ 时，引力场幅值是融合了外部测量信息和惯性解算高度信息计算得到的。这种情况下系统的特征行列式为

$$|\boldsymbol{\Lambda}|_{\kappa=3}=-r^2\cos Lp(p^2+\omega_{ie}^2)(p^2+\omega_{ie}^2)(p^2+\omega_s^2)[p^4+2(\omega_s^2+2\omega_{ie}^2)p^2+\omega_s^4] \quad (8-118)$$

对该4阶行列式近似因式分解，得

$$[p^4+\cdots+\omega_s^4]=\left[p^2+\omega_s^2\left(1+\frac{2\omega_{ie}}{\omega_s}\right)\right]\left[p^2+\omega_s^2\left(1-\frac{2\omega_{ie}}{\omega_s}\right)\right]$$

当 $\kappa=3$ 时，上述公式会出现一个地球自转频率的差频，而该差频对应于式(8-16)中的傅科频率。求解误差方程时，系统动态行为和力学方程的谱分量决定了系统响应。根据前文讨论可知，最高系统固有频率发生在舒勒频率处。当误差源所在频率高于舒勒频率时，系统会自动过滤掉该误差源对系统的影响。也就是说，系统对误差源扰动就像一个低通滤波器。另外，产生在系统某个固有频率的误差源将会使误差以无界的方式增长。

8.4 统一理论的特殊性

根据前文分析推导得到了各类陆用导航系统的误差方程，根据该方程组，就可以针对惯性导航系统列出详细误差方程。此外，误差方程的特殊性已经在式(8-112)所示的力学函数中得到简化。注意，由于误差方程对于计算参考坐标系的选取是独立的，因此估计不同类型的平台结构十分必要。例如，在惯性坐标系中计算的空间稳定型系统和在地理坐标系中计算的空间稳定型系统的结果是一致的。

为了得到特定系统的最终误差方程，需要依据不同陀螺误差类型(比如质量不平衡和非弹性)来推导力学方程。因为这些陀螺误差取决于陀螺相对于平台的安装指向，因此确定陀螺指向十分重要。需要强调的是，这里选择的陀螺指向是任意的，而在实际应用中陀螺指向是根据期望动态环境来选择的。在当地水平系统中，我们期望由陀螺质量不平衡引起的误差最小，则水平陀螺沿垂直方向安装，这样可以以水平陀螺输入，使平台旋转并正交与重力场向量。通过指定

陀螺敏感轴的方向,陀螺的输出和旋转坐标系 x,y,z 轴的方向可以任意选择为

$$x\text{ 轴} = O\text{ 沿 } z;S\text{ 沿 } -y$$

$$y\text{ 轴} = O\text{ 沿 } z;S\text{ 沿 } -x$$

$$z\text{ 轴} = O\text{ 沿 } x;S\text{ 沿 } -y$$

基于以上定义,再假设陀螺坐标系对准后和平台系重合,则三轴陀螺的主要误差形式和动态力矩由式(5-14)和式(5-20)给出:

$$(u)\boldsymbol{M}^p = \begin{bmatrix} R_x \\ R_y \\ R_z \end{bmatrix} + \begin{bmatrix} -U_{S_x} & -U_{I_x} & 0 \\ U_{I_y} & -U_{S_y} & 0 \\ 0 & U_{I_z} & -U_{S_z} \end{bmatrix} \boldsymbol{f}^p +$$

$$\begin{bmatrix} (K_{SS}-K_{II})_x & 0 & 0 \\ 0 & (K_{SS}-K_{II})_y & 0 \\ 0 & 0 & (K_{SS}-K_{II})_z \end{bmatrix} \begin{bmatrix} -f_x f_y \\ f_y f_x \\ f_z f_y \end{bmatrix} +$$

$$\begin{bmatrix} \delta M_x \\ \delta M_y \\ \delta M_z \end{bmatrix} + \begin{bmatrix} 0 & 0 & -J_{O_x} \\ 0 & 0 & -J_{O_y} \\ -J_{O_z} & 0 & 0 \end{bmatrix} \dot{\boldsymbol{\omega}}_{ip}^p +$$

$$\begin{bmatrix} (J_{Z_f}-J_{X_f})_x & 0 & 0 \\ 0 & (J_{Z_f}-J_{X_f})_y & 0 \\ 0 & 0 & (J_{Z_f}-J_{X_f})_z \end{bmatrix} \begin{bmatrix} -\omega_x\omega_y \\ \omega_y\omega_x \\ \omega_z\omega_y \end{bmatrix} \tag{8-119}$$

其中

$$\boldsymbol{f}^p = \{f_x, f_y, f_z\}$$

$$\boldsymbol{\omega}_{ip}^p = \{\omega_x, \omega_y, \omega_z\}$$

注意,式(5-14)和式(5-20)中设备方向和主要变量的选择都是任意的。如果要分析设计结构已知的陀螺,则式(5-14)和式(5-20)中每一项都要被详细计算,以确定式中各主要多项式。这个过程由于平台运动、陀螺温度控制、地磁场环境和载体动态特性都需要计算而变得很复杂。

如果式(8-119)给出的各项是主要项,理论上可以将陀螺确定的不确定性简化成为一种二阶量。目前,陀螺漂移被建立为随机不确定模型,然而大量研究中均采用陀螺漂移数据静态模型[17,19,31]。为了达到本书目的,所有主要误差项都被用于 $\boldsymbol{Q}_j$ 最后的特殊化过程。但对于平台系统,由角度旋转带来的陀螺不确定性能够假设成二阶量,这是因为陀螺的转动惯量能被精确确定并且在数值上不会有漂移。

式(8-112)中的陀螺不确定性 $(u)\boldsymbol{\omega}^p$ 是式(8-119)中的函数,从式(6-18)中可以看出,角速率等于力矩除以陀螺的角动量,因此有

$$(u)\boldsymbol{\omega}^{p}=-\left\{\frac{(u)M_{x}}{H_{x}},\frac{(u)M_{y}}{H_{y}},\frac{(u)M_{z}}{H_{z}}\right\} \tag{6-18}$$

其中

$$(u)\boldsymbol{M}^{p}=\{(u)M_{x},(u)M_{y},(u)M_{z}\}$$

可以用式(6-23)给出的模型给加速度计误差建模，即加速度计的不确定性可以由偏差、比例因子和随机不确定度表示。

$$(u)\boldsymbol{f}^{a}=\begin{bmatrix}b_{x}\\ b_{y}\\ b_{z}\end{bmatrix}+\begin{bmatrix}a_{x}&0&0\\ 0&a_{y}&0\\ 0&0&a_{z}\end{bmatrix}\boldsymbol{f}^{p}+\begin{bmatrix}\omega_{x}\\ \omega_{y}\\ \omega_{z}\end{bmatrix} \tag{6-23}$$

8.4.1 空间稳定型系统机械编排

空间稳定型惯性导航系统的误差方程可以根据第 6 章中 $\boldsymbol{Q}_j$ 的解析表达式(6-63)推导得到，其中式(8-112)给出的一般表达式应用于空间稳定型机械编排结构，此外，还需要式(8-119)和式(6-23)表示的惯性组件不确定度。假设经对准过程后平台坐标系与惯性坐标系重合，这样在式(8-112)中 p 被 i 代替，则 $\boldsymbol{Q}_j$ 表示为

$$\boldsymbol{Q}_{i}=\begin{bmatrix}\boldsymbol{C}_{i}^{n}(u)\boldsymbol{\omega}^{i}\\ \boldsymbol{C}_{i}^{n}(u)\boldsymbol{f}^{a}-\Delta\boldsymbol{G}^{n}+\kappa\omega_{s}^{2}\frac{\boldsymbol{r}^{n}}{r}\delta h_{a}+\boldsymbol{C}_{i}^{n}(\Delta\boldsymbol{C}_{a}^{i})^{\mathrm{T}}\boldsymbol{C}_{n}^{i}\boldsymbol{f}^{n}\end{bmatrix} \tag{8-120}$$

可以看出，如之前提到的，在这种机械编排结构中，陀螺力矩和非正交项被忽略。

这种情况下求解式(8-119)时，因为 $\boldsymbol{\omega}_{ip}=\boldsymbol{\omega}_{ii}=0$，所以与角速度和角加速度成比例的项都被忽略，但在实际应用中完全隔离基座的运动是不可能的，除非平台伺服机构的带宽足够消除高频角运动。因为这些效应很重要，因此在陀螺的设计和测试中应该尽量解决这些问题。器件误差可写成如下形式：

$$\boldsymbol{f}^{p}=\boldsymbol{f}^{i}=\{f_{x},f_{y},f_{z}\}$$

$\boldsymbol{f}^{p}$解析表达式由式(4-44)给出，转换矩阵 $\boldsymbol{C}_{i}^{n}$ 由式(3-10)给出。

$\boldsymbol{C}_{i}^{n}$矩阵左乘误差项的意义是稳定系统的各误差项被调制为地球角频率振荡形式。对于空间稳定型系统，这不是理想特性，这是因为被调制的误差源激励了系统的无阻尼自然频率（稳定型系统的地球自转频率）。这个现象是由 Broxmeyer 发现[12]，由附录 A 的图 A.2 表示。需要注意的是，误差增长呈线性，而不是指数形式。

8.4.2 当地水平机械系统编排

第 7 章中介绍了当地水平型系统，并且推导了它的误差方程。因此，可应用式(8-112)来确定器件不确定度。再一次假设和器件平台坐标系与机械坐标系

名义上对准。式(8-12)中,用 n 代替 p 得到:

$$Q_n = \begin{bmatrix} (u)\boldsymbol{\omega}^n + \boldsymbol{T}^n\boldsymbol{\omega}_{in}^n + \Delta\boldsymbol{C}_g^p\boldsymbol{\omega}_{in}^n \\ (u)\boldsymbol{f}^a - \Delta\boldsymbol{G}^n + k\omega_s^2\frac{\boldsymbol{r}^n}{\boldsymbol{r}}\delta h_a + (\Delta\boldsymbol{C}_a^p)^{\mathrm{T}}\boldsymbol{f}^n \end{bmatrix} \tag{7-40}$$

这里认为上式与式(7-40)(指第7章所列公式(7-40))等价。将式(8-119)代入式(6-18)后,得到$(u)\boldsymbol{\omega}^n$的表达式。在这种情况下,有

$$\boldsymbol{f}^p = \boldsymbol{f}^n = \{f_N, f_E, f_D\}$$

其中,$\boldsymbol{f}^n$的解析表达式由式(4-53)给出。平台相对于惯性坐标系旋转的角速度由式(3-8)给出,如下:

$$\boldsymbol{\omega}_{ip}^p = \boldsymbol{\omega}_{in}^n = \{\omega_N, \omega_E, \omega_D\} = \{\dot{\lambda}\cos L, -\dot{L}, -\dot{\lambda}\sin L\}$$

加速度计不确定度由式(6-23)直接给出:

$$(u)\boldsymbol{f}^a = \boldsymbol{b}^n + \boldsymbol{A}^n\boldsymbol{f}^n + \boldsymbol{w}^n \tag{8-121}$$

由式(7-40)可以看出,陀螺误差项没有被其他频率调制,所以不会在系统的固有频率上激励误差。但是系统这种机械编排方式依然对陀螺力矩因子不确定度敏感。此外,选择陀螺沿南北方向的安装可以避免由重力引起的质量不平衡所造成的误差影响。

8.4.3 自由方位系统机械编排

自由方位系统是垂直或方位通道具有空间稳定性的当地水平型系统,即系统平台需要保持在当地水平面上,但方位不要求。通过定义在平台上由北到基准线的顺时针旋转角,来确定平台坐标系和地理坐标系之间的转换关系。平台坐标系和地理坐标系的变换矩阵如下:

$$\boldsymbol{C}_p^n = \begin{bmatrix} \cos\left[\int_0^t \dot{\lambda}\sin L\mathrm{d}t\right] & -\sin\left[\int_0^t \dot{\lambda}\sin L\mathrm{d}t\right] & 0 \\ \sin\left[\int_0^t \dot{\lambda}\sin L\mathrm{d}t\right] & \cos\left[\int_0^t \dot{\lambda}\sin L\mathrm{d}t\right] & 0 \\ 0 & 0 & 1 \end{bmatrix} \tag{8-122}$$

平台坐标系相对惯性空间的旋转角速度由转换 $\boldsymbol{\omega}_{in}^n$ 得到,由式(3-8)的垂直分量给出,再利用上述等式将其转换到平台坐标系,有

$$\boldsymbol{\omega}_{ip}^p = \boldsymbol{C}_n^p\{\dot{\lambda}\cos L, -\dot{L}, 0\} \tag{8-123}$$

$\boldsymbol{f}^p$的解析表达式由下述关系给出:

$$\boldsymbol{f}^p = \boldsymbol{C}_n^p\boldsymbol{f}^n \tag{8-124}$$

其中,$\boldsymbol{C}_p^n$由式(8-112)给出,$\boldsymbol{f}^n$由式(4-53)给出。

由于自由方位系统的平台在惯性坐标系中是不旋转的,所以系统不敏感航向的陀螺不确定力矩有明显的优势。

8.4.4 旋转方位系统机械编排

旋转方位系统是方位轴相对于高速旋转的当地水平型导航系统。因为水平陀螺和加速度计相对于地理坐标系旋转,因此仪器误差的频率被调制为方位轴旋转频率。正如前面提到的,因为惯性导航系统对于误差源的响应相当于低通滤波器。因此仪器误差频率将在舒勒频率处被减弱[27]。此外,水平设备的精度和对准要求就降低了。但系统依然存在问题,因为要保证水平陀螺的敏感轴正交于方位旋转角速度向量,因此需要对其加以控制。

然而,其他利用方位旋转的机械编排方式也是可能的[1],假定平台的惯性角速度由下式给出:

$$\boldsymbol{\omega}_{ip}^{p} = \boldsymbol{C}_{n}^{p}\boldsymbol{\omega}_{in}^{n} + \boldsymbol{\omega}_{np}^{p} \tag{8-125}$$

其中

$$\boldsymbol{\omega}_{in}^{n} = \{\dot{\lambda}\cos L, -\dot{L}, -\dot{\lambda}\sin L\}$$

$$\boldsymbol{\omega}_{np}^{p} = \{0, 0, \dot{\phi}\}$$

这样,不变的方位旋转角速率$\dot{\phi}$被定义为联系平台坐标系和地理坐标系之间的变换关系:

$$\boldsymbol{C}_{n}^{p} = \begin{bmatrix} \cos\dot{\phi}t & \sin\dot{\phi}t & 0 \\ -\sin\dot{\phi}t & \cos\dot{\phi}t & 0 \\ 0 & 0 & 1 \end{bmatrix} \tag{8-126}$$

实际应用中,方位陀螺力矩是通过$\dot{\phi} - \dot{\lambda}\sin L$ 给出的惯性速率定义的。在式(8-119)和式(6-23)中,$\boldsymbol{f}^{p}$的解析表达式由式(8-126)得到:

$$\boldsymbol{f}^{p} = \boldsymbol{C}_{n}^{p}\boldsymbol{f}^{n}$$

机械编排方程的方位力矩误差相对较大,因为不确定性要乘以一个大的角速率$\dot{\phi} - \dot{\lambda}\sin L$。如果系统能够提供方位陀螺力矩的常值量级,则该误差可能被减小[1]。

8.4.5 捷联系统机械编排

捷联系统的特点是没有平衡环的支承结构,该系统中直接将三个陀螺和三个加速度计安装到载体上,为载体提供导航参数。车载数字计算机利用陀螺敏感信息获得载体坐标系相对于某个参考坐标系的转换矩阵。此外,计算机能提供必需的坐标转换矩阵以获得沿计算参考坐标系中的加速度计转换矩阵输出。可参考 8.2.1.2 节对坐标转换矩阵的计算的描述。

目前对于捷联系统的可用性争议很多。对于捷联系统和平台系统的重量和大小的比较,需要在捷联系统复杂的计算机和传统平台系统结构之间进行权衡。然而,随着集成电路的出现,捷联系统的优点随之出现了。相比于平台系统,捷联系统在能量消耗、数据包自由度、维修简单和成本方面都有一定的优势。但应该指出,在精度方面二者需要做进一步权衡。当精度要求是首位要求时,捷联系统还无法与传统系统匹敌。从可靠性方面来说,捷联系统的二进制设备不能承受线性电压变化和电源波动等。除此之外,由于捷联系统直接安装在载体上,环境控制问题就相对简单了。

捷联系统的主要缺点是精度较差。主要原因是在平台坐标系下的惯性角速度和在载体坐标系下的惯性角速度相等。由式(3-23),得

$$\boldsymbol{\omega}_{ip}^{p}=\boldsymbol{\omega}_{ib}^{b}=\{\omega_R,\omega_P,\omega_Y\} \tag{8-127}$$

可以看出,捷联系统中,因为没有平台结构把传感器从载体的角运动和振动中分离出来,设备需要承受相对恶劣的动态环境。也因为这些环境因素,设备需要被设计成拥有较大的动态范围,这就导致了系统精度降低。但应该指出,大多数测试都是在为平台系统设计的仪器上做实验的,并且目前由于传感器的发展已经改进了捷联系统的特性,这可能会填补捷联和平台系统的精度方面的差距[15,44]。

捷联系统的力学方程由式(8-112)给出:

$$\boldsymbol{Q}_b=\begin{bmatrix}\boldsymbol{C}_p^n(u)\boldsymbol{\omega}^p+\boldsymbol{C}_p^n\boldsymbol{T}^p\boldsymbol{\omega}_{ip}^p-\boldsymbol{C}_p^n(\Delta\boldsymbol{C}_g^p)^{\mathrm{T}}\boldsymbol{\omega}_{ip}^p\\ \boldsymbol{C}_p^n(u)\boldsymbol{f}^a-\Delta\boldsymbol{G}^n+k\omega_s^2\frac{\boldsymbol{r}^n}{r}\delta h_a+\boldsymbol{C}_p^n(\Delta\boldsymbol{C}_a^p)^{\mathrm{T}}\boldsymbol{C}_n^p\boldsymbol{f}^n\end{bmatrix} \tag{8-128}$$

式中,ω_{ip}^p由式(8-127)给出,比力沿平台坐标系的投影由下式给出:

$$\boldsymbol{f}^p=\boldsymbol{C}_n^p\boldsymbol{f}^n \tag{8-129}$$

矩阵 $\boldsymbol{C}_n^p$不依赖载体运动,且该矩阵无法预先确定。为了便于误差分析,需要假设一个运动轨迹和一组确定姿态。

除了平台系统的误差源,捷联系统还包括其他几个误差源[8,67]。这些误差对系统的影响可以通过把误差分布表示成等价的角速度并包含在$(u)\boldsymbol{\omega}^p$中来进一步分析。捷联系统中额外引入的误差源包含下面几项:

- 陀螺力矩不对称;
- 使用角度数据产生的非交换律误差;
- 截断误差;
- 陀螺和加速度计量化误差;
- 计算机舍入误差。

从图 5.2 和图 5.4 注意到在速率陀螺模式中,信号发生器的输出(和 A_g成比例的电压),受到 ω_I,A_g,ω_S和$\dot{\omega}_O$的影响。如果要取得高精度信息,必须要补偿陀螺输出信号的动态效应。因为 ω_O和 ω_S是从其他陀螺敏感信息获得的,因此该补偿很容易。但是,陀螺间的交叉耦合引入了计算不稳定[26]。

8.4.5.1 陀螺力矩不对称

由于力矩不对称性引起的误差会导致陀螺力矩包含比例因子误差,并且该

误差包含应用力矩的极性。在5.2.2节和8.2.1.2节中讨论了对称比例因子误差效应。如果考虑角度振动环境,力矩不对称效应较容易看出。对于对称的情况,从式(5-19)中可知陀螺输入轴的正弦角度振荡带来了零均值的角速度误差,该误差为

$$(u)\omega = -\omega_I \sin\omega t$$

式中:ω_I为输入角速度的幅值;ω 为振荡频率。

如果比例因子误差是非对称的,则正弦角度振荡引起的误差会不断增加。比例因子误差的正向输入由 τ^+ 给出,负向输入由 τ^- 给出。那么对于每个周期,累积角度误差如下:

$$(u)\ \dot{\theta} = -\tau^+\omega_{IA}\int_0^{\pi}\sin\omega t\mathrm{d}t - \tau^-\omega_{IA}\int_{\pi}^{2\pi}\sin\omega t\mathrm{d}t = 2\frac{\omega_{IA}}{\omega}(\tau^- - \tau^+)$$

但对于正弦振荡,有 $\omega_I = \theta\omega$,其中 θ 是振荡幅度,则

$$u(\theta) = 2\theta(\tau^- - \tau^+) \tag{8-130}$$

那么,每个振荡周期角度误差导致与比例因子成比例的不对称性。让我们通过例子看一下这种累积幅值的大小。假设车辆在 $w = 10$ Hz 处以 1 rad/min 振荡。如果假定$(\tau^- - \tau^+) = 10^{-5}$,则每个周期的角度误差为

$$u(\theta) = 2\times 10^{-5}\frac{\widehat{\mathrm{min}}}{T}\quad (T\ \text{为周期})$$

以2 h 飞行为例,累积误差等于:

$$[u(\theta)]_{2\mathrm{h}} = 2\times 10^{-5}\frac{\widehat{\mathrm{min}}}{T}\times 10\ \mathrm{Hz}\times 2\ \mathrm{h}\times\frac{3600\ \mathrm{s}}{\mathrm{h}}\approx 1.44\widehat{\mathrm{min}}$$

可见,该误差显著,并且这要求设计者能够详细评估角度振荡环境。此外,在特别恶劣的情况下,要使用减振支座。对于沿着每个输入轴的常值正弦振荡,式(8-130)的向量形式可表示成角速度不确定度。

$$(u)\boldsymbol{\omega} = 2\begin{bmatrix}(\tau_x^- - \tau_x^+)\theta_x & 0 & 0\\ 0 & (\tau_y^- - \tau_y^+)\theta_y & 0\\ 0 & 0 & (\tau_z^- - \tau_z^+)\theta_z\end{bmatrix}\boldsymbol{\omega}^b \tag{8-131}$$

式中:θ_k为第 k 个陀螺轴的振荡幅值;$\boldsymbol{\omega}^b$为振荡频率。

显然,为了能够使用式(8-113),需要已知角度振荡频谱,但对于飞行器这类数据是非常少见的。此外,角度振荡频谱还会受到飞行器种类、任务、惯性测量定位单元等因素的影响。

8.4.5.2 不可交换性误差

不可交换性效应是由于在姿态矩阵计算过程中速率陀螺的角速度输出位数有限引起的。数字力矩处理过程的相关描述参考5.2.2节。不可交换性可以引起姿态矩阵计算误差,为了研究这种误差的形式,考虑刚体绕 xyz 轴正向三次连

续转动，转动过程中，转动坐标系和初始坐标系的转换矩阵如下：

$$\boldsymbol{C}_{b'}^{b}=\begin{bmatrix}\cos\theta_z & -\sin\theta_z & 0\\ \sin\theta_z & \cos\theta_z & 0\\ 0 & 0 & 1\end{bmatrix}\begin{bmatrix}\cos\theta_y & 0 & \sin\theta_y\\ 0 & 1 & 0\\ -\sin\theta_y & 0 & \cos\theta_y\end{bmatrix}\begin{bmatrix}1 & 0 & 0\\ 0 & \cos\theta_x & -\sin\theta_x\\ 0 & \sin\theta_x & \cos\theta_x\end{bmatrix}$$

式中：b'为转动坐标系。

如果转角等于 $\Delta\theta$ 脉冲大小，那么可以扩展上述表达式，并且保持二阶项，进而得到如下形式的表达式：

$$\boldsymbol{C}_{b'}^{b}=(\boldsymbol{I}+\Delta\boldsymbol{\theta}_1)(\boldsymbol{I}+\Delta\boldsymbol{\theta}_2) \tag{8-132}$$

其中

$$\Delta\boldsymbol{\theta}_1=\begin{bmatrix}0 & -\Delta\theta_z & \Delta\theta_y\\ \Delta\theta_z & 0 & -\Delta\theta_x\\ -\Delta\theta_y & \Delta\theta_x & 0\end{bmatrix} \tag{8-133}$$

且

$$\Delta\boldsymbol{\theta}_2=-\frac{1}{2}\begin{bmatrix}(\Delta\theta_y^2+\Delta\theta_z^2) & -2\Delta\theta_x\Delta\theta_y & -2\Delta\theta_x\Delta\theta_z\\ -2\Delta\theta_y\Delta\theta_x & (\Delta\theta_x^2+\Delta\theta_z^2) & -2\Delta\theta_y\Delta\theta_z\\ -2\Delta\theta_z\Delta\theta_x & -2\Delta\theta_x\Delta\theta_y & (\Delta\theta_x^2+\Delta\theta_y^2)\end{bmatrix} \tag{8-134}$$

如果 k 轴相对 j 轴进行一次转动，则会产生非对角项 $\Delta\theta_j\Delta\theta_k$。其中，二阶项就代表了不可交换性误差。这样，正如式(8-134)所示，姿态矩阵中直接描述了该误差的影响。

因为不可交换性误差体现在 $\Delta\theta_k^2$的阶次上，因此尽可能选择小角度增量，使其与计算速度和舍入误差一致。然而，遗憾的是，不可交换性误差随时间的预测需要之前所有时间段内输入的角速度信息。Farrell[22]研究了角度振荡响应的误差组成，并发现当 $\Delta\theta$ 的幅值大于 20arcsec 时，不可交换性误差显著。系统目前的脉冲幅值在 1～2arcsec 范围内。

8.4.5.3 截断误差

计算算法被用来更新如式(8-4)所示的姿态矩阵，而对计算算法进行近似就会引起截断误差。尽管我们只关心余弦矩阵的直接更新，也应指出其他方法也能用于坐标转换矩阵的求取，例如四元数法和欧拉角法。维纳对所有可能性进行了研究[68]，得到了如下结论。对于 SDF，利用 DDA 计算机的数字力矩器，采用方向余弦矩阵方法所需计算量最小，而其他学者[51,54]更偏好于欧拉四元数方法。

方向余弦矩阵的求取对于基于静电陀螺的系统是很简单的，因为系统中独特的传感器结构可以直接从仪器中读出方向余弦值，即每个静电陀螺传感器的输出是旋转坐标轴和仪器近似基准坐标系之间的方向余弦值。尽管对于每个 ESG 有三个这样的传感器，并且对于一个给定时刻只有两个传感器提供有用信息。这样如果系统使用两个 ESG,则在任意时刻只能计算 4 个方向余弦值,剩下的 5 个方向余弦值是通过应用坐标转换矩阵的正交关系得到的。

$$\boldsymbol{C}_p^k(\boldsymbol{C}_p^k)^{\mathrm{T}}=\boldsymbol{I}$$

正如之前提到的,式(8-4)中方向余弦的解能用多种方法表示。如果使用数字力矩 SDF 仪器,如 5.2.2 节所述,每个输出脉冲都和输入坐标轴角速度的值成比例。这样仪器的输出就能够表示关于输入坐标轴的旋转角度增量 $\Delta\theta$。这个性质能从方向余弦矩阵的解中得到,$\boldsymbol{C}_p^k$在 Δt 处进行泰勒展开如下:

$$\boldsymbol{C}(t+\Delta t)=\boldsymbol{C}(t)+\dot{\boldsymbol{C}}(t)\Delta t+\frac{1}{2}\ddot{\boldsymbol{C}}(t)\Delta t^2+\frac{1}{3!}\dddot{\boldsymbol{C}}\Delta t^3+\cdots \tag{8-135}$$

式中:用 $\boldsymbol{C}$ 来简单表示 $\boldsymbol{C}_p^k$矩阵。

如果式(2 -4)给出的基本关系被替换为上述等式,则有

$$\boldsymbol{C}(t+\Delta t)=\boldsymbol{C}(t)\left[\boldsymbol{I}+\boldsymbol{\Omega}\Delta t+\frac{1}{2}(\boldsymbol{\Omega}^2+\dot{\boldsymbol{\Omega}})\Delta t^2+\cdots\right] \tag{8-136}$$

式(8-136)的前两项可写成:

$$\boldsymbol{C}(t+\Delta t)=\boldsymbol{C}(t)+\boldsymbol{C}(t)\Delta\boldsymbol{\theta} \tag{8-137}$$

注意

$$\boldsymbol{\Omega}\Delta t=\Delta\boldsymbol{\theta}$$

$\Delta\boldsymbol{\theta}$ 是陀螺输出 $\Delta\theta_k$的反对称阵,$k=x,y,z$。

如果使用式(8-137)的矩形积分方法。截断误差由式(8-136)第三项近似给出:

$$\delta\boldsymbol{C}=\frac{1}{2}\boldsymbol{C}(\boldsymbol{\Omega}^2+\dot{\boldsymbol{\Omega}})\Delta t^2 \tag{8-138}$$

可见,该误差和 $\Delta\theta^2$ 成比例,如果使用高阶积分方法,截断误差会减小。对于一个给定的计算字长,则会导致更长的计算和舍入误差。采用高阶积分方法会使截断误差相对于之前提到的交换误差作用更加显著。如果使用数字处理方法,时间间隔 Δt 的选择要使得由载体角速度 $\boldsymbol{\Omega}$ 和角加速度$\dot{\boldsymbol{\Omega}}$引起的误差满足要求。对于给定的任务,如何选择适当的软硬件是很多课题研究的内容[33,45,57]。

8.4.5.4 量化误差

量化误差和交换误差的区别是量化误差来源于数字测量和连续物理量的转换误差,比如陀螺漂移装配的角位置误差。对于陀螺,量化误差导致在计算过程中至多丢失一个字节的信息。这种低灵敏度的量化效应,是因为陀螺本身就是一个带有物理“记忆”的模拟装置。静态时,误差以随机相位漂移的形式出现。这样通过近似量化层的选择,可以使导航误差减小到可忽略的程度。

在对准中,量化效应很重要。固定基座对准过程中的脉冲频率很低,因此为了平滑数据就要很长的滤波时间。此外,由于陀螺仪以脉冲的形式施矩,因此其

周期有所限制,进而提高系统复杂度[68]。

8.4.5.5 计算机舍入误差

舍入误差是因为计算机的字长有限,导致每次计算的时候计算机必须近似最后的位数。舍入误差的影响用静态方法很容易分析,进而得到一系列迭代计算后能够确定 RMS 值的所需字长[67]。

8.5 高度计不确定度的影响

我们用数字计算机仿真来解决重力场权重因子选择的问题。研究表明,κ 的选择对系统误差在陀螺不确定性上没有显著影响[36]。但是,由外部提供高度信息的不确定性而引起的误差 δh_a 却强烈依赖 κ 值的选择。图 8.2、图 8.3、图 8.4 为静态时系统对 δh_a 为 1000 英尺不确定度的导航误差响应的均方根误差曲线。RMS 曲线是由把误差变量开平方并在时间上取均值得到的,即采用 ergotic 理论。例如图 8.2 的纬度误差响应,RMS 的值由下式得到:

$$\delta L_{\mathrm{RMS}} = \left[\frac{1}{T}\int_0^T \delta L^2(t)\,\mathrm{d}t\right]^{\frac{1}{2}}$$

式中:T 为经历的导航时间。

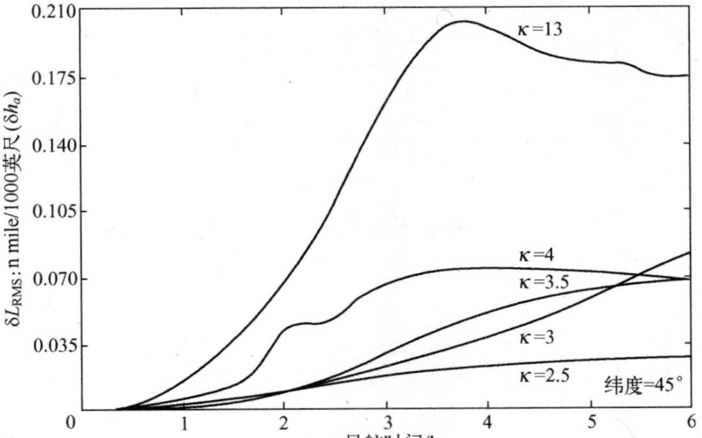

图 8.2 高度信息不确定度引起的 RMS 纬度误差

从图 8.2 和图 8.3 可以看出,当 κ 取值较大时,经纬度误差 RMS 值对高度不确定性很敏感。另一方面,从图 8.4 可以看出,κ 很大时,高度误差会减小。$\kappa=3$ 是对二者折中的最佳选择。

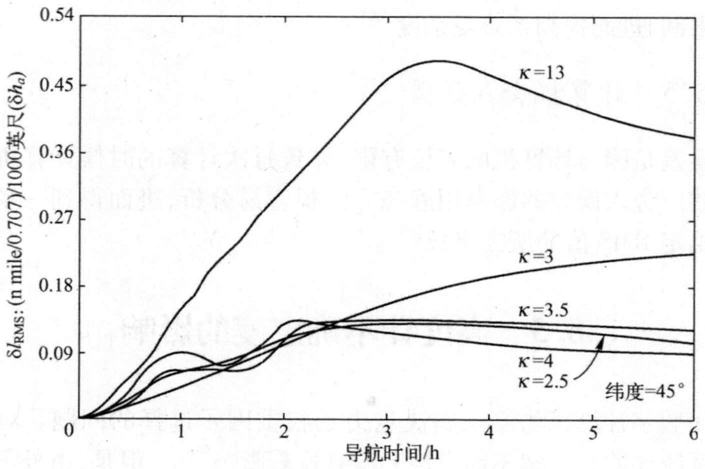

图 8.3　高度信息不确定度引起的 RMS 经度误差

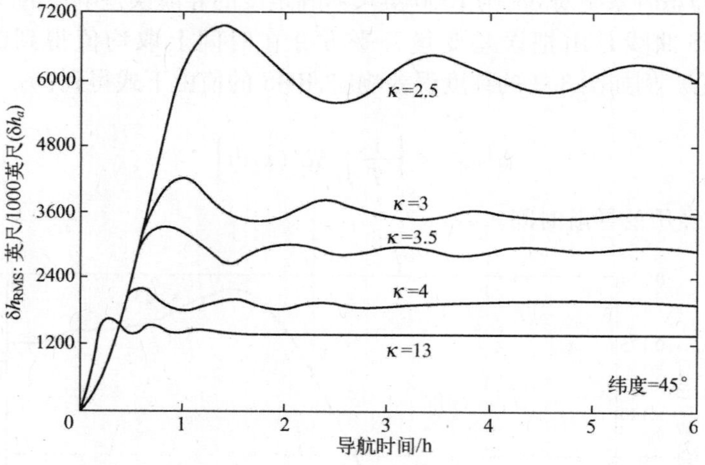

图 8.4　高度信息不确定度引起的 RMS 高度误差

第9章

自对准技术

惯性导航系统对准是确定平台坐标系 p 和计算坐标系 k 之间角度关系的过程。在平台坐标系和计算机坐标系不同的情况下，理想机械坐标系 j 起到中间坐标系的作用(图8.1)。可以利用光学和其他组合对准方式实现惯性导航系统的对准[49]，但是本章主要讨论自对准技术。

自对准技术用于解决下列问题：怎样通过惯性仪器的输出来确定平台坐标系和参考坐标系的关系，其中器件输出是沿平台坐标系解算的。最重要的参考坐标系是地理坐标系，因为大多数可操作的地面惯性导航系统设备都是沿着这个坐标系进行导航解算的。即使是对于空间稳定型系统也能把地理坐标系用作对准参考坐标系，这是因为地理坐标系和惯性坐标系之间的关系是关于系统纬度和经度的函数，该参数通常情况下已知或能够通过计算得到。

本章详细讨论两种对准方法：陀螺罗经回路对准和解析式对准。这两种方法都能适应不同类型的系统，解析式对准是粗对准方法，陀螺罗经回路对准是精对准方法。这两种方法有很多改进算法[13,58]，而且利用最优估计技术使得该方法发展更加迅速[37,60,61]。本章的主要内容是讨论自对准技术的基本概念。

9.1 解析式粗对准方法

惯性导航系统初始对准主要是要确定平台坐标系与地理坐标系或其他计算坐标系之间的变换矩阵。使用重力加速度 $\boldsymbol{g}$ 和地球角速度矢量 $\boldsymbol{\omega}_{ie}$ 能计算两个坐标系之间的变换矩阵。这些矢量在地理坐标系下的投影可以精确知道，但它们在平台系下的分量是用惯性设备测量的，因此存在一定的仪器不确定值。

9.1.1 对准方法描述[9]

重力加速度和地球角速度矢量可以根据下列表达式进行投影转换：

$$\boldsymbol{g}^p = \boldsymbol{C}_n^p \boldsymbol{g}^n$$

$$\boldsymbol{\omega}_{ie}^{p} = \boldsymbol{C}_{n}^{p}\boldsymbol{\omega}_{ie}^{n}$$

如果 $\boldsymbol{\nu}$ 被定义为 $\boldsymbol{\nu} = \boldsymbol{g} \times \boldsymbol{\omega}_{ie}$，则能推导出：

$$\boldsymbol{\nu}^{p} = \boldsymbol{C}_{n}^{p}\boldsymbol{\nu}^{n}$$

因为 $\boldsymbol{C}_{p}^{n} = (\boldsymbol{C}_{n}^{p})^{-1} = (\boldsymbol{C}_{n}^{p})^{\mathrm{T}}$，因此这三个矢量的关系可以表示成：

$$\boldsymbol{C}_{P}^{n} = \begin{bmatrix} (\boldsymbol{g}^{n})^{\mathrm{T}} \\ (\boldsymbol{\omega}_{ie}^{n})^{\mathrm{T}} \\ (\boldsymbol{\nu}^{n})^{\mathrm{T}} \end{bmatrix}^{-1} \begin{bmatrix} (\boldsymbol{g}^{p})^{\mathrm{T}} \\ (\boldsymbol{\omega}_{ie}^{p})^{\mathrm{T}} \\ (\boldsymbol{\nu}^{p})^{\mathrm{T}} \end{bmatrix} \tag{9-1}$$

如果上面表达式中的逆矩阵存在，则对准矩阵唯一存在。当矩阵中不存在任何一行是其余行的线性组合时，则矩阵可逆。那么，只要矢量 $\boldsymbol{g}$ 和 $\boldsymbol{\omega}_{ie}$ 不共线，则总能满足这个条件。这些矢量只在地球两极存在共线的情况，因此解析式对准方法在两极不适用。通常，式(9-1)的逆为

$$\begin{bmatrix} (\boldsymbol{g}^{n})^{\mathrm{T}} \\ (\boldsymbol{\omega}_{ie}^{n})^{\mathrm{T}} \\ (\boldsymbol{\nu}^{n})^{\mathrm{T}} \end{bmatrix}^{-1} = \begin{bmatrix} 0 & 0 & g \\ \omega_{ie}\cos L & 0 & -\omega_{ie}\sin L \\ 0 & g\omega_{ie}\cos L & 0 \end{bmatrix}^{-1} \begin{bmatrix} \dfrac{\tan L}{g} & \dfrac{\sec L}{\omega_{ie}} & 0 \\ 0 & 0 & \dfrac{\sec L}{g\omega_{ie}} \\ \dfrac{1}{g} & 0 & 0 \end{bmatrix} \tag{9-2}$$

Kasper[38]表明，与现有的光学对准方法相比，对于固定基座对准，该解析式对准方法更有利。

值得注意的是，该方法不仅适用于这种重力和地球自转角速率可测的两矢量对准情况，还适用于随时间连续变化的单矢量对准情况。例如，在一个平台系统中，如空间稳定型惯性导航系统（第 6 章），地球自转角速率就是一个不可直接测量的量，但是重力分量在平台坐标系的投影是随时间变化的。因此，可以利用解析式对准方法确定平台坐标系和参考惯性坐标系之间的转换矩阵。还应注意到，该方法要求可以测量矢量值，因此一般限于三轴加速度计惯性导航系统。

9.1.2 误差分析

考虑到仪器的不确定性以及基座运动的影响，本节介绍的初始对准误差分析方法不符合常规解析式方法。接下来的分析，主要是推导出一个可以用于计算机精确计算的对准误差方程。矩阵 $\boldsymbol{C}_{p}^{n}$ 形式如下：

$$\hat{\boldsymbol{C}}_{p}^{n} = \boldsymbol{M}\hat{\boldsymbol{Q}} \tag{9-3}$$

其中

$$\boldsymbol{M} = \begin{bmatrix} (\boldsymbol{g}^{n})^{\mathrm{T}} \\ (\boldsymbol{\omega}_{ie}^{n})^{\mathrm{T}} \\ (\boldsymbol{\nu}^{n})^{\mathrm{T}} \end{bmatrix}^{-1} \quad 和 \quad \hat{\boldsymbol{Q}} = \begin{bmatrix} (-\hat{\boldsymbol{f}}^{p})^{\mathrm{T}} \\ (\hat{\boldsymbol{\omega}}_{ie}^{p})^{\mathrm{T}} \\ (\hat{\boldsymbol{\nu}}^{p})^{\mathrm{T}} \end{bmatrix}$$

在任何纬度下，$\boldsymbol{M}$ 中的元素都是常量，其值已在式(9-2)中给出，但是$\hat{\boldsymbol{Q}}$中含有不确定量。因此，上面的矩阵方程可以写成：

$$\hat{\boldsymbol{C}}_p^n = \boldsymbol{M}(\boldsymbol{Q} + \delta\boldsymbol{Q})$$

其中

$$\delta\boldsymbol{Q} = \begin{bmatrix} -\delta\boldsymbol{f}^{\mathrm{T}} \\ \delta\boldsymbol{\omega}^{\mathrm{T}} \\ \delta\boldsymbol{\nu}^{\mathrm{T}} \end{bmatrix} = \begin{bmatrix} -\delta f_x & -\delta f_y & -\delta f_z \\ \delta\omega_x & \delta\omega_y & \delta\omega_z \\ \delta\nu_x & \delta\nu_y & \delta\nu_z \end{bmatrix} \tag{9-4}$$

因此

$$\hat{\boldsymbol{C}}_p^n = (\boldsymbol{I} + \boldsymbol{M}\delta\boldsymbol{Q}\boldsymbol{C}_n^p)\boldsymbol{C}_p^n \tag{9-5}$$

如果测量矢量$\hat{\boldsymbol{f}}^p$，$\hat{\boldsymbol{\omega}}_{ie}^p$和$\hat{\boldsymbol{\nu}}^p$的大小以及它们之间的角度是恒定的，那么矩阵$\boldsymbol{M}\delta\boldsymbol{Q}\boldsymbol{C}_n^p$一定是反对称阵，即

$$\boldsymbol{M}\delta\boldsymbol{Q}\boldsymbol{C}_n^p = \begin{bmatrix} 0 & \varepsilon_D & -\varepsilon_E \\ -\varepsilon_D & 0 & \varepsilon_N \\ \varepsilon_E & -\varepsilon_N & 0 \end{bmatrix} = -\boldsymbol{E}^n$$

将式(9-2)和式(9-4)代入式(9-5)中，得到的$\boldsymbol{M}\delta\boldsymbol{Q}\boldsymbol{C}_n^p$矩阵不再是所期望的反对称形式，这是因为

$$\boldsymbol{M}\delta\boldsymbol{Q} = \begin{bmatrix} \dfrac{\delta\omega_x}{\omega_{ie}}\sec L - \dfrac{\delta f_x}{g}\tan L & \dfrac{\delta\omega_y}{\omega_{ie}}\sec L - \dfrac{\delta f_y}{g}\tan L & \dfrac{\delta\omega_z}{\omega_{ie}}\sec L - \dfrac{\delta f_z}{g}\tan L \\ \dfrac{\delta\nu_x}{g\omega_{ie}}\sec L & \dfrac{\delta\nu_y}{g\omega_{ie}}\sec L & \dfrac{\delta\nu_z}{g\omega_{ie}}\mathrm{sce} L \\ -\dfrac{\delta f_x}{g} & -\dfrac{\delta f_y}{g} & -\dfrac{\delta f_z}{g} \end{bmatrix} \tag{9-6}$$

其中

$$\begin{aligned} \delta\nu_x &= g_y\delta\omega_z - \omega_z\delta f_y - g_z\delta\omega_y + \omega_y\delta f_z \\ \delta\nu_y &= g_z\delta\omega_x - \omega_x\delta f_z - g_x\delta\omega_z + \omega_z\delta f_x \\ \delta\nu_z &= g_x\delta\omega_y - \omega_y\delta f_x - g_y\delta\omega_x + \omega_x\delta f_y \end{aligned}$$

和

$$\{f_x, f_y, f_z\} = -\{g_x, g_y, g_z\}$$

此外，直接应用这些约束条件是很难的，因此测量矢量的大小和它们之间的角度均为常值。工程上一般通过令计算的转换矩阵$\hat{\boldsymbol{C}}_p^n$是正交的来解决这一问题。如 2.5.1.2 节所述，通过矩阵乘积可以得到：

$$(\hat{\boldsymbol{C}}_p^n)_0 = \hat{\boldsymbol{C}}_p^n[(\hat{\boldsymbol{C}}_p^n)^{\mathrm{T}}(\hat{\boldsymbol{C}}_p^n)]^{-1/2} \tag{9-7}$$

其中，$(\hat{\boldsymbol{C}}_p^n)_0 = \hat{\boldsymbol{C}}_p^n$是最佳正交逼近矩阵，该矩阵使$[(\hat{\boldsymbol{C}}_p^n)_0 - \hat{\boldsymbol{C}}_p^n]^{\mathrm{T}}[(\hat{\boldsymbol{C}}_p^n)_0 - \hat{\boldsymbol{C}}_p^n]$的迹达到最小。

由式(9-5)，可知：

$$\hat{\boldsymbol{C}}_p^n = (\boldsymbol{I} + \boldsymbol{M}\delta\boldsymbol{Q}\boldsymbol{C}_p^n)\boldsymbol{C}_p^n$$

因此

$$(\hat{\boldsymbol{C}}_p^n)_0 = (\boldsymbol{I} + \boldsymbol{M}\delta\boldsymbol{Q}\boldsymbol{C}_n^p)\boldsymbol{C}_p^n(\boldsymbol{I} + \delta\boldsymbol{Q}^{\mathrm{T}}\boldsymbol{M}^{\mathrm{T}}\boldsymbol{C}_p^n + \boldsymbol{C}_n^p\boldsymbol{M}\delta\mathrm{Q})^{-\frac{1}{2}}$$

其中，忽略误差量乘积的影响。将上式中的平方根表达式进行级数展开，得

$$(\hat{\boldsymbol{C}}_p^n)_0 = \left[\boldsymbol{I} + \frac{1}{2}(\boldsymbol{M}\delta\boldsymbol{Q}\boldsymbol{C}_n^p - \boldsymbol{C}_p^n\delta\boldsymbol{Q}^{\mathrm{T}}\boldsymbol{M}^{\mathrm{T}})\right]\boldsymbol{C}_p^n \tag{9-8}$$

通过观察可知，所得矩阵就是所需的反对称阵形式。然而，由于平台坐标系相对于地理坐标系的选取是任意的，使得表示失准角与仪器不确定参数之间函数关系的解析式变得颇为复杂，且不易给予合适的物理解释。

如果将平台坐标系与当地地理坐标系重合，则会出现一个特别简单的结果$\boldsymbol{C}_p^n = \boldsymbol{I}$。这种情况下得到：

$$(\hat{\boldsymbol{C}}_p^n)_0 = \left[\boldsymbol{I} - \begin{bmatrix} 0 & -(\varepsilon_D)_0 & (\varepsilon_E)_0 \\ (\varepsilon_D)_0 & 0 & -(\varepsilon_N)_0 \\ -(\varepsilon_E)_0 & (\varepsilon_N)_0 & 0 \end{bmatrix}\right]\boldsymbol{C}_p^n \tag{9-9}$$

并且有$(\varepsilon_k)_0(k = N, E, D)$，表示正交化后的失准角，其表达形式为

$$(\varepsilon_N)_0 = \frac{\delta f_y}{g} \tag{9-10}$$

$$(\varepsilon_E)_0 = \frac{1}{2}\left(-\frac{\delta f_x}{g} + \frac{\delta f_z}{g}\tan L - \frac{\delta\omega_z}{\omega_{ie}}\right)\sec L \tag{9-11}$$

$$(\varepsilon_D)_0 = -\frac{\delta f_y}{g}\tan L + \frac{\delta\omega_y}{\omega_{ie}}\sec L \tag{9-12}$$

可以看出，东向比力测量的不确定性会引起的北向水平误差为$3.4\widehat{\mathrm{min}}/\mathrm{mg}$。北向比力不确定性引起的东向水平误差为$-1.7\widehat{\mathrm{min}}/\mathrm{mg}$，天向轴向比力不确定性引起的东向水平误差为$1.7\widehat{\mathrm{min}}\tan L/\mathrm{mg}$；方位角速度不确定性引起的东向水平误差为$-1.7\widehat{\mathrm{min}}\sec L/\mathrm{meru}$①。由于东向比力不确定性引起的方位误差角为$-3.4\widehat{\mathrm{min}}\tan L/\mathrm{mg}$；东向角速度不确定性引起的方位误差角为$+3.4\widehat{\mathrm{min}}\sec L/\mathrm{meru}$。应该指出$\delta f_k$和$\delta\omega_k(k = x, y, z)$，分别代表总比力和角速度测量的不确定性矢量，这些误差来自设备不确定性测量和设备非正交性的影响。关于非正交性影响的讨论参见3.8.4节。将上述结果与加速度耦合了平台陀螺罗经时(9.2节)

① meru为毫地球旋转角速度，1 meru = 0.015(°)/h。

得出的结果进行比较，可以看出，北向水平误差$(\varepsilon_N)_0$与使用平台罗经系统的结论一致。东向水平误差$(\varepsilon_E)_0$包含正交化过程中引入的其他因素，该过程是关于垂向加速度计和方位陀螺不确定度的函数。最终，方位角误差$(\varepsilon_D)_0$与两种罗经系统稳态时的误差一致。

将式(9-9)得到的结果与通过以下方式得到的结果相比较也是有趣的，该方式是指如果仪器组件可以旋转，使得两个加速度计和角速度的东向分量为零，在这种情况下，得到的平衡条件为

$$\delta f_y - g\varepsilon_N = 0 \tag{9-13}$$

$$\delta f_x + g\varepsilon_E = 0 \tag{9-14}$$

$$\delta\omega_y - \omega_{ie}\cos L\varepsilon_D - \omega_{ie}\sin L\varepsilon_N = 0 \tag{9-15}$$

以上结果可认为与下面9.2节中加速度耦合在罗经中得到的结果相同。本节与9.2节的结果进行比较时，注意，东向角速度不确定性的方位敏感性存在明显的标志差异。这种区别是因为在解析对准方法中的角速度是直接测量量，而陀螺罗经方法中的陀螺仪是在平台模式下运行的。5.2.1节和5.2.2节在这一点上有更深入的讨论。

9.2 陀螺罗经法对准[7]

当地地理坐标系和平台坐标系之间的坐标变换可以通过物理陀螺罗经实现，在这种情况下，C_p^n转换矩阵是物理驱动的单位矩阵。物理器件通过以下观测驱动：

(1) 一个理想的非指令性伺服驱动陀螺稳定平台相对于惯性空间不转动。

(2) 如果陀螺仪输入轴与地理坐标系对准(北、东、地)，那么陀螺仪如果按照与地球自转速率成比例的速率旋转，系统将保持对准状态不变。

(3) 如果平台是水平的(北向和东向的陀螺仪轴位于水平面)，但方位轴不稳定，则该平台将以下面给出的速率围绕东向轴线旋转：

$$\dot{\varepsilon}_E = \varepsilon_D\omega_{ie}\cos L$$

式中：$\dot{\varepsilon}_E$为东向轴角速度；ε_D为方位失准角。

(4) 由于北向加速度计信号正比于上述的方位误差，所以这个信号在理论上可以使方位角误差为零。从概念上讲，人们可以①将地球速率指令输入陀螺罗经平台；②提供严格的水平控制；③通过北向加速度计使得方位清零。

图9.1是一个简单的物理平台边速度陀螺罗经基本原理框图。由于加速度计被直接耦合到平台陀螺仪上，因此该机械装置被称为加速度耦合陀螺罗经。如果参数K_N，K_E和K_D包含数学积分过程，则罗经称为速度耦合器[52]。这里将侧重于前一种机械编排类型。图9.1所示的陀螺罗经具有很高的精度。

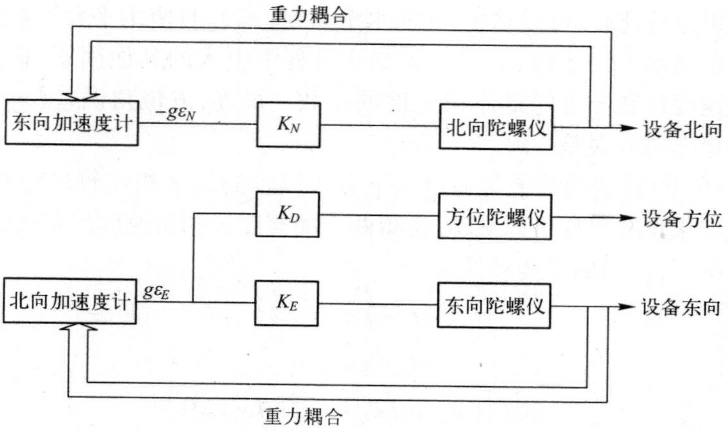

图 9.1　加速度耦合陀螺罗经

9.2.1　平台陀螺罗经误差分析

下面分析组件和机械编排不确定性对系统性能的影响，假设平台坐标系与当地地理坐标系基本重合。如果定义误差角 ε_N，ε_E和 ε_D是由平台坐标系相对于地理坐标系正向旋转得到，则两者之间的转换矩阵为

$$\boldsymbol{C}_p^n=\begin{bmatrix}1 & -\varepsilon_D & \varepsilon_E\\ \varepsilon_D & 1 & -\varepsilon_N\\ -\varepsilon_E & \varepsilon_N & 1\end{bmatrix}=(\boldsymbol{I}+\boldsymbol{E}) \tag{9-16}$$

式中：$\boldsymbol{E}$ 为失准角的反对称矩阵；$\boldsymbol{I}$ 为单位矩阵；p 为仪器地理坐标系；n 为地理坐标系。

这时平台坐标系相对于惯性空间的旋转角速度为

$$\boldsymbol{\omega}_{ip}=\boldsymbol{\omega}_{in}+\boldsymbol{\omega}_{np}$$

在平台坐标系中：

$$\boldsymbol{\omega}_{ip}^p=\boldsymbol{C}_n^p\boldsymbol{\omega}_{in}^n+\boldsymbol{\omega}_{np}^p \tag{9-17}$$

或者以分量形式表示为

$$\begin{bmatrix}\omega_N\\ \omega_E\\ \omega_D\end{bmatrix}=(\boldsymbol{I}-\boldsymbol{E})\begin{bmatrix}\omega_{ie}\cos L\\ 0\\ -\omega_{ie}\sin L\end{bmatrix}+\begin{bmatrix}\dot{\varepsilon}_N\\ \dot{\varepsilon}_E\\ \dot{\varepsilon}_D\end{bmatrix}=\begin{bmatrix}\omega_{ie}\cos L+\varepsilon_E\omega_{ie}\sin L+\dot{\varepsilon}_N\\ -\varepsilon_D\omega_{ie}\cos L-\varepsilon_N\omega_{ie}\sin L+\dot{\varepsilon}_E\\ \varepsilon_E\omega_{ie}\cos L-\omega_{ie}\sin L+\dot{\varepsilon}_D\end{bmatrix} \tag{9-18}$$

上面的表达式必须等价于指定的角速度，其中包括处理后的加速度计输出和地球速率指令以及由机械设备不确定性产生的影响。因此，指定的角速度由下式给出：

$$\begin{bmatrix}\hat{\omega}_N\\ \hat{\omega}_E\\ \hat{\omega}_D\end{bmatrix}=\begin{bmatrix}\omega_{ie}\cos L-K_Ng\varepsilon_N+\delta\omega_N+K_N\delta f_E\\ -K_Eg\varepsilon_E+\delta\omega_E-K_E\delta f_N\\ -\omega_E\sin L-K_Dg\varepsilon_E+\delta\omega_D-K_D\delta f_N\end{bmatrix}\tag{9-19}$$

式中：$\delta\boldsymbol{\omega}^n=\{\delta\omega_N,\delta\omega_E,\delta\omega_D\}$为速度误差；$\delta\boldsymbol{f}^n=\{\delta f_N,\delta f_E\}$为比力误差。

注意，这里假设地球速率可以准确提供。还应注意，适当选择K_N，K_E和K_D的符号可使$\dot{\varepsilon}$为0。将式(9-18)和式(9-19)等价，得

$$\begin{bmatrix}\dot{\varepsilon}_N\\ \dot{\varepsilon}_E\\ \dot{\varepsilon}_D\end{bmatrix}=\begin{bmatrix}-K_Ng\varepsilon_N-\varepsilon_E\omega_{ie}\sin L+\delta\omega_N+K_N\delta f_E\\ -K_Eg\varepsilon_E+\varepsilon_E\omega_{ie}\sin L+\varepsilon_D\omega_{ie}\cos L+\delta\omega_E-K_E\delta f_N\\ -K_Dg\varepsilon_E+\varepsilon_E\omega_{ie}\cos L+\delta\omega_D-K_D\delta f_N\end{bmatrix}\tag{9-20}$$

对式(9-20)进行拉氏变换得到矩阵形式为

$$\begin{bmatrix}s+K_Ng & \omega_{ie}\sin L & 0\\ -\omega_{ie}\sin L & s+K_Eg & -\omega_{ie}\cos L\\ 0 & K_Dg+\omega_{ie}\cos L & s\end{bmatrix}\begin{bmatrix}\bar{\varepsilon}_N\\ \bar{\varepsilon}_E\\ \bar{\varepsilon}_D\end{bmatrix}=\begin{bmatrix}\varepsilon_N(0)+\delta\bar{\omega}_N+K_N\delta\bar{f}_E\\ \varepsilon_E(0)+\delta\bar{\omega}_E-K_E\delta\bar{f}_N\\ \varepsilon_D(0)+\delta\bar{\omega}_D-K_D\delta\bar{f}_N\end{bmatrix}\tag{9-21}$$

其中，s为拉普拉斯变量，横线表示拉普拉斯变换变量。本系统的信号流程图如图9.2。注意图9.2和图7.5的信号流程图对于当地垂直导航系统是相似的。

上述系统中起决定因素的特征方程矩阵如下：

$$\Delta=s^3+g(K_E+K_N)s^2+(K_EK_Ng^2+K_Dg\omega_{ie}\cos L+\omega_{ie}^2)s+K_Ng\omega_{ie}\cos L(K_Dg+\omega_{ie}\cos L)\tag{9-22}$$

用克莱姆法则可以很容易地求解式(9-21)。假设角速度和比力不确定度恒定不变，通过终值定理求解式(9-21)稳态误差为

$$\lim_{t\to\infty}f(t)=\lim_{s\to\infty}sf(s)\tag{9-23}$$

解算结果为

$$\varepsilon_{N_{ss}}=\frac{1}{gK_N}(\delta\omega_N+K_N\delta f_E)-\frac{\omega_{ie}\sin L}{K_Ng(K_Dg+\omega_{ie}\cos L)}(\delta\omega_D-K_D\delta f_N)$$

$$\varepsilon_{E_{ss}}=\frac{\delta\omega_D-K_D\delta f_N}{K_Dg+\omega_{ie}\cos L}\tag{9-24}$$

$$\varepsilon_{D_{ss}}=-\frac{\tan L}{K_Ng}(\delta\omega_N+K_N\delta f_E)-\frac{1}{\omega_{ie}\cos L}(\delta\omega_E-K_E\delta f_N)+\frac{K_EK_Ng^2+\omega_{ie}^2\sin^2L}{K_Ng\omega_{ie}\cos L(K_Dg+\omega_{ie}\cos L)}(\delta\omega_D-K_D\delta f_N)\tag{9-25}$$

图9.3对上述方程进行了归纳。

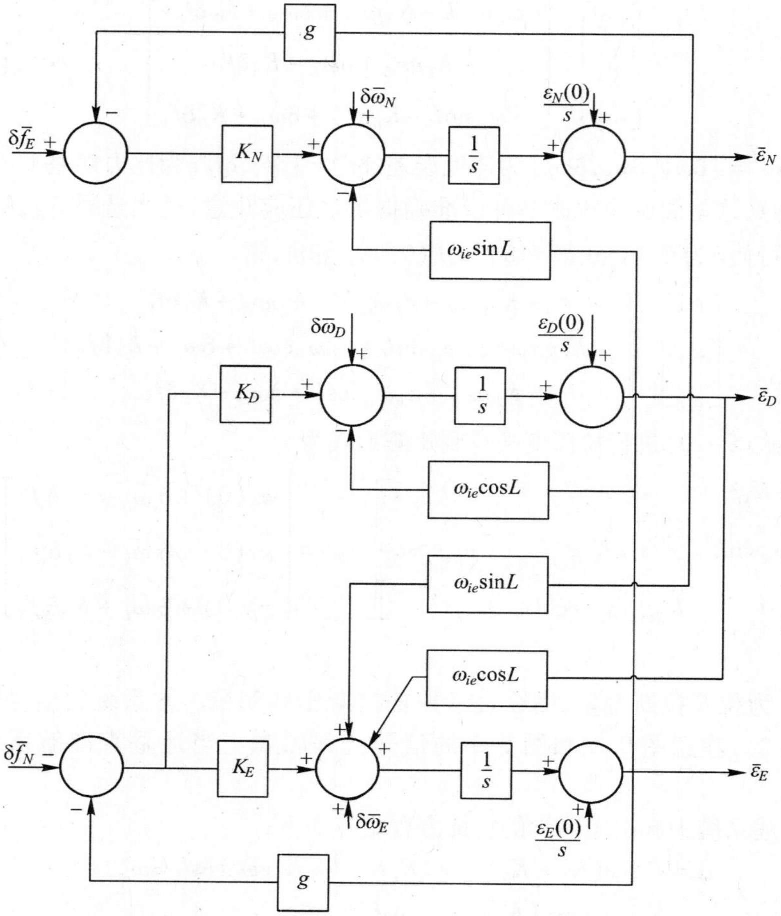

图 9. 2　加速度耦合陀螺罗经的信号流程图

	$\varepsilon_N/$	$\varepsilon_E/$	$\varepsilon_D/$
$/\delta\omega_N$	$\dfrac{1}{gK_N}$	0	$-\dfrac{\tan L}{K_N g}$
$/\delta\omega_E$	0	0	$-\dfrac{1}{\omega_{ie}\cos L}$
$/\delta\omega_D$	$\dfrac{-\omega_{ie}\sin L}{K_N g(K_D g+\omega_{ie}\cos L)}$	$\dfrac{1}{K_D g+\omega_{ie}\cos L}$	$\dfrac{K_E K_N g^2+\omega_{ie}^2\sin^2 L}{K_N g\omega_{ie}\cos L(K_D g+\omega_{ie}\cos L)}$
$/\delta f_E$	$\dfrac{1}{g}$	0	$-\dfrac{\tan L}{g}$
$/\delta f_N$	$\dfrac{K_D\omega_{ie}\sin L}{K_N g(K_D g+\omega_{ie}\cos L)}$	$\dfrac{-K_D}{K_D g+\omega_{ie}\cos L}$	$\dfrac{K_E K_N g^2-K_D\omega_{ie}^2\sin^2 L}{K_N g\omega_{ie}\cos L(K_D g+\omega_{ie}\cos L)}$

图 9. 3　加速度耦合陀螺罗经的稳态误差系数

适当地选择常数 K_N,K_E和 K_D可以使得上述结果在预计误差范围内,并且可以提供足够的响应时间。如果这些灵敏度按照下式选择参数,那么图 9.3 的设计较为合理:

$$K_N g, K_E g, K_D g \gg \omega_{ie} \tag{9-26}$$

其中,符号"≫"表示数量级相差较大。

根据劳斯判据可知,对于上面的不等式约束条件,K 值正定可使系统处于稳定状态。其中,忽略了该平台的动态变化、电子元件的动态成分和陀螺仪动态变化。北向回路的高增益和东向方位回路的耦合使基于水平模式下运行的北向回路解耦。特别的,根据式(9-26)中的不等式,可将式(9-22)的特征方程化简为

$$\Delta \approx (s + K_N g)(s^2 + K_E g s + K_D g \omega_{ie} \cos L) \tag{9-27}$$

这表明与东方位回路相关的固有振动频率 ω_n 和阻尼比 ζ 可以由下式给出:

$$\omega_n = (K_D g \omega_{ie} \cos L)^{\frac{1}{2}} \tag{9-28}$$

$$\zeta = \frac{K_E g}{2\omega_n} \tag{9-29}$$

将式(9-26)应用于图 9.3 的稳态误差系数中,则这些系数可以简化为图 9.4 的形式。根据图 9.4 可知一个重要特性,即灵敏度 $\varepsilon_D/(u)\varepsilon_E$ 独立系统增益。它的大小为

$$-\frac{3.4\widehat{\min}}{\cos L}/\text{meru 漂移}$$

	$\varepsilon_N/$	$\varepsilon_E/$	$\varepsilon_D/$
$/\delta\omega_N$	$\frac{1}{gK_N}$	0	$-\frac{\tan L}{K_N g}$
$/\delta\omega_E$	0	0	$-\frac{1}{\omega_{ie}\cos L}$
$/\delta\omega_D$	$-\frac{\omega_{ie}\sin L}{K_N K_D g^2}$	$\frac{1}{K_D g}$	$\frac{K_E}{K_D g + \omega_{ie}\cos L}$
$/\delta f_E$	$\frac{1}{g}$	0	$-\frac{\tan L}{g}$
$/\delta f_N$	$\frac{\omega_{ie}\sin L}{K_N g^2}$	$-\frac{1}{g}$	$\frac{K_E}{K_D g}$

图 9.4　误差系数的不等式约束条件

这说明东向陀螺仪的不确定性限制了陀螺罗经的性能。受误差系数对系统的影响,轮转速调制和东西向平均的标定技术已经得到了发展研究,在文献[53]和[69]中有相关的讨论,在文献[37]中讨论了一种通过最优控制技术的选择电罗经增益的方法。

9.3 捷联系统对准

捷联式惯性导航系统的初始对准是确定机体坐标系到计算参考坐标系之间的初始转换矩阵的过程。因为该系统中惯性设备直接安装到载体上,因此普通的罗经法对准在这里并不适用。此外,如果想在未来十年研制出捷联式惯性导航系统,自对准技术将是至关重要的。

事实上,受到环境和商用飞机操作时间等因素的限制,初始对准是系统的设计者主要面对的问题之一。对于飞行器在面对引起其有害运动的阵风、装载乘客和货物、燃料摄取等应用限制的前提下,在较短时间内确定一个精确的初始变换矩阵是十分重要的。

这里主要考虑两阶段初始对准方法[9]。首先是粗对准阶段,将使用 9.1 节中所讨论的解析式对准方案,利用器件测量重力和地球旋转向量直接计算出机体坐标系到地理坐标系的变换矩阵。由于角运动干扰和线运动干扰等因素,解析式对准方法仅在理想环境中可以作为高精度对准方法使用[60]。该影响具有双重性:首先是干扰破坏 $\boldsymbol{g}$ 和 $\boldsymbol{\omega}_{ie}$ 的测量值,此时的测量量为

$$\tilde{\boldsymbol{f}} = -\boldsymbol{g} + \boldsymbol{f}_d \tag{9-30}$$

$$\widetilde{\boldsymbol{\omega}}_{ib} = \boldsymbol{\omega}_{ie} + \boldsymbol{\omega}_d \tag{9-31}$$

其中,下标 d 表示扰动量。其次,在一定程度上 $\boldsymbol{g}^b$ 和 $\boldsymbol{\omega}_{ie}^n$ 成为与时间相关的函数。根据 $\dot{\boldsymbol{\omega}}_{ie}^n = \boldsymbol{0}$ 可知:

$$\dot{\boldsymbol{\omega}}_{ie}^b = -\boldsymbol{\Omega}_{nb}^b \boldsymbol{\omega}_{ie}^b$$

其中,反对称矩阵 $\boldsymbol{\Omega}_{nb}^b$ 的元素由 $\boldsymbol{\omega}_d$ 的各分量给出。因此,为了降低这些振动的影响,有必要介绍一些滤波技术。例如可以使用一个简单的低通滤波器,以获得测得向量的平均值,进而得到平均对准矩阵。但是,根据飞机运动特性可以清楚地知道,机体坐标系的瞬时位置与其平均位置有较大差异。因此,如果只是得到一个对准均值,系统切换到导航工作模式时,会出现较大的初始失准角偏差。如果飞机振动的统计数据可用,那么,可以构造一个更详细的最佳滤波方案。然而,利用线性滤波,从含有扰动信息的 $\boldsymbol{\omega}_d$ 和 $\boldsymbol{f}_d$ 中分离出 $\boldsymbol{\omega}_{ie}^b$ 和 $\boldsymbol{g}^b$ 是比较困难的,因为这些量很有可能包含相同的频率。此外,滤波器会带来一些新引入的延迟误差。因此,解析式对准方法主要用于平均对准,这是一种快速获得变换矩阵估计初始值的方法。

第二个阶段即"校正"对准阶段,是通过已知参考坐标系和相应计算坐标系之间的角度误差估计值来提炼变换矩阵初始估计结果。

9.3.1 自校正对准方案

如果以地理坐标系为参考坐标系,自校正对准控制方案如图 9.5 所示。

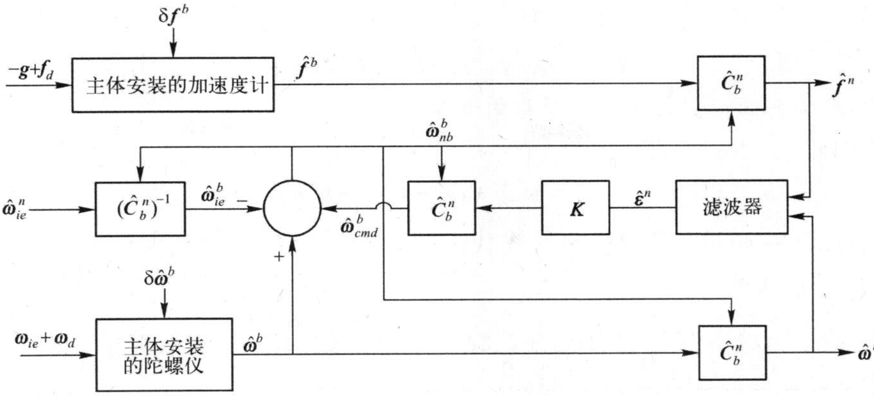

图 9.5　自校正对准方案

由于转换矩阵的初始估计是可用的，我们可以将实际坐标系和计算地理坐标系之间的失准角看作小角度来建模。自校正对准更新过程主要是通过处理加速度计和陀螺仪测量信号来确定这个两坐标系之间的误差角，并产生解算的控制信号，使得这些角度尽可能接近零。与此同时，对角振动扰动进行补偿。这里所述的角运动补偿就是提供“基本运动隔离”，与平台系统中所述内容相似。

除前文所述扰动环境，这里认为对准过程中机体坐标系相对地球是固定的。然而，由于阵风和其他扰动因素对飞机运动的影响，导致没有可用数据。将式(9-30)和式(9-31)中的各项进行简单相加作为该时间段内基础运动向量模型。

9.3.2　自校正对准误差分析

图 9.5 中，转换矩阵$\hat{C}_b^n$的更新过程可以利用式(2-4)给出的数学关系，即

$$\dot{\hat{C}}_b^n = \hat{C}_b^n \hat{\boldsymbol{\Omega}}_{nb}^b \tag{9-32}$$

式中：$\hat{\boldsymbol{\Omega}}_{nb}^b$为角速度$\hat{\boldsymbol{\omega}}_{nb}^b$的反对称矩阵。

理想情况下，用于更新转换矩阵的角速度信号由下式给出：

$$\boldsymbol{\omega}_{nb}^b = \boldsymbol{\omega}_{eb}^b = \boldsymbol{\omega}_d^b \tag{9-33}$$

其中，$\boldsymbol{\omega}_{ne} = \mathbf{0}$。

如图 9.5 中所示，$\boldsymbol{\omega}_d$的估计值是通过减去$\hat{\boldsymbol{\omega}}_{ie}^b$获得的，可以看成是陀螺测量角速度信息沿计算载体坐标系的投影。但是，因为$\hat{\boldsymbol{\omega}}_{ie}^b$不等于$\boldsymbol{\omega}_{ie}^b$，并且$\boldsymbol{\omega}^b$包含陀螺不确定性误差$\delta\boldsymbol{\omega}^b$，用于更新转换矩阵的角速度信号将由下式给出：

$$\hat{\boldsymbol{\omega}}_{nb}^b = \boldsymbol{\omega}_{cmd}^b + \boldsymbol{\omega}_d^b + \delta\boldsymbol{\omega}^b + \boldsymbol{\omega}_{ie}^b - (\hat{C}_b^n)^{-1}\boldsymbol{\omega}_{ie}^n \tag{9-34}$$

但是

$$(\hat{\boldsymbol{C}}_b^n)^{-1}=(\boldsymbol{I}-\boldsymbol{E}^n)\boldsymbol{C}_b^n=\boldsymbol{C}_n^b(\boldsymbol{I}+\boldsymbol{E}^n) \tag{9-35}$$

式中:$\boldsymbol{E}$ 为普通定义方式下的误差角反对称矩阵。

因此,式(9-34)变为

$$\hat{\boldsymbol{\omega}}_{nb}^b=\boldsymbol{\omega}_{cmd}^b+\boldsymbol{\omega}_d^b+\delta\boldsymbol{\omega}^b-\boldsymbol{E}^b\boldsymbol{\omega}_{ie}^b \tag{9-36}$$

将式(9-36)的反对称阵形式代入式(9-32)中,得到$\dot{\boldsymbol{E}}$关于 $\boldsymbol{\omega}_{cmd}$ 的微分方程:

$$\dot{\hat{\boldsymbol{C}}}_b^n=\hat{\boldsymbol{C}}_b^n\boldsymbol{\Omega}_{cmd}^b+\hat{\boldsymbol{C}}_b^n\boldsymbol{\Omega}_d^b+\hat{\boldsymbol{C}}_b^n\boldsymbol{\Omega}^b-\hat{\boldsymbol{C}}_b^n(\boldsymbol{E}^b\boldsymbol{\omega}_{ie}^b)^* \tag{9-37}$$

式中:$(\boldsymbol{E}^b\boldsymbol{\omega}_{ie}^b)^*$ 为 $\boldsymbol{E}^b\boldsymbol{\omega}_{ie}^b$的反对称阵形式。

从式(9-35)中注意到:

$$\dot{\hat{\boldsymbol{C}}}_b^n=-\dot{\boldsymbol{E}}^n\boldsymbol{C}_b^n-\boldsymbol{E}^n\dot{\boldsymbol{C}}_b^n \tag{9-38}$$

和

$$\dot{\boldsymbol{C}}_b^n=\boldsymbol{C}_b^n\boldsymbol{\Omega}_d^b \tag{9-39}$$

式(9-37)变为

$$\dot{\boldsymbol{E}}^n=-\hat{\boldsymbol{C}}_b^n\boldsymbol{\Omega}_{cmd}^b\boldsymbol{C}_n^b-\hat{\boldsymbol{C}}_b^n\delta\boldsymbol{\Omega}^b\boldsymbol{C}_n^b+\hat{\boldsymbol{C}}_n^b(\boldsymbol{E}^b\boldsymbol{\omega}_{ie}^b)^*\boldsymbol{C}_n^b$$

或者

$$\dot{\boldsymbol{E}}^n=-\boldsymbol{\Omega}_{cmd}-\delta\boldsymbol{\Omega}^n+(\boldsymbol{E}^n\boldsymbol{\omega}_{ie}^n)^* \tag{9-40}$$

与前面分析过程相同,忽略小量乘积项,可以把式(9-40)写成以下矢量形式:

$$\dot{\boldsymbol{\varepsilon}}^n=-\boldsymbol{\omega}_{cmd}^n-\delta\boldsymbol{\omega}^n-\boldsymbol{\Omega}_{ie}^n\boldsymbol{\varepsilon}^n\boldsymbol{C}_p^n$$

其中,已知

$$-\boldsymbol{E}^n\boldsymbol{\omega}_{ie}^n=\boldsymbol{\Omega}_{ie}^n\boldsymbol{\varepsilon}^n \tag{9-41}$$

为了使得 $\boldsymbol{\varepsilon}^n$ 为0,选择 $\boldsymbol{\omega}_{cmd}^n$ 为 $\boldsymbol{\varepsilon}^n$ 测量估计值的线性函数。因此假设

$$\boldsymbol{\omega}_{cmd}^n=\boldsymbol{K}\hat{\boldsymbol{\varepsilon}}^n \tag{9-42}$$

式中:$\boldsymbol{K}$ 为指定的 3×3 矩阵;$\hat{\boldsymbol{\varepsilon}}$为计算误差矢量。

因此,式(9-41)变为

$$\dot{\boldsymbol{\varepsilon}}^n+\boldsymbol{\Omega}_{ie}^n\boldsymbol{\varepsilon}^n+\boldsymbol{K}\hat{\boldsymbol{\varepsilon}}^n=-\delta\boldsymbol{\omega}^n \tag{9-43}$$

需要注意的是,式(9-43)表示的三个标量微分方程是通过 $\boldsymbol{\Omega}_{ie}^n\boldsymbol{\varepsilon}^n$ 项耦合连接的,即地球速率耦合。

在式(9-43)中,$\hat{\boldsymbol{\varepsilon}}^n$的元素是被指定的。它的三个标量可以直接通过显示结果由计算 $\boldsymbol{g}$ 的水平分量和 $\boldsymbol{\omega}_{ie}$的东向分量获得。特别是因为

$$\hat{\boldsymbol{f}}^n=(\boldsymbol{I}-\boldsymbol{E}^n)\boldsymbol{C}_b^n\hat{\boldsymbol{f}}^b=(\boldsymbol{I}-\boldsymbol{E}^n)(-\boldsymbol{g}^n+\boldsymbol{f}_d^n+\delta\boldsymbol{f}^n)$$

和

$$\boldsymbol{g}^n = \{0,0,g\}$$

因此

$$\hat{f}_N = g\varepsilon_E + f_{d_N} + \delta f_N \tag{9-44}$$

$$\hat{f}_E = -g\varepsilon_N + f_{d_E} + \delta f_E \tag{9-45}$$

式中：f_{d_N}和f_{d_E}分别为比力扰动矢量沿北向和东向的分量；δf_N和δf_E分别为加速度计不确定度沿北向和东向的分量。其余参数ε_D，可以通过$\hat{\boldsymbol{\omega}}^n$的表达式得出。

由图9.5可知：

$$\begin{aligned}\hat{\boldsymbol{\omega}}^n &= \hat{\boldsymbol{C}}_b^n(\boldsymbol{\omega}_{ie}^b + \boldsymbol{\omega}_d^b + \delta\boldsymbol{\omega}^b) = (\boldsymbol{I} - \boldsymbol{E}^n)\boldsymbol{C}_b^n(\boldsymbol{\omega}_{ie}^b + \boldsymbol{\omega}_d^b + \delta\boldsymbol{\omega}^b) \\ &= (\boldsymbol{I} - \boldsymbol{E}^n)\boldsymbol{\omega}_{ie}^n + \boldsymbol{\omega}_d^n + \delta\boldsymbol{\omega}^n\end{aligned} \tag{9-46}$$

上述方程的东向分量由下式给出：

$$\hat{\omega}_E = -\omega_{ie}\cos L(\varepsilon_D + \tan L\varepsilon_N) + \omega_{d_E} + \delta\omega_E \tag{9-47}$$

式中：ω_{d_E}和$\delta\omega_E$分别为角速度扰动和陀螺漂移的东向分量。

该系统设计是用来处理在假设没有误差源情况下的$\hat{f}_N$，$\hat{f}_E$和$\hat{\omega}_E$的量测量。

$$\hat{\boldsymbol{\varepsilon}}^n = \left\{-\frac{\hat{f}_E}{g}, \frac{\hat{f}_N}{g}, \tan L\frac{\hat{f}_E}{g} - \sec L\frac{\hat{\omega}_E}{\omega_{ie}}\right\} \tag{9-48}$$

估计误差$\delta\boldsymbol{\varepsilon}$可以通过

$$\hat{\boldsymbol{\varepsilon}} = \boldsymbol{\varepsilon} + \delta\boldsymbol{\varepsilon}$$

以及式(9-44)、式(9-45)、式(9-47)代入式(9-48)中得到：

$$\hat{\boldsymbol{\varepsilon}}^n = \boldsymbol{\varepsilon}^n + \delta\boldsymbol{\varepsilon}^n = \boldsymbol{\varepsilon}^n + \begin{bmatrix} -\dfrac{1}{g}(f_{d_E} + \delta f_E) \\ \dfrac{1}{g}(f_{d_N} + \delta f_N) \\ \dfrac{\tan L}{g}(f_{d_E} + \delta f_E) - \dfrac{\mathrm{sce}L}{\omega_{ie}}(\omega_{d_E} + \delta\omega_E) \end{bmatrix} \tag{9-49}$$

这里$\boldsymbol{K}$矩阵的确定是十分重要的，因为该矩阵将用于使误差角趋于零，可以使用卡尔曼滤波技术来确定矩阵$\boldsymbol{K}$的元素。也可以参照文献[9]中的计算方式来确定$\boldsymbol{K}$的元素。下面，将选择一个更简单的方法来说明这个重要概念，以得到“最优”的方法。通过对$\boldsymbol{K}$的适当选择可以使方程(9-43)解耦。因为在一个给定纬度下，$\boldsymbol{\omega}_{in}^n$是常值不变量，因此，可以实现解耦这一目的。因此，选择$\boldsymbol{K}$的非对角线元素应该等于其减去相应反对称矩阵$\boldsymbol{\Omega}_{ie}^n$的元素。也就是说，选择

$$\boldsymbol{K} = \begin{bmatrix} K_N & -\omega_{ie}\sin L & 0 \\ \omega_{ie}\sin L & K_E & \omega_{ie}\cos L \\ 0 & -\omega_{ie}\cos L & K_D \end{bmatrix} \tag{9-50}$$

因此,方程(9-43)变为

$$\dot{\boldsymbol{\varepsilon}}^n+\boldsymbol{K}_d\boldsymbol{\varepsilon}^n+\boldsymbol{K}\delta\boldsymbol{\varepsilon}^n=-\delta\boldsymbol{\omega}^n \tag{9-51}$$

式中:$\boldsymbol{K}_d$为对角线增益矩阵,式(9-50)的对角线元素;$\delta\boldsymbol{\varepsilon}=\hat{\boldsymbol{\varepsilon}}-\boldsymbol{\varepsilon}$ 为式(9-49)所定义的速度误差的估计误差。

如果详细观察式(9-51)的 $\boldsymbol{K}\delta\boldsymbol{\varepsilon}^n$项,可知在系统设定时间合理的情况下,有

$$K_N,K_E,K_D\gg\omega_{ie}$$

因此,式(9-51)可以重写为

$$\dot{\boldsymbol{\varepsilon}}^n+\boldsymbol{K}_d\boldsymbol{\varepsilon}^n=-\delta\boldsymbol{\omega}^n-\boldsymbol{K}_d\delta\boldsymbol{\varepsilon}^n \tag{9-52}$$

式(9-52)是一阶解耦误差角的矢量微分方程。把该式写成分量形式能够更好的观察各种误差源的作用,其中 $p=\mathrm{d}/\mathrm{d}t$。

$$(p+K_N)\varepsilon_N=\frac{K_N}{g}(f_{d_E}+\delta f_E)-\delta\omega_N \tag{9-53a}$$

$$(p+K_E)\varepsilon_E=-\frac{K_E}{g}(f_{d_N}+\delta f_N)-\delta\omega_E \tag{9-53b}$$

$$(p+K_D)\varepsilon_D=K_D\left[\frac{\sec L}{\omega_{ie}}(\omega_{d_E}+\delta\omega_E)-\frac{\tan L}{g}(f_{d_E}+\delta f_E)\right]-\delta\omega_D \tag{9-53c}$$

通过观察式(9-53)可知,这个以模拟方式进行物理加速耦合陀螺罗经的自对准方案,在高纬度地区的精度极差,在地球的两极会失效。此外,可知误差角是关于载体基于运动和仪器不确定性的函数。可以利用拉普拉斯变换获得方程的解。假设力学函数一般与时间相关,则有

$$\bar{\varepsilon}_N=\frac{K_N}{g}\frac{\bar{f}_{d_E}+\delta\bar{f}_E}{s+K_N}-\frac{\delta\bar{\omega}_N}{s+K_N}+\frac{\varepsilon_N(0)}{s+K_N} \tag{9-54a}$$

$$\bar{\varepsilon}_E=-\frac{K_E}{g}\frac{\bar{f}_{d_N}+\delta\bar{f}_N}{s+K_E}-\frac{\delta\bar{\omega}_E}{s+K_E}+\frac{\varepsilon_E(0)}{s+K_E} \tag{9-54b}$$

$$\bar{\varepsilon}_D=\frac{K_D}{\omega_{ie}}\sec L\frac{\bar{\omega}_{d_E}+\delta\omega_D}{s+K_D}-K_D\frac{\tan L}{g}\frac{\bar{f}_{d_E}+\delta\bar{f}_E}{s+K_D}-\frac{\delta\bar{\omega}_D}{s+K_D}+\frac{\delta\omega_D(0)}{s+K_D} \tag{9-54c}$$

应用卷积定理:

$$\mathscr{L}^{-1}\frac{1}{s+K}\bar{\omega}(s)=\int_0^t\mathrm{e}^{-K(t-\tau)}\omega(\tau)\mathrm{d}\tau$$

在任意输入条件下,式(9-54)的唯一解如下:

$$\varepsilon_N(t) = e^{-K_N t}\int_0^t e^{K_N\tau}\left[\frac{K_N}{g}f_{d_E}(\tau) + \frac{K_N}{g}\delta f_E(\tau) - \delta\omega_N(t)\right]d\tau + \varepsilon_N(0)e^{-K_N t} \tag{9-55a}$$

$$\varepsilon_E(t) = e^{-K_E t}\int_0^t e^{K_E\tau}\left[\frac{K_E}{g}f_{d_N}(\tau) - \frac{K_E}{g}\delta f_N(\tau) - \delta\omega_E(t)\right]d\tau + \varepsilon_E(0)e^{-K_E t} \tag{9-55b}$$

$$\varepsilon_D(t) = e^{-K_D t}\int_0^t e^{K_D\tau}\left\{\frac{K_D}{\omega_{ie}}\sec L[\omega_{d_E}(\tau) + \delta\omega_E(\tau)] - K_D\frac{\tan L}{g}\right.$$
$$\left.[f_{d_E}(\tau) + \delta f_E(\tau)] - \delta\omega_D(\tau)\right\}d\tau + \varepsilon_D(0)e^{-K_D t} \tag{9-55c}$$

由于未指定基本运动形式，因此最好对式(9-55)进行统计分析。通过调整式(9-55)，利用计算结果的数学期望可以得出均方值。如果独立变量的统计数据是不相关的，也就是说，如果各种随机过程是独立的，并且不超过一个偏置量，则计算数学期望时，交叉耦合项会被移除。可以通过电脑简化复杂的计算过程。

对于零运动状态下，常值加速度计和陀螺不确定性如下：

$$f_{d_E}(t) = f_{d_N}(t) = \omega_{d_E}(t) = 0$$
$$\delta f_k(t) = \delta f_k = 常数 \qquad k = N,E$$
$$\delta\omega_k(t) = \delta\omega_k = 常数 \qquad k = N,E,D$$

因此，式(9-55)简化为

$$\varepsilon_N = \left(\frac{\delta f_E}{g} - \frac{\delta\omega_N}{K_N}\right)(1 - e^{-K_N t}) + \varepsilon_N(0)e^{-K_N t} \tag{9-56a}$$

$$\varepsilon_E = -\left(\frac{\delta f_N}{g} + \frac{\delta\omega_E}{K_E}\right)(1 - e^{-K_E t}) + \varepsilon_E(0)e^{-K_E t} \tag{9-56b}$$

$$\varepsilon_D = \left(\frac{\mathrm{sce}L}{\omega_{ie}}\delta\omega_E - \tan L\frac{\delta f_E}{g} - \frac{\delta\omega_D}{K_D}\right)(1 - e^{-K_D t}) + \varepsilon_D(0)e^{-K_D t} \tag{9-56c}$$

则稳态误差如下：

$$\varepsilon_{N_{ss}} = \frac{\delta f_E}{g} - \frac{\delta\omega_N}{K_N} \tag{9-57a}$$

$$\varepsilon_{E_{ss}} = \frac{\delta f_N}{g} - \frac{\delta\omega_E}{K_E} \tag{9-57b}$$

$$\varepsilon_{D_{ss}} = \frac{\sec L}{\omega_{ie}}\delta\omega_E - \tan L\frac{\delta f_E}{g} - \frac{\delta\omega_D}{K_D} \tag{9-57c}$$

图 9.6 对上述方程进行了总结。与图 9.4 比较，根据加速度耦合物理陀螺罗经的对比信息可知两系统之间有很强的相似性。此外注意到，两个系统的初始误差源和敏感变量都是一样的，主要是由加速度计不确定性引起的水平误差和由东陀螺漂移引起的方位误差。然而，应当强调的是，在一个实际系统的对准

过程中,无论是采用物理还是解析式陀螺罗经方案,研究载体基本运动对其影响是非常重要的。

	$\varepsilon_N/$	$\varepsilon_E/$	$\varepsilon_D/$
$/\delta\omega_N$	$-1/K_N$	0	0
$/\delta\omega_E$	0	$-1/K_E$	$1/\omega_{ie}\cos L$
$/\delta\omega_D$	0	0	$-1/K_D$
$/\delta f_E$	$1/g$	0	$/\tan L/g$
$/\delta f_N$	0	$-1/g$	0

图 9.6　稳态误差系数的自校正对准

附录 A

系统误差建模

本附录推导了载体在地球表面和地球以上空间任意运动时,空间稳定型惯性系统对陀螺漂移动态响应的微分方程表达式。建立该模型的目的是提出一种扰动技术的评价标准,并对其进行适当化简。方程推导过程中假设地球是一个均匀球体,这种假设条件下的误差类似于地球椭球体与导航误差的乘积。此外,为了计算地球重力场向量的大小,这里假设系统位于地球表面上空的高度信息已知。在实际情况中,后一条假设条件需要一个高精度高度表提供该信息。

微分方程的求解需要以下限制条件:陀螺不确定度为常值,载体在地球表面以恒定东西向速度运动,位置误差已经计算得到。在平台相对于惯性系统旋转“小”角度的情况下,求解上述方程,利用叠加原理可以得到位置误差的表达式,并且该表达式是关于三个陀螺不确定度的函数。重复这种准确的求解方法可以得到一个线性化方案。

求解方案见文献[6]。

A.1 系统描述

惯性导航系统包括一组不对陀螺施加任何力矩的惯性稳定平台,平台上安装三个单自由度且输入轴相互正交的加速度计。这里假定测量比力数据可以做精确补偿的处理过程。

此系统理想的加速度计输出包括三个信号,这些信号与沿加速度计敏感轴的输出比力成正比。根据牛顿第二定律可知,测量比力等于惯性参考加速度与仪器所述位置的净重力加速度之差。如第 3 章所述,这里只考虑地球引力作用就足够了。因此,安装加速度计的理想输出可以写成:

$$\boldsymbol{f}^p = \boldsymbol{C}_i^p \ddot{\boldsymbol{r}}^i - \boldsymbol{G}^p \tag{A-1}$$

式中:$\boldsymbol{f}^p$为比力输出向量;$\boldsymbol{C}_i^p$ 为惯性坐标系到平台坐标系的坐标转换矩阵;$\ddot{\boldsymbol{r}}^i$ 相

对于惯性坐标系的加速度矢量；$\boldsymbol{G}^p$① 地球引力场的加速度。

由此可以得到结论，比力测量值沿平台坐标系，并且系统相对于惯性坐标系的加速度也沿该坐标系统。由于地球中心是惯性坐标系的原点，矢量 $\boldsymbol{r}$ 表示从地球中心延伸到导航系统所在位置的位置矢量。

通过式（A-1）可知，可以在比力数据中提取位置信息，因为位置矢量 $\ddot{\boldsymbol{r}}^i$ 可以从已补偿后的比力信息二次积分得到。如果考虑陀螺仪不确定性的影响，那么，由于平台坐标系相对于惯性坐标系旋转，因此转换矩阵 $\boldsymbol{C}_i^p$ 是随时间变化的函数。另一方面，在计算机编程处理数据过程中，假设该平台坐标系相对于惯性坐标系不旋转，从而引入计算误差。令 $\hat{\ddot{\boldsymbol{r}}}^i$ 为沿惯性坐标系的加速度矢量计算值；$\hat{\boldsymbol{C}}_i^p$ 为平台坐标系到惯性坐标系的坐标变换矩阵计算值；$\hat{\boldsymbol{G}}^i$ 为重力场矢量计算值；$\tilde{\boldsymbol{f}}^p$ 为比力测量值。

惯性参考加速度得计算方式由下式给出：

$$\hat{\ddot{\boldsymbol{r}}}^i = \hat{\boldsymbol{C}}_i^p \tilde{\boldsymbol{f}}^p + \hat{\boldsymbol{G}}^i \tag{A-2}$$

为方便起见，式（A-2）按列矩阵进行分解后，可以分解为三个标量方程。图 A.1 描述了该计算方案。框图中应把每个位置矢量分解为三个相同的方框图。

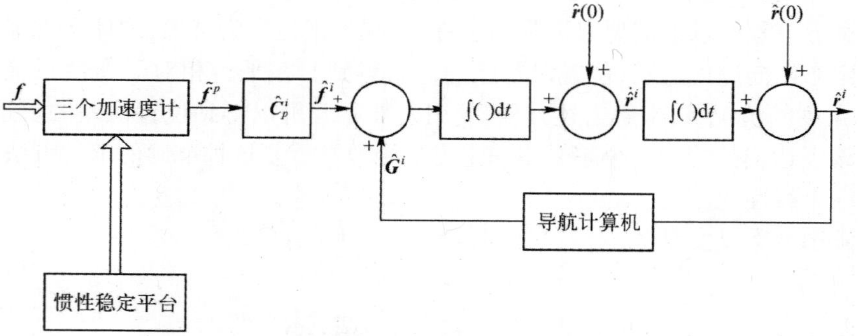

图 A.1　系统框图

A.2　建立系统微分方程

系统的微分方程可直接根据式（A-2）建立。重力场矢量有以下计算方法：

$$\hat{\boldsymbol{G}}^i = \frac{\mu}{r^3}\hat{\boldsymbol{r}}^i \tag{A-3}$$

如先前已经提到的，半径矢量的幅值 $|\boldsymbol{r}|$ 可从外部测量元件（如高度表）获得。

① 原书中为 G^i，译者注。

显然，这里需要解决如何联合外测高度信息和系统自身解算高度信息这一问题，正如 8.3.4 节所讨论。式(A-3)用于扰动模型的建立。

因为假设量测量是没有误差的，因此可以得到由式(A-1)给出的沿平台坐标系下比力测量的表达式为

$$\tilde{\boldsymbol{f}}^p = \boldsymbol{C}_i^p \ddot{r}^i - \boldsymbol{G}^p$$

为了获得高精度解决方案，有必要将上式分解为陀螺仪不确定输出沿每个平台每个坐标轴的函数。在本节后续研究中，只有个别情况下惯性坐标系到平台坐标系的转换矩阵需单独说明。

将式(A-1)和式(A-3)代入式(A-2)可得到解算位置信息的微分方程为

$$\ddot{\hat{\boldsymbol{r}}}^i + \frac{\mu}{r^3}\hat{\boldsymbol{r}}^i = \hat{\boldsymbol{C}}_p^i \boldsymbol{C}_i^p \ \ddot{\boldsymbol{r}}^i - \hat{\boldsymbol{C}}_i^p \boldsymbol{G}^p \tag{A-4}$$

注意，常量 μ/r^3 为舒勒频率的平方，且 $\boldsymbol{G}^p = \boldsymbol{C}_i^p \boldsymbol{G}^i = -(\mu/r^3)\boldsymbol{C}_i^p \boldsymbol{r}_i$，则式(A-4)变为

$$\ddot{\hat{\boldsymbol{r}}} + \omega_s^2 \hat{\boldsymbol{r}}^i = \hat{\boldsymbol{C}}_p^i \boldsymbol{C}_i^p (\ddot{\boldsymbol{r}}^i + \omega_s^2 \boldsymbol{r}^i) \tag{A-5}$$

式中：$\omega_s^2 = \mu/r^3$ 约为地球模型舒勒频率的平方。

由式(A-5)的推导过程可以看出，式(A-5)为三个非耦合线性差分方程，并且对于矩阵 $\hat{\boldsymbol{C}}_p^i \boldsymbol{C}_i^p$ 形式没有做出任何假设，没有进行线性化处理(虽然方程是线性的)，并且对系统运动没有设置任何限制条件。

接下来的代数运算是假设平台坐标系与惯性坐标系初始化对准后，$\hat{\boldsymbol{C}}_p^i = \boldsymbol{I}$ 为单位矩阵这一情况下的简化计算过程。这种初始化对准假设绝不是在性质上加以限制，主要是为了使推导过程更加清晰。需要注意的是，即使初始对准过程已经精确确定，但是由于平台坐标系相对于惯性坐标系有相对旋转，所以惯性系统存在误差。惯性坐标系和平台坐标系间的转换矩阵可表示为只与陀螺仪不确定性有关的函数，式(A-5)写成：

$$\ddot{\hat{\boldsymbol{r}}}^i + \omega_s^2 \hat{\boldsymbol{r}}^i = \boldsymbol{C}_i^p (\ddot{\boldsymbol{r}}^i + \omega_s^2 \boldsymbol{r}^i) \tag{A-6}$$

其中，当 $t=0$ 时，$\boldsymbol{C}_i^p = \boldsymbol{I}$，即假设成理想的平台对准过程。

A.3 解算系统微分方程

为了解算系统微分方程，即式(A-6)，需要利用解算时间段内的陀螺仪不确定性、初始参考加速度和系统所在方位来解算力学函数。初始参考加速度的解析表达式由随时间变化的地心位置向量来表示，地心位置向量 $\boldsymbol{r}^i$ 在球面坐标系中表示为

$$\boldsymbol{r}^i = \{r\cos L\cos\lambda, r\cos L\sin\lambda, r\sin L\} \tag{A-7}$$

式中：r 为位置矢量幅值；L 为纬度（对地球表面，$L=L_C$）；λ 为天文经度。

如果系统的运动越过地球表面或在地球之上，则解算式（A-6）不太方便。这是由于假设系统以恒定速度和高度在任意东西方向上运动，即

$$L=\text{常值}$$

$$r=\text{常值}$$

$$\lambda=\dot{\lambda}t=(\dot{l}+\omega_{ie})t$$

式中：$\dot{\lambda}=(\dot{l}+\omega_{ie})$ 为恒天文经度速率；$\dot{l}$ 为地面经度率。

若将式（A-7）代入式（A-6），则系统微分方程变为

$$\ddot{\boldsymbol{r}}^i+\omega_s^2\hat{\boldsymbol{r}}^i=\boldsymbol{C}_i^p\begin{bmatrix}r(\omega_s^2-\dot{\lambda}^2)\cos L\cos\dot{\lambda}t\\ r(\omega_s^2-\dot{\lambda}^2)\cos L\sin\dot{\lambda}t\\ r\omega_s^2\sin L\end{bmatrix}\tag{A-8}$$

式（A-8）右侧括号内的式子就是比力 $\boldsymbol{f}^i$。式（A-8）的初始条件包括系统初始位置和初始速度为

$$\hat{\boldsymbol{r}}(0)=\{r\cos L,0,r\sin L\}\tag{A-9}$$

$$\dot{\hat{\boldsymbol{r}}}(0)=\{0,r\dot{\lambda}\cos L,0\}\tag{A-10}$$

因为需要找到一个求解位置矢量的计算方法，因此分别考虑每一个陀螺仪的不确定因素就很重要。如果同时考虑陀螺仪不确定因素，矩阵 $\boldsymbol{C}_i^p$ 将由陀螺仪不确定因素出现的先后顺序决定。考虑到恒定陀螺仪不确定因素（漂移）的存在，相对惯性坐标系的平台角速度由下式给出：

$$\boldsymbol{\omega}_{ip}^p=\{\omega_x t,\omega_y t,\omega_z t\}\tag{A-11}$$

其中，假定初始对准时 x,y,z 平台轴与惯性轴重合。值得注意的是，式（A-11）的角速度是由沿平台坐标系下的 x,y,z 陀螺仪不确定因素的负常量得到的。

A.3.1 沿 x 轴的常值漂移

在这种情况下，$\boldsymbol{\omega}_{ip}^p=\{\omega_x t,0,0\}$，并且

$$\boldsymbol{C}_i^p=\begin{bmatrix}1&0&0\\0&\cos\omega_x t&\sin\omega_x t\\0&-\sin\omega_x t&\cos\omega_x t\end{bmatrix}$$

因此，式（A-8）变为

$$\ddot{\hat{r}}_x+\omega_s^2\hat{r}_x=r(\omega_s^2-\dot{\lambda}^2)\cos L\cos\dot{\lambda}t\tag{A-12a}$$

$$\ddot{\hat{r}}_y+\omega_s^2\hat{r}_y=\frac{r}{2}(\omega_s^2-\dot{\lambda}^2)\cos L[\sin(\dot{\lambda}+\omega_x)t+\sin(\dot{\lambda}-\omega_x)t]+r\omega_s^2\sin L\sin\omega_x t\tag{A-12b}$$

$$\ddot{\hat{r}}_z + \omega_s^2 \hat{r}_z = \frac{r}{2}(\omega_s^2 - \dot{\lambda}^2)\cos L[\cos(\dot{\lambda} + \omega_x)t - \cos(\dot{\lambda} - \omega_x)t] + r\omega_s^2 \sin L \cos\omega_x t \tag{A-12c}$$

结合式(A-9)和式(A-10)给出的初始状态,解式(A-12),得到结论:

$$\hat{r}_x = r\cos L\cos\dot{\lambda}t \tag{A-13a}$$

$$\begin{aligned}\hat{r}_y = {} & r\left\{\frac{\dot{\lambda}}{\omega_s}\cos L - \frac{(\omega_s^2 - \dot{\lambda}^2)(\dot{\lambda} + \omega_x)\cos L}{2\omega_s[\omega_s^2 - (\dot{\lambda} + \omega_x)^2]} - \frac{(\omega_s^2 - \dot{\lambda}^2)(\dot{\lambda} - \omega_x)\cos L}{2\omega_s[\omega_s^2 - (\dot{\lambda} - \omega_x)^2]} - \frac{\omega_s\omega_x \sin L}{\omega_s^2 - \omega_x^2}\right\}\sin\omega_s t + \\ & \frac{r\cos L(\omega_s^2 - \dot{\lambda}^2)}{2[\omega_s^2 - (\dot{\lambda} + \omega_x)^2]}\sin(\dot{\lambda} + \omega_x)t + \\ & \frac{r\cos L(\omega_s^2 - \dot{\lambda}^2)}{2[\omega_s^2 - (\dot{\lambda} - \omega_x)^2]}\sin(\dot{\lambda} - \omega_x)t + \frac{r\omega_s^2 \sin L}{\omega_s^2 - \omega_x^2}\sin\omega_x t\end{aligned} \tag{A-13b}$$

$$\begin{aligned}\hat{r}_z = {} & r\left\{\sin L + \frac{(\omega_s^2 - \dot{\lambda}^2)\cos L}{2[\omega_s^2 - (\dot{\lambda} - \omega_x)^2]} - \frac{(\omega_s^2 - \dot{\lambda}^2)\cos L}{2[\omega_s^2(\dot{\lambda} + \omega_x)^2]} - \frac{\omega_s^2 \sin L}{\omega_s^2 - \omega_x^2}\right\}\cos\omega_s t - \\ & \frac{r(\omega_s^2 - \dot{\lambda}^2)\cos L}{2[\omega_s^2 - (\dot{\lambda} - \omega_x)^2]}\cos(\dot{\lambda} - \omega_x)t + \frac{r(\omega_s^2 - \dot{\lambda}^2)\cos L}{2[\omega_s^2 - (\dot{\lambda} + \omega_x)^2]}\cos(\dot{\lambda} + \omega_x)t + \\ & \frac{r\omega_s^2 \sin L}{\omega_s^2 - \omega_x^2}\cos\omega_x t\end{aligned} \tag{A-13c}$$

其中,$\hat{\boldsymbol{r}}^i = \{\hat{r}_x, \hat{r}_y, \hat{r}_z\}$。

A.3.2 沿 *y* 轴的常值漂移

在这种情况下,$\boldsymbol{\omega}_{ip}^p = \{0, \omega_y t, 0\}$,且

$$\boldsymbol{C}_i^p = \begin{bmatrix} \cos\omega_y t & 0 & -\sin\omega_y t \\ 0 & 1 & 0 \\ \sin\omega_y t & 0 & \cos\omega_y t \end{bmatrix}$$

因此,式(A-8)变为

$$\ddot{\hat{r}}_x + \omega_s^2 \hat{r}_x = \frac{r}{2}(\omega_s^2 - \dot{\lambda}^2)\cos L[\cos(\dot{\lambda} + \omega_y)t + \cos(\dot{\lambda} - \omega_y)t] - r\omega_s^2 \sin L \sin\omega_y t \tag{A-14a}$$

$$\ddot{\hat{r}}_y + \omega_s^2 \hat{r}_y = r(\omega_s^2 - \lambda^2)\cos L\cos\dot{\lambda}t \tag{A-14b}$$

$$\ddot{\hat{r}}_z + \omega_s^2 \hat{r}_z = \frac{r}{2}(\omega_s^2 - \dot{\lambda}^2)\cos L[\sin(\dot{\lambda}+\omega_y)t - \sin(\dot{\lambda}-\omega_y)t] + r\omega_s^2 \sin L \cos\omega_y t \tag{A-14c}$$

结合式(A-9)和式(A-10)给出的初始状态,解式(A-14),得到结论:

$$\begin{aligned}\hat{r}_x = & r\cos L\left\{1 - \frac{\omega_s^2 - \dot{\lambda}^2}{2[\omega_s^2 - (\dot{\lambda}+\omega_y)^2]} - \frac{\omega_s^2 - \dot{\lambda}^2}{2[\omega_s^2 - (\dot{\lambda}-\omega_y)^2]}\right\}\cos\omega_s t + \\ & \frac{r\omega_y\omega_s \sin L}{\omega_s^2 - \omega_y^2}\sin\omega_s t + \frac{r\cos L(\omega_s^2 - \dot{\lambda}^2)}{2[\omega_s^2 - (\dot{\lambda}+\omega_y)^2]}\cos(\dot{\lambda}+\omega_y)t + \\ & \frac{r\cos L(\omega_s^2 - \dot{\lambda}^2)}{2[\omega_s^2 - (\dot{\lambda}-\omega_y)^2]}\cos(\dot{\lambda}-\omega_y)t - \frac{r\omega_s^2 \sin L}{\omega_s^2 - \omega_y^2}\sin\omega_y t\end{aligned} \tag{A-15a}$$

$$\hat{r}_y = r\cos L\sin\dot{\lambda}t \tag{A-15b}$$

$$\begin{aligned}\hat{r}_z = & r\cos L\left\{\frac{(\omega_s^2 - \dot{\lambda}^2)(\dot{\lambda}-\omega_y)}{2\omega_s[\omega_s^2 - (\dot{\lambda}-\omega_y)^2]} - \frac{(\omega_s^2 - \dot{\lambda}^2)(\dot{\lambda}+\omega_y)}{2\omega_s[\omega_s^2 - (\dot{\lambda}+\omega_y)^2]}\right\}\sin\omega_s t + \\ & \frac{r\cos L(\omega_s^2 - \dot{\lambda}^2)}{2[\omega_s^2 - (\dot{\lambda}+\omega_y)^2]}\sin(\dot{\lambda}+\omega_y)t - \frac{r\cos L(\omega_s^2 - \lambda^2)}{2[\omega_s^2 - (\dot{\lambda}-\omega_y)^2]}\sin(\dot{\lambda}-\omega_y)t + \\ & \frac{r\omega_s^2 \sin L}{\omega_s^2 - \omega_y^2}\cos\omega_y t - r\sin L\frac{\omega_y^2}{\omega_s^2 - \omega_y^2}\cos\omega_s t\end{aligned} \tag{A-15c}$$

A.3.3 沿 z 轴的常值漂移

在这种情况下,$\boldsymbol{\omega}_{ip}^p = \{0,0,\omega_z t\}$,且

$$\boldsymbol{C}_i^p = \begin{bmatrix} \cos\omega_z t & \sin\omega_z t & 0 \\ -\sin\omega_z t & \cos\omega_z t & 0 \\ 0 & 0 & 1 \end{bmatrix}$$

因此,式(A-8)变为

$$\ddot{\hat{r}}_x + \omega_s^2 \hat{r}_x = r\cos L(\omega_s^2 - \dot{\lambda}^2)\cos(\dot{\lambda}-\omega_z)t \tag{A-16a}$$

$$\ddot{\hat{r}}_y + \omega_s^2 \hat{r}_y = r\cos L(\omega_s^2 - \dot{\lambda}^2)\cos(\dot{\lambda}-\omega_z)t \tag{A-16b}$$

$$\ddot{\hat{r}}_z + \omega_s^2 \hat{r}_z = r\omega_s^2 \sin L \tag{A-16c}$$

结合式(A-9)和式(A-10)给出的初始状态,解式(A-16),得到结论:

$$\hat{r}_x = r\cos L\left[1 - \frac{(\omega_s^2 - \dot{\lambda}^2)}{\omega_s^2 - (\dot{\lambda}-\omega_z)^2}\right]\cos\omega_s t + r\frac{\cos L(\omega_s^2 - \dot{\lambda}^2)}{\omega_s^2 - (\dot{\lambda}-\omega_z)^2}\cos(\dot{\lambda}-\omega_z)t \tag{A-17a}$$

$$\hat{r}_y = r\cos L\left\{\frac{\dot{\lambda}}{\omega_s} - \frac{(\dot{\lambda}-\omega_z)(\omega_s^2-\dot{\lambda}^2)}{\omega_s[\omega_s^2-(\dot{\lambda}-\omega_z)^2]}\right\}\sin\omega_s t + r\frac{\cos L(\omega_s^2-\dot{\lambda}^2)}{\omega_s^2-(\dot{\lambda}-\omega_z)^2}\sin(\dot{\lambda}-\omega_z)t \tag{A-17b}$$

$$\hat{r}_z = r\sin L \tag{A-17c}$$

A.4 解算近似方案

通过近似的方法可将复杂的系统差分方程解算过程得以简化,特别地,对于导航陀螺仪来说,周期频率 ω_s 和$\dot{\lambda}$比 k 轴陀螺漂移速率 ω_k 要大很多,其中,$k = x,y,z$。注意到,对于低于音速在高纬度地区运动的飞行器或者对于超音速运动的飞行器,可以将天体经度速率等价于陀螺漂移速率。在一般地面导航情况下,有

$$\dot{\lambda} \gg \omega_k \qquad k = x,y,z$$

下面的近似公式可也应用在式(A-13)、式(A-15)、式(A-17)中

$$\frac{(\omega_s^2-\dot{\lambda}^2)(\dot{\lambda}+\omega_k)}{2\omega_s[\omega_s^2-(\dot{\lambda}+\omega_k)^2]} \approx \frac{1}{2}\frac{\dot{\lambda}}{\omega_s}\left(1+\frac{\omega_k}{\dot{\lambda}}+\frac{\dot{\lambda}\omega_k}{\omega_s^2}\right)$$

$$\frac{(\omega_s^2-\dot{\lambda}^2)(\dot{\lambda}-\omega_k)}{2\omega_s[\omega_s^2-(\dot{\lambda}-\omega_k)^2]} \approx \frac{1}{2}\frac{\dot{\lambda}}{\omega_s}\left(1-\frac{\omega_k}{\dot{\lambda}}-\frac{\dot{\lambda}\omega_k}{\omega_s^2}\right)$$

$$\frac{\omega_s^2-\dot{\lambda}^2}{2[\omega_s^2-(\dot{\lambda}-\omega_k)^2]} \approx \frac{1}{2}\left(1+2\frac{\dot{\lambda}\omega_k}{\omega_s^2}\right)$$

$$\frac{\omega_s^2-\dot{\lambda}^2}{2[\omega_s^2-(\dot{\lambda}+\omega_k)^2]} \approx \frac{1}{2}\left(1-2\frac{\dot{\lambda}\omega_k}{\omega_s^2}\right)$$

在上述近似化过程中,产生的误差约为$(\dot{\lambda}/\omega_s)^4$,一般地面导航系统的误差等于地球椭圆率的平方或为 $1/10^5$。而且,小角度假设理论可以应用在任何有 ω_k 作为参数的三角学问题中。

这样,上述结论就变成了如下形式,对于 ω_x 情况:

$$\hat{r}_x = r\cos L\cos\dot{\lambda}t \tag{A-13d}$$

$$\hat{r}_y = r\cos L\sin\dot{\lambda}t + r\omega_x t\sin L - r\frac{\omega_x}{\omega_s}\sin L\sin\omega_s t \tag{A-13e}$$

$$\hat{r}_z - r\sin L - r\omega_x t\cos L\sin\dot{\lambda}t + 2r\frac{\dot{\lambda}\omega_x}{\omega_s^2}\cos L(\cos\dot{\lambda}t - \cos\omega_s t) \tag{A-13f}$$

对于 ω_y 情况:

$$\hat{r}_x = r\cos L\cos\dot{\lambda}t - r\omega_y t\sin L + r\frac{\omega_y}{\omega_s}\sin L\sin\omega_s t \tag{A-15d}$$

$$\hat{r}_y = r\cos L\sin\dot{\lambda}t \tag{A-15e}$$

$$\hat{r}_z = r\sin L + r\omega_y t\cos L\cos\dot{\lambda}t - r\cos L\frac{\omega_y}{\omega_s}\sin\omega_s t + 2r\cos L\frac{\dot{\lambda}\omega_y}{\omega_s^2}\sin\dot{\lambda}t \tag{A-15f}$$

对于 ω_z 情况：

$$\hat{r}_x = r\cos L\cos\dot{\lambda}t + r\omega_z t\cos L\sin\dot{\lambda}t + 2r\cos L\frac{\dot{\lambda}\omega_z}{\omega_s^2}(\cos\omega_s t - \cos\dot{\lambda}t) \tag{A-17d}$$

$$\hat{r}_y = r\cos L\cos\dot{\lambda}t - r\omega_z t\cos L\cos\dot{\lambda}t + r\cos L\frac{\omega_z}{\omega_s}\sin\omega_s t - 2r\cos L\frac{\dot{\lambda}\omega_z}{\omega_s^2}\sin\dot{\lambda}t \tag{A-17e}$$

$$\hat{r}_z = r\sin L \tag{A-17f}$$

由此可以注意到，上面 9 个公式的首项可由无误差导航系统获得精确结果，首项后面是随时间呈线性变化的误差项和表现为舒勒速率与天体经度速率调制的误差项。

如果式(A-13d)、式(A-13e)、式(A-13f)、式(A-15d)、式(A-15e)、式(A-15f) 和式(A-17d)、式(A-17e)、式(A-17f)减去相应的准确结果，得到的导航误差写成下面的形式：

$$\begin{bmatrix}\delta r_x\\ \delta r_y\\ \delta r_z\end{bmatrix} = r\begin{bmatrix}0 & \omega_z & -\omega_y\\ -\omega_z & 0 & \omega_x\\ \omega_y & -\omega_x & 0\end{bmatrix}\begin{bmatrix}\cos L\left(t\cos\dot{\lambda}t - \dfrac{1}{\omega_s}\sin\omega_s t + 2\dfrac{\dot{\lambda}}{\omega_s^2}\sin\dot{\lambda}t\right)\\ \cos L\left(t\sin\dot{\lambda}t + 2\dfrac{\dot{\lambda}}{\omega_s^2}(\cos\omega_s t - \cos\dot{\lambda}t)\right)\\ \sin L\left(t - \dfrac{1}{\omega_s}\sin\omega_s t\right)\end{bmatrix} \tag{A-18}$$

其中，导航误差定义为计算结果与实际系统位置的差值：

$$\delta r_k = \hat{r}_k - r_k \qquad k = x, y, z$$

结合式(A-8)可对误差有进一步理解，并且系统预先推导得到的微分方程中，包含施力函数 $\boldsymbol{C}_i^p\boldsymbol{f}^i = \boldsymbol{C}_i^p\{f_x, f_y, f_z\}$。由于$\boldsymbol{f}^i$沿平台漂移坐标系的积分耦合产生了增大项(线性增大项)。这样，x 轴漂移误差主要随f_y 和f_z 沿 z 轴和 y 轴加速度计耦合而增大。相应地，y 轴和 z 轴的漂移误差也有类似结论。

图 A.2 为式(A-18)中$\dot{\lambda} = \omega_{ie}$的稳态情况。注意到，所有的点都基于 1meru 漂移的假设条件。由于基本模式(低频率)和舒勒模式的振幅都直接由漂移引起，因此由漂移速率引起的误差可以直接从曲线上读出来。但是，一个有意思的特性是，舒勒模式不会叠加到所有误差曲线上。从对微分方程的分析可以看出，

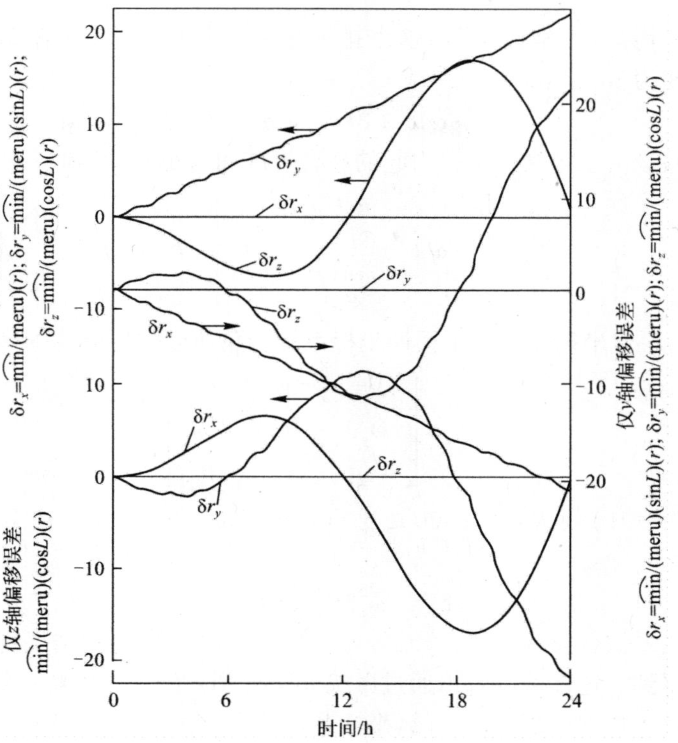

图 A.2　静态系统误差

只有合适的初始速度条件才会产生舒勒模式。也就是说,如果考虑漂移速率在内的初始速度,舒勒振荡可以忽略。可以采用 $\boldsymbol{C}_p^i\dot{\boldsymbol{r}}^p(0)$ 作为合适的初始速度代替 $\dot{\boldsymbol{r}}^i(0)$。这样的话,因为满足初始速度条件,相对于 x 轴漂移的 z 通道(δr_z)和相对于 z 轴漂移的 x 通道(δr_x)均不包含舒勒振荡模式。

A.5　误差模型扩展

误差模型经过发展改进后的结果与通过系统微分方程解算得到的精确结果相同。考虑系统微分方程(A-8),位置误差的定义和前面一样:

$$\delta r_k = \hat{r}_k - r_k \qquad k = x, y, z$$

因为用向量(更准确地说,叫做列矩阵)表示更加方便,误差向量可以定义为

$$\delta \boldsymbol{r}^i \triangleq \hat{\boldsymbol{r}}^i - \boldsymbol{r}^i \tag{A-19}$$

在用式(A-19)代替式(A-8)获得误差微分方程之前,必须要先区分开误差向量。当涉及到与计算出的位置向量 $\hat{\boldsymbol{r}}^i$ 相关的坐标系时,问题就出现了。这里采用的观点是,认为符号 $\hat{\boldsymbol{r}}^i$ 表示含有三个元素的列阵,它作为计算机计算结果,同时也表示计算位置矢量的坐标,此位置向量在惯性坐标系里认为已经确定。

如果不将“计算参考坐标系”与这个排列坐标系联系起来，则有 $\delta\ddot{\boldsymbol{r}}^i = \ddot{\hat{\boldsymbol{r}}}^i - \ddot{\boldsymbol{r}}^i$，式(A-8)变为

$$\ddot{\boldsymbol{r}}^i + \omega_s^2\boldsymbol{r}^i + \delta\ddot{\boldsymbol{r}}^i + \omega_s^2\delta\boldsymbol{r}^i = \boldsymbol{C}_i^p \boldsymbol{f}^i \tag{A-20}$$

这里假设由于陀螺仪漂移引起的平台失准角为小角度，则

$$\boldsymbol{C}_i^p = \begin{bmatrix} 1 & \omega_z t & -\omega_y t \\ -\omega_z t & 1 & \omega_x t \\ \omega_y t & -\omega_x t & 1 \end{bmatrix} = \boldsymbol{I} - \boldsymbol{\Omega}_{ip}^p t \tag{A-21}$$

其中，$\boldsymbol{\Omega}_{ip}^p$为平台坐标系相对于惯性坐标系旋转角速度的反对称阵形式：

$$\boldsymbol{\Omega}_{ip}^p = \begin{bmatrix} 0 & -\omega_z & \omega_y \\ \omega_z & 0 & -\omega_x \\ -\omega_y & \omega_x & 0 \end{bmatrix}$$

将式(A-21)代入式(A-20)，结合式$\ddot{\boldsymbol{r}}^i + \omega_s^2\boldsymbol{r}^i = \boldsymbol{f}^i$，误差微分方程由下式给出：

$$\delta\ddot{\boldsymbol{r}}^i + \omega_s^2\delta\boldsymbol{r}^i = -\boldsymbol{\Omega}_{ip}^p t \boldsymbol{f}^i \tag{A-22}$$

根据误差微分方程结果，误差矢量由式(A-18)给出，其结果可以直接从系统方程中得到。这样可以看出通过微扰方法得到系统误差方程(式(A-22))的方法很有效。特别地，证明了计算坐标系与计算位置矢量无关联的概念。

附录 B

惯性导航系统的状态转移矩阵

在本附录中，主要推导第 7 章 7.4 节提及的二维当地水平惯性导航系统的状态转移矩阵。为了最大限度地减少代数运算复杂性，这里忽略了舒勒频率被傅科频率调制这一特性。如 7.4.3.1 节所述，此简化模式不适用于傅科调节器为一阶的情形。

所研究系统误差方程可写成如下形式：

$$\boldsymbol{A}_1 \boldsymbol{x}_1 = \boldsymbol{Q}_1 \tag{B-1}$$

对于纬度不变的情况，特征矩阵为

$$\boldsymbol{A}_1 = \begin{bmatrix} p & \dot{\lambda}\sin L & 0 & \dot{\lambda}\sin L & -p\cos L \\ -\dot{\lambda}\sin L & p & -\dot{\lambda}\cos L & p & 0 \\ 0 & \dot{\lambda}\cos L & p & \dot{\lambda}\cos L & p\sin L \\ 0 & -g & 0 & rp^2 & 0 \\ g & 0 & 0 & 0 & r\sin Lp^2 \end{bmatrix}$$

误差状态矢量为

$$\boldsymbol{x}_1 = \{\varepsilon_N, \varepsilon_E, \varepsilon_D, \delta L, \delta l\}$$

力矩矢量采用如下一般形式：

$$\boldsymbol{Q}_1 = \{q_1, q_2, q_3, q_4, q_5\}$$

式(B-1)适用于两加速度计导航系统，其中假设系统以常值经度变化速率运动，上式也同样适用于载体静止的情况。

B.1 状态空间方程

因为该方程要适用于大多数惯性导航系统，因此采用状态空间方法来表示

任何力矩矢量是比较理想的方法。为了获得该结果,将式(B-1)写成如下形式:

$$\dot{\boldsymbol{x}}_2(t)=\boldsymbol{A}\boldsymbol{x}_2(t)+\boldsymbol{B}(t)\boldsymbol{u}(t) \tag{B-2}$$

其中

$$\boldsymbol{x}_2(t)=\{\varepsilon_N,\varepsilon_E,\varepsilon_D,\delta L,\delta l,\delta\dot{L},\delta\dot{l}\} \tag{B-3}$$

$$\boldsymbol{A}=\begin{bmatrix} 0 & -\dot{\lambda}\sin L & 0 & -\dot{\lambda}\sin L & 0 & 0 & \cos L \\ \dot{\lambda}\sin L & 0 & \dot{\lambda}\cos L & 0 & 0 & -1 & 0 \\ 0 & -\dot{\lambda}\cos L & 0 & -\dot{\lambda}\cos L & 0 & 0 & -\sin L \\ 0 & 0 & 0 & 0 & 0 & 1 & 0 \\ 0 & 0 & 0 & 0 & 0 & 0 & 1 \\ 0 & \dfrac{g}{r} & 0 & 0 & 0 & 0 & 0 \\ -\dfrac{g}{r}\sec L & 0 & 0 & 0 & 0 & 0 & 0 \end{bmatrix} \tag{B-4}$$

$$\boldsymbol{B}(t)\boldsymbol{u}(t)=\{q_1,q_2,q_3,0,0,q_4/r,q_5/r\cos L\} \tag{B-5}$$

B.2 状态转移矩阵

式(B-2)的结果由状态转移矩阵 $\boldsymbol{\Phi}(t)=\mathrm{e}^{\boldsymbol{A}t}$表示,具体为

$$\boldsymbol{x}_2(t)=\boldsymbol{\Phi}(t-t_0)\boldsymbol{x}(t_0)+\int_{t_0}^{t}\boldsymbol{\Phi}(t-\sigma)\boldsymbol{B}(\sigma)\boldsymbol{u}(\sigma)\mathrm{d}\sigma \tag{B-6}$$

状态转移矩阵满足矩阵微分方程:

$$\dot{\boldsymbol{\Phi}}(t-t_0)=\boldsymbol{A}\boldsymbol{\Phi}(t-t_0)$$

初始条件为

$$\boldsymbol{\Phi}(0)=\boldsymbol{I}$$

其中,$\boldsymbol{I}$ 为单位矩阵,状态转移矩阵具有以下性质:

$$\boldsymbol{\Phi}(t)=\boldsymbol{\Phi}(t-t_0)\boldsymbol{\Phi}(t_0)$$

根据该性质可以得到:

$$\boldsymbol{\Phi}^{-1}(t)=\boldsymbol{\Phi}(-t)$$

从下列关系得到转移矩阵:

$$\boldsymbol{\Phi}(t)=\mathscr{L}^{-1}(\boldsymbol{I}s-\boldsymbol{A})^{-1} \tag{B-7}$$

式中:s 为拉普拉斯变量;$\mathscr{L}^{-1}$为反拉氏变换;$(\ )^{-1}$为矩阵的逆。

结合式(B-7),可得状态转移矩阵:

$$
\boldsymbol{\Phi}=\begin{bmatrix}
\cos\omega_s t & -\frac{\dot{\lambda}}{\omega_s}\sin L\left(\sin\omega_s t-\frac{\dot{\lambda}}{\omega_s}\sin\dot{\lambda}t\right) & \frac{1}{2}\frac{\dot{\lambda}^2}{\omega_s^2}\sin 2L(\cos\omega_s t-\cos\dot{\lambda}t) & -\frac{\dot{\lambda}}{\omega_s}\sin L\left(\sin\omega_s t-\frac{\dot{\lambda}}{\omega_s}\sin\dot{\lambda}t\right) & 0 & 0 & \frac{\cos L}{\omega_s}\sin\omega_{st} \\
\frac{\dot{\lambda}}{\omega_s}\sin L\left(\sin\omega_s t-\frac{\dot{\lambda}}{\omega_s}\sin\dot{\lambda}t\right) & \cos\omega_s t & \frac{\dot{\lambda}}{\omega_s}\cos L\left(\sin\omega_s t-\frac{\dot{\lambda}}{\omega_s}\sin\dot{\lambda}t\right) & -\frac{\dot{\lambda}}{\omega_s}(\cos\dot{\lambda}t-\cos\omega_s t) & 0 & -\frac{1}{\omega_s}\sin\omega_s t & 0 \\
\tan L(\cos\dot{\lambda}t-\cos\omega_s t) & -\sec L\left(\sin\dot{\lambda}t-\frac{\dot{\lambda}}{\omega_s}\sin^2 L\sin\omega_s t\right) & \cos\dot{\lambda}t & -\sec L\left(\sin\dot{\lambda}t-\frac{\dot{\lambda}}{\omega_s}\sin^2 L\sin\omega_s t\right) & 0 & 0 & -\frac{\sin L}{\omega_s}\sin\omega_{st} \\
\sin L\left(\sin\dot{\lambda}t-\frac{\dot{\lambda}}{\omega_s}\sin\omega_s t\right) & \cos\dot{\lambda}t-\cos\omega_s t & \cos L\left(\sin\dot{\lambda}t-\frac{\dot{\lambda}}{\omega_s}\sin\omega_s t\right) & \cos\dot{\lambda}t & 0 & \frac{1}{\omega_s}\sin\omega_s t & 0 \\
\sec L(\cos\omega_s t-\cos^2 L-\sin^2 L\cos\dot{\lambda}t) & \tan L\left(\sin\dot{\lambda}t-\frac{\dot{\lambda}}{\omega_s}\sin\omega_s t\right) & \sin L(1-\cos\dot{\lambda}t) & \tan L\left(\sin\dot{\lambda}t-\frac{\dot{\lambda}}{\omega_s}\sin\omega_s t\right) & 1 & 0 & \frac{1}{\omega_s}\sin\omega_s t \\
\dot{\lambda}\sin L(\cos\dot{\lambda}t-\cos\omega_s t) & \omega_s\sin\omega_s t & \dot{\lambda}\cos L(\cos\dot{\lambda}t-\cos\omega_s t) & -\dot{\lambda}\left(\sin\dot{\lambda}t-\frac{\dot{\lambda}}{\omega_s}\sin\omega_s t\right) & 0 & \cos\omega_s t & 0 \\
-\omega_s\sec L\left(\sin\omega_s t-\frac{\dot{\lambda}}{\omega_s}\sin^2 L\sin\dot{\lambda}t\right) & \dot{\lambda}\tan L(\cos\dot{\lambda}t-\cos\omega_s t) & \dot{\lambda}\sin L\left(\sin\dot{\lambda}t-\frac{\dot{\lambda}}{\omega_s}\sin\omega_s t\right) & \dot{\lambda}\tan L(\cos\dot{\lambda}t-\cos\omega_s t) & 0 & 0 & \cos\omega_s t
\end{bmatrix}
\tag{B-8}
$$

B.3 短时间采样周期的状态转移矩阵

当在惯性导航系统中采用最优滤波技术时，通常会用状态空间逼近方法。在这种情况下，需要根据系统在一个采样时间内的特性来推导状态转移矩阵。这样，基于上述表达，采用小角度假设理论，即

$$
\begin{aligned}
&\cos\omega_s t \approx 1 && e<10\% && T<6\ \text{min}\\
&\approx 1-\frac{\omega_s^2 T^2}{2} && e<10\% && T<16\ \text{min}\\
&\sin\omega_s t \approx \omega_s T && e<10\% && T<12\ \text{min}\\
&\approx \omega_s T-\frac{\omega_s^3 T^3}{6} && e<10\% && T<23\ \text{min}\\
&\cos\dot{\lambda} t \approx 1 && e<10\% && T<100\ \text{min},\ \dot{\lambda}=\omega_{ie}\\
&\sin\dot{\lambda} t \approx \dot{\lambda} T && e<10\% && T<190\ \text{min},\ \dot{\lambda}=\omega_{ie}
\end{aligned}
$$

其中，e 是与近似化有关的最大误差量。这样，当更新时间小于 6 min（$T<6$ min）时，状态转移矩阵可表示为

$$
\boldsymbol{\Phi}(t)=\begin{bmatrix}
1 & -\dot{\lambda}t\sin L & 0 & -\dot{\lambda}t\sin L & 0 & 0 & t\cos L\\
\dot{\lambda}t\sin L & 1 & \dot{\lambda}t\cos L & 0 & 0 & -t & 0\\
0 & -\dot{\lambda}t\cos L & 1 & -\dot{\lambda}t\cos L & 0 & 0 & -t\sin L\\
0 & 0 & 0 & 1 & 0 & t & 0\\
0 & 0 & 0 & 0 & 1 & 0 & t\\
0 & \omega_s^2 t & 0 & 0 & 0 & 1 & 0\\
-\omega^2 t\sec L & 0 & 0 & 0 & 0 & 0 & 1
\end{bmatrix}
\tag{B-9}
$$

B.4 举　　例

下面以一些例子来说明状态转移矩阵在两加速度计系统中的误差分析过程中的应用。

B.4.1 惯性状态误差

通过结合考虑式（B-6）和式（B-8），可以得出初始状态误差结果，即

$$\boldsymbol{x}_2(t)=\boldsymbol{\Phi}(t)x_2(0)$$

其中，$\boldsymbol{\Phi}(t)$ 由式（B-8）给出，$\boldsymbol{x}_2(t)$ 由式（B-3）给出。这种方法在 7.4.3.4 节中

用来确定当地两加速度计系统的初始状态误差。

B.4.2 加速度计零偏不确定性

如果加速度计零偏不确定性被当做是单一误差源，从式(7-46)可以看出：

$$\boldsymbol{Q}_1=\{0,0,0(u)f_N,(u)f_E\}$$

其中，$(u)f_N$ 和 $(u)f_E$ 分别为北向和东向的加速度计相对偏置量。这样，在状态空间中表示为

$$\boldsymbol{B}(t)\boldsymbol{u}(t)=\boldsymbol{B}\boldsymbol{u}=\begin{bmatrix}0&0\\0&0\\0&0\\0&0\\0&0\\\dfrac{1}{r}&0\\0&\dfrac{\sec L}{r}\end{bmatrix}\begin{bmatrix}(u)f_N\\(u)f_E\end{bmatrix}=\begin{bmatrix}0\\0\\0\\0\\0\\\dfrac{1}{r}(u)f_N\\\dfrac{\sec L}{r}(u)f_E\end{bmatrix}$$

从式(B-6)可知，从 $t_0=0$ 开始的对加速度计偏置量的误差响应由下式给出：

$$\boldsymbol{x}_2(t)=\int_0^t\boldsymbol{\Phi}(t-\sigma)\boldsymbol{B}\boldsymbol{u}\mathrm{d}\sigma$$

或

$$\boldsymbol{x}_2(t)=\begin{bmatrix}\dfrac{(u)f_E}{g}\displaystyle\int_0^t\sin\omega_s(t-\sigma)\mathrm{d}\sigma\\-\dfrac{(u)f_N}{g}\displaystyle\int_0^t\sin\omega_s(t-\sigma)\mathrm{d}\sigma\\-\tan L\dfrac{(u)f_E}{g}\displaystyle\int_0^t\sin\omega_s(t-\sigma)\mathrm{d}\sigma\\\dfrac{(u)f_N}{g}\displaystyle\int_0^t\sin\omega_s(t-\sigma)\mathrm{d}\sigma\\\sec L\dfrac{(u)f_E}{g}\displaystyle\int_0^t\sin\omega_s(t-\sigma)\mathrm{d}\sigma\\\dfrac{(u)f_N}{r}\displaystyle\int_0^t\cos\omega_s(t-\sigma)\mathrm{d}\sigma\\\sec L\dfrac{(u)f_E}{r}\displaystyle\int_0^t\cos\omega_s(t-\sigma)\mathrm{d}\sigma\end{bmatrix}$$

计算上式积分过程，得到：

$$
\boldsymbol{x}_2(t)=\begin{bmatrix}\varepsilon_N\\\varepsilon_E\\\varepsilon_D\\\delta L\\\delta l\\\delta\dot{L}\\\delta\dot{l}\end{bmatrix}=\begin{bmatrix}(1-\cos\omega_s t)(u)f_E/g\\-(1-\cos\omega_s t)(u)f_N/g\\-(1-\cos\omega_s t)\tan L(u)f_E/g\\(1-\cos\omega_s t)(u)f_N/g\\(1-\cos\omega_s t)\sec L(u)f_E/g\\\sin\omega_s t(u)f_N/r\omega_s\\\sin\omega_s t\sec L(u)f_E/r\omega_s\end{bmatrix}
$$

由此看出，和采用克莱姆法则解算式(B-1)相比较，这种方法能更快、更高效地得出结果。此外，还可以看出，上面得到的结果与7.4.3.2节分析结果相一致。

附录 C

误差分析的统计方法

利用统计学分析方法分析惯性导航系统的前提是误差统计特性是非平稳的,也就是说,误差统计特性是随着时间变化的。另一方面,对于组合式惯性导航系统,可以达到稳定状态,并且此时其误差统计特性不随时间的变化而变化。以下两点解释惯性系统的误差统计特性是非平稳的原因:

- 惯性系统有无阻尼振荡特性,阻止系统达到稳定状态;
- 此线性系统是时变的,除非沿东西方向以常值速度运动。

这里提及的方法由 Laning 和 Battin[46] 提出并改进,该方法主要是求解力学方程自相关函数的系统微分方程。

C.1 线性系统对任意输入的响应

为了得到惯性导航系统对于任意误差施力函数的稳态响应,首先回顾一下线性系统对 $t=\tau$ 时刻输入 $x(t)$ 的输出响应为

$$y(t)=\int_{-\infty}^{t}\omega(t,\tau)x(\tau)\mathrm{d}\tau \tag{C-1}$$

式中:$\omega(t,\tau)$ 为系统的权重函数(在 τ 时刻单位脉冲响应)。

如果系统是从 $t=0$ 开始运行,那么积分下限为 0。而且,如果是时不变系统,则权重函数只取决于时间差 $(t-\tau)$。这样,上面的方程可以写为

$$y(t)=\int_{0}^{t}\omega(t-\tau)x(\tau)\mathrm{d}\tau \tag{C-2}$$

系统输出的自相关函数由 $t=t_1$ 时的输出与 $t=t_2$ 时的输出的乘积再取平均来确定:

$$\dot{\phi}_{yy}(t_1,t_2)=\overline{\int_{0}^{t_1}\omega(t-\tau_1)x(\tau_1)\mathrm{d}\tau_1\int_{0}^{t_2}\omega(t_2-\tau_2)x(\tau_2)\mathrm{d}\tau_2} \tag{C-3}$$

其中,横线表示全体平均数或期望值。全体平均数独立于权重函数,因此,允许

将上式写成如下形式；

$$\phi_{yy}(t_1,t_2)=\int_0^{t_1}\int_0^{t_2}\omega(t_1-\tau_1)\omega(t_2-\tau_2)\overline{x(\tau_1)x(\tau_2)}\mathrm{d}\tau_1\mathrm{d}\tau_2 \tag{C-4}$$

如果输入是线性不变的，即

$$x(\tau_1)x(\tau_2)=\phi_{xx}(\tau_2-\tau_1) \tag{C-5}$$

得到：

$$\phi_{yy}(t_1,t_2)=\int_0^{t_1}\int_0^{t_2}\omega(t_1-\tau_1)\omega(t_2-\tau_2)\phi_{xx}(\tau_2-\tau_1)\mathrm{d}\tau_1\tau_2 \tag{C-6}$$

通过将式(C-6)的积分上限换为 t 得到均方值。此时有

$$\overline{y(t)^2}=\int_{\tau_2=0}^{\tau_2=t}\int_{\tau_1=0}^{\tau_1=t}\omega(t-\tau_1)\omega(t-\tau_2)\phi_{xx}(\tau_2-\tau_1)\mathrm{d}\tau_1\mathrm{d}\tau_2 \tag{C-7}$$

将式(C-7)取平方根就得到了 RMS 误差。总之，当输入为常值时，式(C-7) 产生的均方误差是线性时不变系统的时间函数。采用模拟计算计可以求解上述方程，而且通过几个简单事例[46]可以验证该结果是正确的。

C.2 对常值函数的响应

假设输入函数是均方值为$\overline{x_0^2}$的常值函数，则这个统计过程是不随时间变化的稳定值。此外，因为统计过程中没有典型代表元素，因此该过程是非遍历的，并且在此均方值下，自相关函数也是固定不变的，因为特殊常量一旦固定，它将一直保持不变。因此

$$\phi_{xx}(\tau_2-\tau_1)=\overline{x_0^2} \tag{C-8}$$

当把式(C-8)代入到式(C-7)中，就可以看到输入的自相关函数可以根据被积分量的不同而分解，即这两个积分可以分开写为

$$\overline{y(t)^2}=\overline{x_0^2}\int_0^t\omega(t-\tau_1)\mathrm{d}\tau_1\int_0^t\omega(t-t_2)\mathrm{d}\tau_2 \tag{C-9}$$

由于

$$\int_0^t\omega(t-\tau_1)\mathrm{d}\tau_1=\int_0^t\omega(t-\tau_2)\mathrm{d}\tau_2$$

于是，RMS 误差表示为

$$\overline{[y(t)^2]}^{1/2}=[x_0^2]^{1/2}\int_0^t\omega(t-\tau)\mathrm{d}\tau \tag{C-10}$$

从式(C-2)中可以看到，式(C-10)中的积分表达式是系统单值固定输入时的输出，即单位阶跃响应。为了求得此输入函数下的系统响应，通过求取输入施力函数平均根方差的方法可以计算出系统的单位阶跃响应。该方法可直接应用在7.4节相关结果中。例如，假设各轴陀螺误差互不相关，且漂移误差均值为1meru，那么图7.12可以理解为由该陀螺漂移引起的姿态和导航误差 RMS 值。

此外,可以看出,与上述方法类似,系统对一直递增的函数作为输入的输出响应可由单位斜坡响应得到。

C.3 对白噪声过程的响应

白噪声过程的特点是其具有一个不变的功率谱密度,并且自相关函数可以由下式给出:

$$\phi_{xx}(\tau_2-\tau_1)=N\delta(\tau_2-\tau_1) \tag{C-11}$$

式中:$\delta(t)$为狄拉克函数;N为噪声的功率谱密度。

为了求得系统对这种输入的响应,可将式(C-11)代入式(C-7)。由于被积函数里存在δ函数,均方误差可由下式求出:

$$\overline{y(t)^2}=N\int_0^t w^2(t-\tau)\mathrm{d}\tau \tag{C-12}$$

C.3.1 举例

下面以纬度误差对东向陀螺漂移的响应对上文进行验证,其中认为陀螺漂移是随机游走的[17]。因为可以采用近似分析结论,所以该响应可以认为是针对第7章的当地水平地面导航系统。

将陀螺漂移看作随机游走,有

$$(u)\omega_E=\int_0^t n(t)\mathrm{d}t \tag{C-13}$$

式中:$(u)\omega_E$为东向陀螺漂移不确定值;$n(t)$为无差白噪声。

陀螺漂移的均方值由下式给出:

$$\overline{(u)\omega^2}=Nt \tag{C-14}$$

N值可以根据经验确定。从式(C-13)可以看出来,随机游走可通过对白噪声的时间积分得到。因为由式(C-12)给出的均方误差解析表达式的前提是系统的输入是白噪声过程,因此系统的权重函数必须近似化,才能保证式(C-13)给出的输入具有适用性。这种限制条件涉及所谓的成型滤波器的嵌入,即数学积分。因此,式(C-12)变为

$$y(t)^2=N\int_0^t w_1^2(t-\tau)\mathrm{d}\tau \tag{C-15}$$

式中:w_1为与系统权重函数和成型滤波结合体有关的权重函数。

这种情况下,w_1只是系统的单位阶跃响应。纬度误差作为由式(7-65)给出的对东向陀螺仪漂移的积分响应,其系统权重函数应为

$$w(t)=\frac{1}{\dot{\lambda}}\sin\dot{\lambda}t \tag{C-16}$$

式中：$\dot{\lambda}=\dot{l}+\omega_{ie}$为恒定的天文经度速率；$\dot{l}$为地球经度；$\omega_{ie}$为地球速率。

将推导出的均方误差表达式应用到此种情况下，得

$$\overline{\delta L^2}=\frac{N}{\dot{\lambda}^2}\int_0^t \sin^2\dot{\lambda}(t-\tau)\mathrm{d}\tau \tag{C-17}$$

积分后为

$$\overline{\delta L^2}=\frac{N}{2\dot{\lambda}^3}\left(\dot{\lambda}t-\frac{1}{2}\sin 2\dot{\lambda}t\right) \tag{C-18}$$

图 C.1 为上述表达式中纬度误差平方根的 RMS 值。从图 C.2 中可以看出，通常情况下，纬度误差 RMS 值随着时间的平方根的增加而增加。此外，陀螺漂移对天文经度速率影响很大。

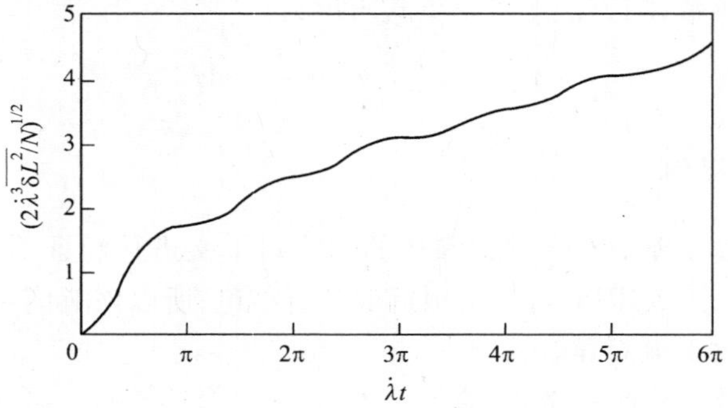

图 C.1　RMS 纬度误差方程

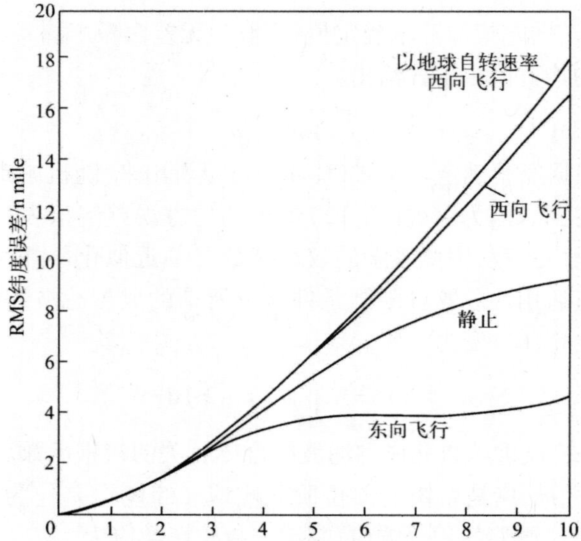

图 C.2　随机陀螺漂移的 RMS 纬度误差

下面以一个具体例子为例，来说明此问题，假设陀螺漂移速率是 1 $\widehat{\min}$/h。这样，通过式(C-14)可知漂移速率的功率谱密度为 1 $\widehat{\min}^2/h^3$。在图 C.2 中纬度误差 RMS 值被描述成 4 个东西向速度的时间函数：

- 静止情况，$i=0$；
- 以 590 节速度在 35°纬度东向飞行；
- 以 590 节速度在 35°纬度西向飞行；
- 以地球自转速率西向飞行。

从图中可以看出，在东向飞行过程中，8 h 以后的纬度误差 RMS 值是 4 n mile，而西向飞行的误差为 13 n mile。因为假设的随机过程无偏差，所以 RMS 值可被看做是 1σ 值。

还有很多方法可以用于确定系统对不同输入函数的响应[59]，不过这些方法都涉及对系统全部微分方程的解算。本书中提及的方法主要是为了简化问题的分析，并且系统的权重函数可以通过分析得到，此外，通过计算机仿真对该结论进行了有效验证[46]。

参 考 文 献①

[1] A. C. Electronics, "Carousel IV I. N. S., System Technical Description," 1969.

[2] Alexander, T., "Gravitational Potential and the Gravity Vector," M. I. T. Instrumentation Laboratory, M1137, 1959.

[3] Battin, R. H., *Astronautical Guidance*, McGraw-Hill, 1964.

[4] Blumhagen, V. A., "Stellar Inertial Navigation Applied to Cruise Vehicles," *IEEE Transactions on Aerospace and Navigational Electronics*, September 1963.

[5] Braae, R., *Matrix Algebra for Electrical Engineers*, Addison-Wesley, 1963.

[6] Britting, K. R. and M. A. Smith, "Effect of Gyro Drift in an Inertial Navigation System in Which the Stable Member in Assumed to be Inertially Nonrotating," M. I. T. Instrumentation Laboratory, E-1661, 1964.

[7] Britting, K. R., "Analysis of Space Stabilized Inertial Navigation System," M. I. T. Experimental Astronomy Laboratory, RE-35; 1968.

[8] Britting, K. R., "Error Analysis of Strapdown and Local Level Inertial Systems Which Compute in Geographic Coordinates," M. I. T. Measurement Systems Laboratory, RE-52, 1969.

[9] Britting, K. R. and T. Palsson, "Self Alignment Techniques for Strapdown Inertial Navigation Systems with Aircraft Application," *Journal of Aircraft*, Vol. 7, No. 4, 1970.

[10] Britting, K. R., "Unified Error Analysis of Terrestrial Inertial Navigation Systems," M. I. T. Measurement Systems Laboratory, TE-42, 1970.

[11] Brown, L. A., "The Longitude," in *The World of Mathematics*, J. R. Newman, Ed., Simon and Schuster, 1956.

[12] Broxmeyer, C., *Inertial Navigation Systems*, McGraw-Hill, 1964.

[13] Cannon, Jr., R. H., "Alignment of Inertial Guidance Systems by Gyrocompassing-Linear Theory," *Journal of Aerospace Sciences*, November 1961.

[14] Clarke, V. C., "Constants and Related Data Used in Trajectory Calculations at the Jet Propulsion Laboratory, "J. P. L. 32 – 273, 1962.

[15] Christianson, T. W., "Advanced Development of E. S. G. Strapdown Navigation Systems," *Transactions of the IEEE*, Vol. AES 2, No. 2, 1966.

[16] Cochin, I., "Analysis and Synthesis of Inertial Navigation Systems in Universal Terms," Ph. D. Dissertation, Cooper Union School of Engineering and Science, April 1969.

[17] Cooper, J. R., "A Statistical Analysis of Gyro Drift Test Data," M. I. T. Experimental Astronomy Laboratory, TE-13, September 1965.

[18] Draper, C. S., W. Wrigley, and J. Hovorka, *Inertial Guidance*, Pergamon Press, 1960.

[19] Dushman, A., "On Gyro Drift Models and Their Evaluation." *IRE Transactions on Aerospace and Navigational Electronics*, December 1965.

[20] Fagin, S. L., "A Unified Approach to the Error Analysis of Augmented Dynamically Exact Inertial Navi-

① 本书参考文献不做改动，尊重原著。

gation Systems," *IEEE Transactions on Aerospace and Navigational Electronics*, December 1964.
[21] Farrell, J. L., "Performance of Strapdown Inertial Attitude References Systems," *Journal of Spacecraft and Rockets*, Vol. 3, No. 9, 1966.
[22] Farrell, J. L., "Analytic Platforms in Cruising Aircraft," *Journal of Aircraft*, Vol. 4, No 1, 1967.
[23] Fernandez, M. and G. Macomber, *Inertial Guidance Engineering*, Prentice-Hall, 1962.
[24] Frey, E. J. and R. B. Harlan, "Airborne Gravimetry Program," M. I. T. Measurement Systems Laboratory, RE-54, 1969.
[25] Garren, Jr., J. R. Kelly, and R. W. Sommer, "VTOL Flight Investigation to Develop a Decelerating Instrument Approach Capability," 1969 SAE National Meeting.
[26] Gelb, A. and A. Sutherland, "Design Approach for Reducing Gyro-Induced Errors in Strapdown Inertial Systems," AIAA Paper No. 68-830, 1968.
[27] Geller, E. S., "Inertial System Platform Rotation," *Transactions IEEE*, Vol. AES-4, No. 4, 1968.
[28] Gianoukos, W. and P. Palmer, "Gyro Test Laboratory Unbalance Equations," M. I. T., IL Report GT-130, 1957.
[29] Gilmore, J. P., "A Non-Orthogonal Gyro Configuration," M. I. T. Instrumentation Laboratory, T-472, 1967.
[30] Guier, W. H. and R. R. Newton, "The Earth's Gravity Field," Johns Hopkins Applied Physics Laboratory, TG-634, 1964.
[31] Hammom, R. L., "An Application of Random Process Theory to Gyro Drift Analysis," *IRE Transactions on Aeronautical Navigational Electronics*, Vol. ANE-7, September 1960.
[32] Heiskanen, W. A. and F. A. Vening-Meinesz, *The Earth and Its Gravity Field*, McGraw-Hill, 1958.
[33] Hessian, R., "Analysis of a Transformation Computer Used with a Gimballess I. M. U.," M. I. T. Instrumentation Laboratory RE-531, 1966.
[34] Hildebrand, F. B., *Methods of Applied Mathematics*, Prentice-Hall, 1965.
[35] Hutchinson, R. C., "Tumbling Method of Locating Accelerometer Input Axes on a Platform," M. I. T. Instrumentation Laboratory, E-962 1960.
[36] Jankowski, P. C., "Hybrid Altimeter Using a Strapdown Inertial Navigation System," M. I. T. Measurement Systems Laboratory, TE-36, 1970.
[37] Jurenka, F. D. and C. T. Leondes, "Optimum Alignment of an Inertial Auto-navigator," *IEEE Transactions on Aerospace and Electronics Systems*, Vol. AES-3, No. 6, 1967.
[38] Kasper, J. F., "Error Propagation in the Coordinate Transformation Matrix for a Space Stabilized Navigation System," M. I. T. Instrumentation Laboratory, T-448, 1966.
[39] Kasper, J. F., "Gravity Model Refinement Based on Satellite Tracking Data," M. I. T. Instrumentation Laboratory, E 1921, 1966.
[40] Kaula, W. M., "A Review of Geodetic Parameters," NASA Technical Note D-1847, 1963.
[41] Kayton, M. and W. Fried, *Avionics Navigation Systems*, Wiley, 1969.
[42] Kayton, M., "Coordinate Frames In Inertial Navigation," M. I. T., Ph. D. Dissertation, 1960.
[43] Killingsworth, W. R., "Computation Frames for Strapdown Inertial Systems," M. I. T. Measurement Systems Laboratory, TE-28, 1968.
[44] Killpatrick, J., "The Laser Gyro," *IEEE Spectrum*, October 1967.
[45] Koenke, E. J. and D. R. Downing, "Evaluating Strapdown Algorithms: A Unified Approach," Fourth Inertial Guidance Test Symposium, Holloman Air Force Base, New Mexico, November 1968.
[46] Laning, J. H. and R. H. Battin, *Random Processes In Automatic Control*, McGraw-Hill, 1956.
[47] Lange, B. and B. Parkinson, "The Error Equations of Inertial Navigation with Special Application to Orbital Determination and Guidance," AIAA/ION Astrodynamics Specialist Conference, 1965.

[48] Leondes, G. T., Ed., *Guidance and Control of Aerospace Vehicles*, McGraw-Hill, 1963.

[49] Lipton, A. H., "Alignment of Inertial Systems on a Moving Base," M. I. T. Instrumentation Laboratory, T-400, 1966.

[50] Madigan, R. and J. Canniff, "Flight Test Report of Experiments in Inertial Navigation System Updating," AIAA Paper No. 69 – 842.

[51] Marcus, F. J., "Computation of Strapdown System Attitude Algorithms," Measurement Systems Laboratory, MIT, TE-43, 1971.

[52] Markey, W. and J. Hovorka, *The Mechanics of Inertial Position and Heading Information*, Methuen, 1961.

[53] McDonald, W. T., "Effects of Instrument Errors in an IMU Gyro-compass," M. I. T. 16. 39S, Summer Session Notes, 1963.

[54] McKern, R. A., "A Study of Transformation Algorithms for Use in a Digital Computer," M. I. T Instrumentation Laboratory, T-493, 1968.

[55] O'Donnell, C. F., *Inertial Navigation Analysis and Design*, McGraw-Hill, 1964.

[56] Ogata, K. O., *State Space Analysis of Control Systems*, Prentice-Hall, 1967.

[57] Pennypacker, J. C., "Whole Number Strapdown Computations," M. I. T. Instrumentation Laboratory, R-531, 1966.

[58] Pitman, G. R., *Inertial Guidance*, Wiley, 1962.

[59] Rea, F. and N. Fischer, "Generalized Navigation Error Analysis," AIAA Guidance, Control, and Flight Mechanics Conference, AIAA Paper 70 – 1004, August 1970.

[60] Ryan, T. J., "Alignment and Calibration of a Strapdown Inertial Measurement Unit," M. I. T. Measurement Systems Laboratory, RE-67, 1970.

[61] Schmidt, G. T., "The Application of Statistical Estimation Techniques to Inertial Component Calibration," AGARD Symposium on Inertial Navigation: Components, May 1968.

[62] Sciama, D. W., *The Unity of the Universe*, Anchor, 1961.

[63] Searcy, J. B., "Determination of Geopotential Anomalies from Airborne Measurements," M. I. T. Experimental Astronomy Laboratory, TE-15, 1966.

[64] Thompson, J. and F. Unger, "Inertial Sensor Performance in a Strapped-Down Environment," AIAA Guidance and Control Conference, 1966.

[65] Trueblood, R. B., "Inertial Navigation Study for Civil Air Transport," M. I. T. Instrumentation Laboratory, R-484, 1965.

[66] TRW Report submitted to NASA E. R. C., "Advanced S. S. T. Guidance and Navigation System Requirements Study," March 1967.

[67] United Aircraft Corporation, "A Study of Critical Computational Problems Associated with Strapdown Inertial Systems," NASA CR-968, 1968.

[68] Weiner, T. F., "Theoretical Analysis of Gimballess Inertial Reference Equipment Using Delta Modulated Instruments," M. I. T. Instrumentation Laboratory, T-300, 1962.

[69] Williamson, R. P., "A Gyrocompass Error Averaging Technique," M. I. T. Instrumentation Laboratory, T-315, 1962.

[70] Wilmoth, E. D., "An Investigation of Methods for Determining Gravity Anomalies from an Aircraft," M. I. T. Instrumentation Laboratory, T-165, 1959.

[71] Wrigley, W., W. M. Hollister, and W. G. Denhard, *Gyroscopic Theory, Design, and Instrumentation*, M. I. T. Press, 1969.

索　引

内容简介

本书是美国麻省理工学院 Britting 博士的经典著作。首先,本书介绍了惯性系统导航的基本知识,包括惯性系统导航的通用概念和基本分析方法,相关的数学符号和计算方法,常用的坐标系以及用于惯性导航系统中的地球几何模型等。这些基础知识及原理有助于读者了解并学习惯性导航系统。再者,本书对单自由度陀螺仪进行了详细的介绍,包括其工作原理、动态模型和陀螺冗余等。在上述基础上,本书给出了两种近地面工作的惯性导航系统,分别是空间稳定型惯性导航系统和当地水平型惯性导航系统,着重对这两种系统进行了误差分析并推导出了误差方程,给出了各种误差源对系统产生的影响。此外,本书提出了一种惯性导航系统的统一误差分析方法,并对此方法进行了详细的阐述。此理论可应用于获取包括空间稳定型系统、当地水平型系统及捷联式系统等在内的所有近地面工作的惯性导航系统的误差方程。最后,本书对解析式粗对准方法、陀螺罗经对准法及捷联惯导系统对准方法进行了详细阐述,并分别进行了对准误差分析。

本书有关惯性导航系统的内容较为全面,包括惯性器件、惯性导航系统机械编排、参考坐标系及误差分析等,可作为从事导航工作的科研人员、工程师的参考书目,也可作为相关专业本科生及研究生的参考书籍。